高等职业教育教材

化工产品检测技术

姜玉梅　肖　洁◎主编
肖怀秋◎主审

化学工业出版社
·北京·

内容简介

本书根据高等职业教育化工类专业对化工分析课程的教学要求编写，以培养职业技能为主线设置内容与结构，形成工作岗位过程系统化的教材。本书立足能力本位与任务考评，有机融入“赛证”内容，以“实用、够用”为原则，突出了职业教育的特点。

全书分为十个模块：模块一介绍实验室安全知识和基本操作技术；模块二至模块九聚焦化工产品检测技术核心能力训练，重点训练容量分析的四大滴定分析基本技能和仪器分析的酸度计、紫外分光光度计、气相色谱仪、高效液相色谱仪等重要分析仪器的操作技能；模块十为典型化工产品的综合分析技能训练。

本书可作为高等职业教育化工类专业的教材，也可作为材料、环保、医药等相关专业的实践教学用书。

图书在版编目（CIP）数据

化工产品检测技术 / 姜玉梅，肖洁主编．— 北京：化学工业出版社，2025．6．—（高等职业教育教材）．
ISBN 978-7-122-48367-6

Ⅰ．TQ075

中国国家版本馆 CIP 数据核字第 2025UQ9963 号

责任编辑：提　岩　　　　文字编辑：邢苗苗
责任校对：张茜越　　　　装帧设计：王晓宇

出版发行：化学工业出版社
（北京市东城区青年湖南街 13 号　邮政编码 100011）
印　　装：中煤（北京）印务有限公司
787mm×1092mm　1/16　印张 15½　字数 290 千字
2025 年 8 月北京第 1 版第 1 次印刷

购书咨询：010-64518888　　售后服务：010-64518899
网　　址：http://www.cip.com.cn
凡购买本书，如有缺损质量问题，本社销售中心负责调换。

定　　价：45.00 元

前言

本教材根据教育部对教材编写工作的相关要求，紧扣高等职业教育化工类专业对化工分析课程的要求，立足化工及相关企业对检验检测岗位高素质技术技能型人才的实际需要，聚焦化学检验员岗位要求和全国职业院校“化学实验技术”技能大赛，并参照现行国家、行业及企业标准编写。本教材结合课程标准，以培养职业技能为主线设置结构与内容，主要包括基础知识、滴定分析的基本操作、酸碱滴定技术、配位滴定技术、氧化还原滴定技术、沉淀滴定技术、分光光度分析技术、电位分析技术、色谱分析技术、化工产品综合检测技术十个模块。其内容具有以下特点。

1. 情境导入，任务驱动。以典型化工产品的应用背景导入工作任务，激发学生的求知欲和学习主动性。检测方法都基于国标、行标，力求标准、科学、严谨。通过“任务分析—工作计划—任务实施—数据处理—任务报告单—任务评价—总结提高”等任务驱动，让学生在工作过程中，掌握化工检验工作者需具备的知识能力和操作技能。

2. 德技双修，价值引领。设计了“技能导图”和素质拓展阅读，同时在任务下设计了“思政素养”目标和“HSE”“7S”职业素养规范，关注学生掌握必备的技能技术，关心学生职业适应性和发展可持续性。

3. 能力本位，随堂考评。针对实践教学的重难点，规范操作的要点，本教材内容以模块为导向，以任务做引领，创建各任务的报告单，并设置该任务的评价标准，便于组织自评、互评，总结提高。

4. 新形态，新呈现。本书配套建设了微课、动画、视频等数字化资源，收集了部分赛证资料等，并以二维码的形式呈现，丰富了学习内容，可提升学习效果。特别是工单活页式设计，灵活方便，有利于学生掌握报告单的规范书写。

本教材由湖南化工职业技术学院姜玉梅、肖洁担任主编，湖南化工职业技术学院肖怀秋担任主审。湖南化工职业技术学院王织云、谢俊英、刘军、易容、张桂文、曹慧君，江西蓝恒达化工有限公司黄东文，株洲市水务投资集团有限公司岳艳参编。具体编写分工为：黄东文、岳艳编写模块一，姜玉梅编写模块二、模块三、模块四、模块十，肖洁编写模块五、模块六、模块七，谢俊英、曹慧君编写模块八，王织云、张桂文编写模块九，视频资源制作整理由刘军、王织云、易容完成，素质拓展阅读由姜玉梅、谢俊英完成。全书由姜玉梅、肖洁统稿。湖南化工职业技术学院的谢佳琦、李蓝、石慧对本教材编写提出了宝贵意见，在此表示衷心的感谢。

由于编者水平所限，书中不足之处在所难免，衷心希望使用本书的同行和读者批评、指正，谨此致谢！

编者

2025 年 3 月

目 录

二维码资源目录

模块一 基础知识

化学工业是国民经济的支柱产业之一，在我国现代化建设中，化学工业是保证其他工业部门、农业、交通运输以及科学技术发展的基础。化工分析检验是化工生产过程、化工生产的成品及流通的“眼睛”。作为一门实践性学科，化工分析检测在化学化工专业教育中占据着不可替代的重要位置。因此，掌握化工分析实验室基本知识，熟悉安全操作流程，熟练查阅化工检验的技术标准，是化工分析实训课程最基本的要求。

知识一 实验的目的和要求

通过化工分析实验教学，帮助学生深入理解化工分析的基本理论知识，掌握化工分析的基本方法和技能，提高实际操作能力，培养职业技能和职业素养。同时实验有助于培养实验者独立思考、动手操作和解决问题的能力，为未来的化工研究和生产工作打下基础。

化工分析实验的主要目的和基本要求如下：

(1) 实验操作　学生应熟练掌握各种基本的化工分析实验操作技能，如样品采集、称量、溶液配制、滴定等。学生应能够独立完成分光光度计、酸度计（又称 pH 计）、气相色谱仪、液相色谱仪等精密仪器的操作使用，并具备解决实验过程中遇到问题的能力。

(2) 实验数据处理　学生应掌握基本的实验数据处理技巧，如数据的记录、整理、分析和处理。学生应能够使用科学计算器或计算机软件进行数据处理，并能够根据数据得出合理的结论。

(3) 实验报告撰写　学生应具备撰写实验报告的能力，包括实验目的、实验原理、实验步骤、实验数据记录与分析、结论等部分。实验报告应逻辑清晰、内容完整、格式规范，能够准确地反映实验过程和结果。

(4) 实验安全规范　化工分析实验涉及的物质往往具有腐蚀性、易燃性或毒性，因此实验安全至关重要。实验者应严格遵守实验室的安全规定和操作规程，确保自己和他人的安全。学生应了解常见化学品的性质和使用方法，避免发生意外事故。正确使用防护设备，如化学防护眼镜、实验服、化学防护手套等。此外，对于有毒有害物质，应采取适当的废弃物处理措施，避免对环境和人体造成危害。

(5) 实验结果分析　学生应对实验结果进行深入分析，理解实验误差的来源和影响，能够对实验结果进行合理的解释和评价。学生应能够运用所学知识对实验结果进行理论分析，以验证实验原理和方法的正确性。

（6）实验误差控制　学生应了解误差的基本概念和分类，能够分析实验误差的来源。学生应掌握减小误差的方法和技术，以提高实验结果的准确性和可靠性。

（7）职业素养　学生应具备安全意识、环保意识、有序工作意识、清理清洁等劳动习惯，能做到检测行为公正、公平，数据真实、可靠；拥有诚信务实、互帮互助等良好品德。

知识二
实验室的安全知识

一、实验室安全基本规范

① 熟悉实验室及周围环境，如水阀、电闸、灭火器和安全门的位置。每个实验室人员必须熟练使用灭火器。熟悉安全淋浴器、洗眼器和急救箱的位置并确保能够熟练使用。

② 进入实验室的人员需穿实验服，不得穿凉鞋、高跟鞋或拖鞋；留长发者应束扎头发。必要时做好特殊防护。

③ 实验前熟知所使用的药品、设施和设备具有的潜在危险，实验用化学试剂不得入口。禁止在实验室内吸烟或饮食。实验结束后要细心洗手。

④ 实验开始和结束前都要按实验室开列的仪器清单，认真清点仪器，正确使用和爱护仪器。

⑤ 做实验时应打开门窗或换气设备，保持室内空气流通；易挥发有害液体的加热和易产生严重异味、易污染环境的实验操作应在通风橱内进行。

⑥ 实验过程中，不得随便离开岗位，要密切注意实验的进展情况。

⑦ 使用电器时，谨防触电。不要在通电时用湿手和物接触电器或电插销。实验完毕，应将电器的电源切断。

⑧ 实验所产生的化学废液应按有机、无机和剧毒等分类收集存放，严禁倒入下水道。使用药品时应按实验内容中的规定量取用，勿使其撒落，切勿将剩余药品倒回原瓶，以免混入杂质等。

⑨ 易燃、易爆、剧毒化学试剂和高压气瓶要严格按有关规定领用、存放和保管。

⑩ 值日人员或最后离开实验室的工作人员都应养成检查水阀、电闸、煤气阀等的良好习惯，关闭门、窗、水、电、气后再离开实验室。

二、实验室安全操作及防护

1. 防电

① 使用电器设备前，应先用验电笔检查电器是否漏电。实验过程中如有烧焦等异味，应立即切断电源，以免造成严重后果。

② 连接仪器的电线插头不能裸露，要用绝缘胶带缠好。不能用湿手触碰电源开关，也不能用湿布去擦拭电器及开关。

③ 一旦发生触电事故，应立即切断电源，并尽快用绝缘物质（如干燥的木棒、竹竿等）使触电者脱离电源，然后对其进行人工呼吸并急送医院抢救。

2. 防火

在化学分析实验室，人们经常会使用一些易燃物质，如乙醇、甲醇、苯、甲苯、煤油等。这些易燃物质挥发性强、着火点低，在明火、电火花、静电放电、雷击因素下极易引燃起火，造成严重损失，因此使用易燃物质时应严格遵守操作规程。

（1）灭火紧急措施　一旦发生火灾，实验人员应临危不惧、沉着冷静，及时采取灭火措施。若局部起火立即切断电源，关闭煤气阀门，用湿布或湿棉布覆盖熄火；若火势较猛，应根据具体情况用适当的灭火器灭火，并立即拨打火警电话，请求救援。

（2）灭火器的正确使用　我国对火灾分类采用国际标准化组织的分类方法，依据燃烧物的性质，将火灾分为 A、B、C、D 四类，火灾的分类及可使用的灭火器见表 1-2-1。

表 1-2-1　我国火灾的分类及可使用的灭火器

分类	火灾类型	可使用的灭火器	注意事项
A 类	固体物质燃烧	水、酸碱式和泡沫灭火器	—
B 类	有可燃性液体，如石油化工产品、食品油脂	泡沫灭火器、二氧化碳灭火器、干粉灭火器、1211 灭火器	—
C 类	可燃性气体燃烧，如煤气、石油液化气	1211 灭火器、干粉灭火器	用水、酸碱式和泡沫灭火器均无作用
D 类	可燃性金属燃烧，如钾、钠、钙、镁等	干沙土、7150 灭火器	禁止用水、酸碱式和泡沫灭火器、二氧化碳灭火器、干粉灭火器、1211 灭火器

注意：如遇电气设备着火，必须使用 CCl_4 或干粉灭火器，绝对不能用水或 CO_2 泡沫灭火器，以防触电。

3. 防毒

① 剧毒物品必须保存在保险箱内，严格执行“五双”制度，使用时填写完整登记信息。实验前，应了解所用药品的毒性及防护措施。

② 操作有毒气体（如 H_2S、Cl_2、Br_2、NO_2、浓 HCl 等）应在通风橱内进行。

③ 苯、四氯化碳、乙醚、硝基苯等的蒸气会引起中毒。它们虽有特殊气味，但久嗅会使人嗅觉减弱，所以应在通风良好的情况下使用。

④ 有些药品（如苯、有机溶剂、汞等）能透过皮肤进入人体，应避免与皮肤接触。

⑤ 禁止在实验室内喝水、吃东西。饮食用具不要带进实验室，以防毒物污染，离开实验室及饭前要洗净双手。

⑥ 贮汞的容器要用厚壁玻璃器皿或瓷器。若有汞掉落在桌上或地面上，先用吸汞管尽可能将汞珠收集起来，然后将硫黄撒在汞溅落的地方，并摩擦使之生成 HgS。也可喷洒 20%$FeCl_3$ 溶液或者 $KMnO_4$ 溶液，使其转化，最后清扫干净，并集中作为危险固体废物处理。

⑦ 吸入刺激性气体者可吸入少量酒精和乙醚混合蒸气，然后到室外呼吸新鲜空气。

⑧ 若毒物进入口内，可将 5～10mL 1%～5%稀硫酸铜溶液加入一杯温水中，搅匀后喝下，然后用手指伸入喉部，促使呕吐再送医院治疗。

4. 防爆

① 使用可燃性气体时，要防止气体逸出，室内通风要良好。

② 操作大量可燃性气体时，严禁同时使用明火，还要防止发生电火花及其他撞击火花。

③ 有些药品如叠氮铝、高氯酸盐、过氧化物等受震和受热都易引起爆炸，使用时要特别小心。

④ 严禁将强氧化剂和强还原剂放在一起。

⑤ 久藏的乙醚使用前应除去其中可能产生的过氧化物。

⑥ 进行容易引起爆炸的实验时，应有防爆措施。

5. 防烫伤、割伤、灼伤

① 烫伤时可用高锰酸钾或苦味酸溶液擦洗烫伤处，再抹上凡士林或烫伤油膏。

② 切割玻璃管或插接乳胶管等要注意防止割伤。如发生割伤立即用消毒棉棒擦净伤口。若伤口内有玻璃碎片应小心挑出，然后涂上红药水（或紫药水），撒上消炎粉或敷上消炎膏并包扎。若伤口过大，应立即送医院救治。

③ 强酸、强碱、强氧化剂、溴、磷、钠、钾、苯酚、冰醋酸等都会腐蚀皮肤，特别要防止溅在皮肤上。强酸与水混合时，应当将强酸缓缓加入不停搅拌的水中，以防止飞溅。若浓酸浓碱溅滴到皮肤上，应先用抹布擦净，再用大量清水冲洗，浓酸烧伤可抹上碳酸油膏或5%碳酸氢钠溶液；浓碱烧伤先用大量清水冲洗后再用柠檬酸或硼酸饱和溶液冲洗，涂上硼酸溶液；稀酸稀碱溅滴到皮肤上直接用大量清水冲洗，情况严重者要及时就医。

④ 当有酸或碱飞溅入眼内时，应立即用洗眼器冲洗眼睛，如果溅入酸可用饱和碳酸氢钠溶液冲洗，如果溅入碱液可用3%硼酸溶液冲洗，最后用蒸馏水冲洗，情况严重者要及时就医。

6. 气体钢瓶的安全使用

（1）气体钢瓶的颜色标记 实验室气体钢瓶常用的标记见表1-2-2。

表1-2-2 实验室气体钢瓶常用标记

气体类别	瓶身颜色	标字颜色	字样
氮气	黑	黄	氮
氧气	天蓝	黑	氧
氢气	深蓝	红	氢
乙炔	白	红	乙炔
纯氩气体	灰	绿	纯氩

（2）气体钢瓶的使用

① 在钢瓶上装上配套的减压阀。检查减压阀是否关紧，方法是顺时针旋转调压手柄至无法转动，确保阀门处于关闭状态。

② 打开钢瓶总阀门，此时高压表显示出瓶内贮气总压力。慢慢地顺时针转动调压手柄，至低压表显示出实验所需压力为止。

③ 停止使用时，先关闭总阀门，待减压阀中余气逸尽后，再关闭减压阀。

（3）注意事项

① 钢瓶应存放在阴凉、干燥、远离热源的地方。可燃性气瓶应与氧气瓶分开存放。搬运钢瓶时要小心轻放，并旋紧钢瓶帽。

② 使用时应安装减压阀和压力表。可燃性气瓶（如 H_2、C_2H_2）气门螺丝为反丝，不燃性或助燃性气瓶（如 N_2、O_2）为正丝。不同类型气瓶的压力表一般不可混用。

③ 不要让油或易燃有机物沾染在气瓶上（特别是气瓶出口和压力表上）。

④ 开启总阀门时，不要将头或身体正对总阀门，防止阀门或压力表冲出伤人。

⑤ 钢瓶须定期送交检验。使用中的气瓶每三年应检查一次，装腐蚀性气体的钢瓶每两年检查一次，不合格的气瓶不可继续使用。

⑥ 钢瓶内气体不能全部用尽，要留下一些气体，以防止外界空气进入气体钢瓶，应保持 0.5MPa 以上的残留压力。

7. “三废”处理与利用

化工分析过程中产生的废气、废液、废渣大多数是有毒物质，有些是剧毒物质或致癌物质，必须经过处理才能排放。

（1）废气处理　少量有毒气体可以通过排风设备排出室外，被空气稀释。若废气量较多或毒性较大，则需通过化学方法进行处理。氮氧化物、二氧化硫等酸性气体用碱液吸收；可燃性有机毒物于燃烧炉中借氧气完全燃烧；H_2S 可通过与硫酸铜溶液反应去除；NH_3 等碱性气体则可用酸液吸收。

（2）废液处理

① 较纯的有机溶剂废液可回收再用。

废乙醚溶液置于分液漏斗中，用水洗一次，然后中和，用 0.5%高锰酸钾溶液洗至不褪色，再用水洗，用 0.1%～0.5%硫酸亚铁铵溶液洗涤以除去过氧化物，再用水洗，用氯化钙干燥，过滤，分馏，收集 33.5～34.5℃馏分。

乙酸乙酯废液先用水洗几次，再用硫代硫酸钠稀溶液洗几次，使其褪色，之后再用水洗几次，蒸馏，用无水碳酸钾脱水并放置几天，过滤后蒸馏，收集 76～77℃馏分。

氯仿、乙醇、四氯化碳等废液都可以通过先水洗，再用相应试剂处理，最后通过蒸馏收集对应沸点的馏分，实现溶剂回收。

② 含酚、氰、汞、铬、砷的废液要经过处理达到“三废”排放标准才能排放。

低浓度含酚废液加次氯酸钠或漂白粉使酚氧化为二氧化碳和水；高浓度含酚废水用乙酸丁酯萃取，再经重蒸馏回收酚类物质。

含氰化物的废液用氢氧化钠调至 pH 为 10 以上，再加入 3%的高锰酸钾使 CN^- 氧化分解；CN^- 含量高的废液采用碱性氧化法处理，即在 pH 为 10 以上加入次氯酸钠使 CN^- 氧化分解。

含汞盐的废液先调节 pH 至 8～10，加入过量硫化钠，使其生成硫化汞沉淀，再加入共沉淀剂硫酸亚铁，利用生成的硫化铁吸附水中悬浮的硫化汞微粒而实现共沉淀。排出清液，残渣用焙烧法回收汞，或再制成汞盐。

铬酸洗液失效后，先浓缩冷却，再加高锰酸钾粉末氧化，用砂芯漏斗滤去二氧化锰后可重新使用。对于彻底废弃无法重复利用的铬酸洗液，用废铁屑将残留的 Cr(Ⅵ) 还原为 Cr(Ⅲ)，再用废碱或石灰中和成低毒的 $Cr(OH)_3$ 沉淀。

含砷废液加入氧化钙，调节 pH 为 8，生成砷酸钙和亚砷酸钙沉淀。或调节 pH 为 10，加入硫化钠与砷反应，生成难溶、低毒的硫化物沉淀。

含铅镉废液，用消石灰将 pH 调至 8～10，使 Pb^{2+}、Cd^{2+} 生成 $Pb(OH)_2$ 和 $Cd(OH)_2$ 沉淀，加入硫酸亚铁作为共沉淀剂。

混合废液用铁粉法处理，调节 pH 为 3～4，加入铁粉，搅拌 0.5h，加碱调 pH 至 9 左右，继续搅拌 10min，加入高分子混凝剂，通过混凝作用使沉淀聚集，待沉淀完全后，排放清液，沉淀物以废渣处理。

（3）废渣处理

① 完成实验后将实验过程中产生的废固转移至相应的回收桶中，集中无害化处理。

② 受到污染的实验室垃圾（如玻璃器皿、手套、薄毛巾等）不能被液体浸湿，必须将它们放入干净的双层塑料袋里并贴上“危险废弃物质”字样的标签。

③ 受到危害物质（如化学物质、放射性物质、生化物质等）污染的注射器、玻璃吸管和其他锋利物质必须放到指定的固定容器里。

④ 在实验室的任何一个地方，实验室废弃物品的堆放时间不能超过半年。危险物质的容器一装满，立即对其进行处理，或者至少每 90 天清理一次。

知识三
实验室用水

根据分析任务和要求的不同，实验室需采用不同纯度的水。

我国现行国家标准《分析实验室用水规格和试验方法》（GB/T 6682—2008）中规定了实验室用水的技术指标、制备方法及检验方法。这一基础标准的制订，对规范我国分析实验室的分析用水、提高分析方法的准确度起到了重要的作用。

一、分析用水的级别和用途

GB/T 6682—2008 规定：分析实验室用水分为三级。

（1）一级水　基本上不含有溶解或胶态离子杂质及有机物。用于有严格要求的分析试验，包括对颗粒有要求的试验，如高效液相色谱分析用水。

（2）二级水　可含有微量的无机、有机或胶态杂质。用于无机痕量分析等试验，如原子吸收光谱分析用水。

（3）三级水　最普遍使用的纯水，适用于一般化学分析试验，可用蒸馏或离子交换法制备，通常称为蒸馏水。

各级分析实验室用水的主要技术指标见表 1-3-1。

表 1-3-1　分析实验用水的级别及主要技术指标

名称	一级	二级	三级
pH 值范围(25℃)	—	—	5.0～7.5
电导率(25℃)/(mS/m)	0.01	0.10	0.50
吸光度(254nm,1cm 光程)	≤0.001	≤0.01	—
可氧化物质含量(以 O 计)/(mg/L)	—	≤0.08	≤0.4
蒸发残渣(105℃±2℃)含量/(mg/L)	—	≤1.0	≤2.0
可溶性硅(以 SiO_2 计)含量/(mg/L)	≤0.01	≤0.02	—

二、分析用水的制备

制备实验室用水的原料水，应当是饮用水或比较纯净的水。如有污染，则必须进行预处理。纯水常用以下 3 种方法制备。

1. 蒸馏法制纯水

蒸馏法制纯水是根据水与杂质的沸点不同，将自来水（或其他天然水）用蒸馏器蒸馏得到的。用这种方法制备纯水操作简单，成本低廉，能除去水中非蒸发性杂质，但不能除去易溶于水的气体。由于蒸馏一次所得蒸馏水仍含有微量杂质，只能用于定性分析或一般工业分析。

目前使用的蒸馏器一般是由玻璃、镀锡铜皮、铝皮或石英等材料制成的。由于蒸馏器材质不同，带入蒸馏水中的杂质也不同。用玻璃蒸馏器制得的蒸馏水会有 Na^{+}、SiO_3^{2-}。用铜蒸馏器制得的蒸馏水通常含有 Cu^{2+}。此外，蒸馏水中通常还含有一些其他杂质：二氧化碳及某些低沸点易挥发物质，随水蒸气进入蒸馏水中；少量液态水呈雾状直接进入蒸馏水中；微量的冷凝管材料成分也能被带入蒸馏水中。

必须指出，以生产中的废汽冷凝制得的“蒸馏水”，因含杂质较多，不能直接用于化工分析检测。

2. 离子交换法制纯水

蒸馏法制纯水产量低，一般纯度也不够高。化学实验室广泛采用离子交换树脂来分离水中的杂质离子，这种方法叫离子交换法。因此，用此法制得的水通常称“去离子水”。这种方法具有出水纯度高、操作技术易掌握、产量大、成本低等优点，适合于各种规模的实验室。缺点是设备较复杂，制备的水中含有微生物和某些有机物。

3. 电渗析法制纯水

这是在离子交换法的技术基础上发展起来的一种方法。它是在外电场的作用下，利用阴阳离子交换膜对溶液中离子的选择透过性而使杂质离子从水中分离出来，从而制得纯水的方法。

知识四
化学试剂

化学试剂种类很多，世界各国对化学试剂分类和分级的标准各不相同，存在各国国家标准及其他标准（如行业标准、学会标准等）。我国化学试剂标准体系包含国家标准（GB）、化工行业标准（HG）、轻工行业标准（QB）、地方及企业标准（Q）等。

一、化学试剂的分类

将化学试剂进行科学分类，以适应化学试剂生产、科研、进出口等的需要，是标准化研究的内容之一。

化学试剂产品众多，有分析试剂、仪器分析专用试剂、指示剂、有机合成试剂等。随着科学技术和生产的发展，新的试剂种类还将不断产生。

根据化学试剂所含杂质的多少，将实验室普遍使用的一般试剂划分为四个等级，其标签颜色和主要用途见表 1-4-1。

表 1-4-1 一般试剂的规格、等级和用途

试剂级别	中文名称	英文名称	标签颜色	用途
一级试剂	优级纯	G. R.	绿色	精密分析实验及科学研究
二级试剂	分析纯	A. R.	红色	一般分析实验及科学研究
三级试剂	化学纯	C. P.	蓝色	一般化学实验
四级试剂	实验试剂	L. R.	棕色或黄色	一般化学实验辅助试剂

此外还有基准试剂、高纯试剂、专用试剂。基准试剂是用于衡量其他（欲测）量的标准物质。特点是主体含量高，而且准确可靠。高纯试剂的特点是杂质含量低，主体含量与优级纯相当；而且规定检验的杂质项目比同种优级纯或基准试剂多。高纯试剂主要用于微量分析中试样的分解及试液的制备。专用试剂是指具有特殊用途的试剂。其特点是不仅主体含量高，而且杂质含量低。专用试剂与高纯试剂的区别是：在特定用途中有干扰的杂质成分只需控制在不致产生明显干扰的限度以下。

二、化学试剂的选用

化学试剂的纯度越高，其生产或提纯的过程就越复杂，且价格越高，如基准试剂和高纯试剂的价格要比普通试剂高数倍乃至数十倍。故应根据所做实验的具体情况，如分析任务、分析方法、分析对象的含量及结果的准确度要求，合理选用不同级别的试剂。化学试剂的选用原则是：在满足实验要求的前提下，选择试剂的级别应就低不就高。这样既避免造成浪费，又不因随意降低试剂级别而影响分析结果。通常滴定分析配制标准溶液时要用分析纯试剂，仪器分析一般用专用试剂或优级纯试剂，而微量、超微量分析应用高纯试剂。

三、化学试剂的保管

化学试剂如保管不妥，则会变质。若分析测定中使用了变质试剂，不仅会导致分析误差，还会造成分析工作失败，甚至引发事故。因此了解试剂变质的原因，妥善保管化学试剂是分析实验室中十分重要的工作。

1. 影响化学试剂变质的因素

影响化学试剂变质的因素主要有空气、温度、光照、杂质及贮存期等。

（1）空气的影响 空气中的氧易氧化、破坏还原性试剂；强碱性试剂易吸收空气中的二氧化碳变成碳酸盐；空气中的水分可以使某些试剂潮解、结块；纤维、灰尘能使某些试剂被还原、变色等。

（2）温度的影响 夏季高温会加快不稳定试剂的分解；冬季低温会使甲醛聚合而沉淀变质。

（3）光照的影响 日光中的紫外线能加速某些试剂的化学反应而使其变质。

（4）杂质的影响 某些杂质会引起不稳定试剂的变质。

（5）贮存期的影响 不稳定试剂在长期贮存过程中可能会发生歧化聚合、分解或沉淀等。

2. 化学试剂的贮存方法

化学试剂一般应贮存在通风、干净和干燥的环境中，远离火源，并防止水分、灰尘和其他物质的污染。

① 固体试剂应保存在广口瓶中，液体试剂应盛放在细口瓶或滴瓶中。见光易分解的试剂［如硝酸银、高锰酸钾、草酸、过氧化氢（双氧水）等］应盛放在棕色瓶中并置于暗处；容易腐蚀玻璃而影响纯度的试剂（如氢氧化钾、氢氟酸、氟化钠等）应保存在塑料瓶或涂有石蜡的玻璃瓶中。盛放碱液的试剂瓶要用橡胶塞，不能用磨口塞，以防瓶口被碱溶解而粘在一起。

② 吸水性强的试剂（如无水碳酸钠、苛性碱、过氧化钠等）应用蜡密封。

③ 剧毒试剂（如氰化物、砒霜、氢氟酸、氯化汞等）应由专人保管，要经一定手续取用，以免发生事故。

④ 易相互作用的试剂，如具有蒸发性的酸与氨、氧化剂与还原剂，应分开存放。易燃试剂（如乙醇、乙醚、苯、丙酮等）与易爆炸的试剂（如高氯酸、过氧化氢、硝基化合物），应分开存放在阴凉、通风、不受阳光直射的地方。灭火方法相抵触的化学试剂不能同室存放。

⑤ 特种试剂（如金属钠）应浸在煤油中保存；白磷应浸在水中保存。

知识五
玻璃仪器的洗涤

玻璃仪器是否洗净，对实验结果的准确性和精密度有直接影响。因此，洗涤玻璃仪器，是实验室工作中的一个重要环节。在进行仪器洗涤时，要求掌握洗涤的一般步骤，洗净标准，洗涤剂的种类、选用原则及配制方法。

一、玻璃仪器的洗净标准

洗干净的玻璃仪器，当倒置时，应以仪器内壁均匀地被水润湿而不挂水珠为准。在分析实验中，要求精密度小于1%时，用蒸馏水冲洗后，残留水分用 pH 试纸检查，应为中性。

二、玻璃仪器的洗涤方法

1. 常规玻璃仪器洗涤方法

首先用自来水冲洗1～2遍除去可溶性物质的污垢，根据沾污的程度、性质分别采用洗衣粉、去污粉等洗涤剂和洗液洗涤或浸泡，用自来水冲洗3～5次冲去洗液，再用蒸馏水洗3次，洗去自来水。称量瓶、容量瓶、碘量瓶、干燥器等具有磨口塞盖的器皿，在洗涤时应注意各自的配套，切勿“张冠李戴”，以免破坏磨口处的严密性。

蒸馏水冲洗时应按“少量多次”的原则，即每次用少量水，分多次冲洗，每次冲洗应充分振荡后，倾倒干净，再进行下一次冲洗。

2. 成套组合专用玻璃仪器洗涤方法

如微量凯氏定氮仪，除洗净每个部件外，用前应将整个装置用热蒸汽处理5min，以去除仪器中的空气。索氏脂肪提取器用乙烷、乙醚分别回流提取 3～4h。

3. 特殊玻璃仪器的洗涤方法

（1）比色皿　通常用盐酸-乙醇洗涤除去有机显色剂的沾污，洗涤效果好。必要时可用硝酸浸洗，但要避免用铬酸洗液等氧化性洗液浸泡。

（2）玻璃砂芯过滤器　此类过滤器使用前需用热的盐酸（1+1）浸煮除去砂芯孔隙间颗粒物，再用自来水、蒸馏水抽洗干净，保存在有盖的容器中。用后，再根据抽滤沉淀性质的不同，选用不同洗液浸泡干净。例如，AgCl 用氨水（1+1）浸泡，$BaSO_4$ 用乙二胺四乙酸（EDTA）-氨水浸泡，有机物用铬酸洗液浸泡，细菌用浓 H_2SO_4 与 $NaNO_3$ 洗液浸泡等。

（3）痕量分析用玻璃仪器　痕量元素分析对洗涤要求极高。一般的玻璃仪器要用 HCl（1+1）或 HNO_3（1+1）浸泡 24h，而新的玻璃仪器或塑料瓶、桶浸泡时间需长达一周之久，还要在稀 NaOH 中浸泡一周，然后再依次用自来水、蒸馏水洗净。痕量有机物分析所用玻璃仪器，通常用铬酸洗液浸泡，再用自来水、蒸馏水依次冲洗干净，最后用重蒸的丙酮、氯仿洗涤数次即可。

三、常用的洗涤剂

对于水溶性污物，一般可以直接用自来水冲洗干净后，再用蒸馏水洗 3 次即可。沾有污物用水洗不掉时，要根据污物的性质，选用不同的洗涤剂。实验室常用肥皂、皂液、去污粉、洗衣粉等洗涤剂。其高效、低毒，既能溶解油污，又能溶于水，对玻璃器皿的腐蚀性小，不会损坏玻璃，是洗涤玻璃器皿的最佳选择。适用于借助毛刷直接刷洗的仪器，如烧杯、锥形瓶、试剂瓶等形状简单的仪器，这类仪器大部分是分析测定中使用的非计量仪器。

四、常用洗液的配制及使用

洗液（酸性或碱性）多用于不便用毛刷或不能用毛刷洗刷的仪器，如滴定管、移液管、容量瓶、比色管、比色皿等和计量有关的仪器。如油污可用铬酸洗液、碱性高锰酸钾洗液及丙酮和乙醇等有机溶剂清洗。碱性物质及大多数无机盐类可用稀 HCl（1+1）洗液清洗。$KMnO_4$ 沾污留下的 MnO_2 污物可用草酸洗液洗净，而 $AgNO_3$ 留下的黑褐色 Ag_2O 可用碘化钾洗液洗净。

（1）铬酸洗液　20g $K_2Cr_2O_7$（工业纯）溶于 40mL 热水中，冷却后在搅拌下加入 360mL 浓的工业硫酸，冷却后移入试剂瓶中，盖塞保存。

新配制的铬酸洗液呈暗红色油状液，具有极强氧化性、腐蚀性，去除油污效果极佳，使用过程中应避免稀释，防止对衣物、皮肤的腐蚀。$K_2Cr_2O_7$ 是致癌物，因此对铬酸洗液的毒性应当加以重视，尽量少用、少排放。当洗液呈黄绿色时，表明洗液已经失效，应回收后统一处理，不得任意排放。

（2）碱性高锰酸钾洗液　4g $KMnO_4$ 溶于 80mL 水，加入 40% NaOH 溶液至 100mL。高锰酸钾洗液有很强的氧化性，此洗液可清洗油污及有机物。析出的 MnO_2 可用草酸、浓盐酸、盐酸羟胺等还原剂除去。

（3）碱性乙醇洗液　2.5g KOH 溶于少量水中，再用乙醇稀释至 100mL；120g NaOH 溶于 150mL 水中，用 95%乙醇稀释至 1L。主要用于去油污及某些有机物。

（4）盐酸-乙醇洗液　盐酸和乙醇按 1∶1（体积比）混合。其为还原性强酸洗液，适用于洗去多种金属离子的沾污。比色皿常用此洗液洗涤。

（5）乙醇-硝酸洗液　对难于洗净的少量残留有机物，可先于容器中加入 2mL 乙醇和 10mL 浓 HNO_3，在通风橱中静置片刻，待激烈反应放出大量 NO_2 后，用水冲洗。注意等用时再混合及安全操作。

（6）纯酸洗液　用盐酸（1+1）、硫酸（1+1）、硝酸（1+1）或等体积浓硝酸+浓硫酸均可配制，用于清洗碱性物质沾污或无机物沾污。

（7）草酸洗液　5～10g 草酸溶于 100mL 水中，再加入少量浓盐酸。草酸洗液对除去 MnO_2 沾污有效。

（8）碘-碘化钾洗液　1g I 和 2g KI 溶于水中，加水稀释至 100mL，用于洗涤 $AgNO_3$ 沾污的器皿和白瓷水槽。

（9）有机溶剂　有机溶剂如丙酮、苯、乙醚、二氯乙烷等，可洗去油污及可溶于溶剂的有机物。使用这类溶剂时，注意其毒性及可燃性。有机溶剂价格较高，毒性较大。只有无法使用毛刷洗刷的小型或特殊的器皿才用有机溶剂洗涤，如活塞内孔和滴定管夹头等。如果要除去洗净的仪器上带的水分，可以先用乙醇、丙酮洗，最后再用乙醚洗。

知识六 技术标准的查阅与运用

一、我国技术标准的种类和编号

我国现行技术标准种类繁多，数量很大。按标准内容可分为基础标准（如术语、符号、命名等）、产品标准（产品规格、质量、性能等）、方法标准（工艺方法、分析检验方法等）。按标准使用范围可分为国家标准、行业标准、地方标准和企业标准等。标准的本质是统一。不同级别的标准是在不同的范围内进行统一，不同类型的标准是从不同角度、不同侧面进行统一。

1. 国家标准

需要在全国范围内统一技术要求而制定的标准为国家标准，由国务院标准化行政主管部门［国家市场监督管理总局和国家标准化管理委员会（简称国家标准委）］制定，统一编号。国家标准分为强制性标准（GB）和推荐性标准（GB/T）。

国家标准的编号由国家标准的代号、发布顺序号和发布年号构成。

强制性国家标准编号：

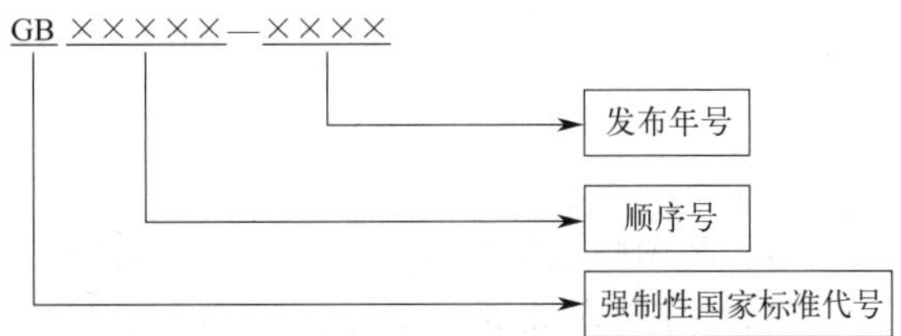

推荐性国家标准编号：

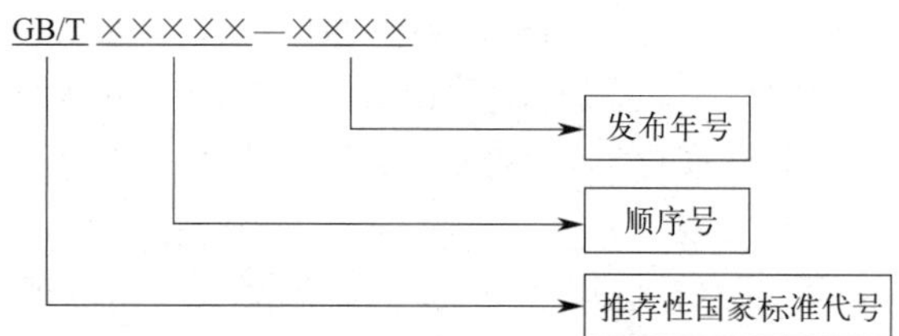

例如，GB/T 210—2022《工业碳酸钠》是2022年国家市场监督管理总局、国家标准委发布的一份推荐性国家标准，规定了工业碳酸钠的质量指标和分析检验方法。

2. 行业标准

对于没有国家标准而又需要在全国某个行业范围内统一技术要求所制定的标准即为行业标准。行业标准也分为强制性标准和推荐性标准。行业标准由该标准的归口部门组织制定，由国家发展和改革委员会发布，并报国家标准委备案。

国家标准委规定了各个行业的标准代号，其中化工行业标准代号为“HG”，石油化工行业标准代号为“SH”等。行业标准的编号由行业标准代号、顺序号和发布年号组成，与国家标准编号的区别仅在代号上。

例如，HG/T 5736—2020《高纯工业品过氧化氢》，是2020年工业和信息化部发布的推荐性化工行业标准。

3. 地方标准

对于没有国家标准和行业标准而又需要在省、自治区、直辖市范围内统一要求所制定的标准，称为地方标准。地方标准也分为强制性标准和推荐性标准。地方标准由省、自治区、直辖市标准化行政主管部门统一编制计划、组织制定、审批、编号和发布。

强制性地方标准的代号由汉语拼音字母“DB”加上省、自治区、直辖市行政区划代码的前两位数字组成，加斜线再加“T”则为推荐性地方标准代号。例如，湖南省代号为430000，湖南省强制性地方标准代号为DB 43，推荐性标准代号为DB 43/T。

地方标准的编号，由地方标准代号、顺序号和年号三部分组成。

4. 企业标准

对企业范围内需要协调、统一的技术要求、管理要求和工作要求所制定的标准为企业标准。企业标准由企业制定，由企业法人代表或法人代表授权的主管领导批准、发布。

企业标准的代号为汉语拼音字母“QB”加斜线再加企业代号组成。企业代号可用汉语拼音字母或阿拉伯数字或两者兼用组成。企业标准的编号，由该企业的企业标准代号、顺序号和年号三部分组成。

二、国际标准和国外先进标准

1. 国际标准

国际标准包含以下三个方面：

① 国际标准化组织（ISO）和国际电工委员会（IEC）所制定的全部标准。

② 列入ISO出版的《国际标准题内关键词索引》（KWIC索引）中的27个国际组织所制定的部分标准。

③ 其他国际组织制定的某些标准，如联合国粮食及农业组织（FAO）制定的标准，在国际上具有权威性。

2. 国外先进标准

国外先进标准如下：

① 国际上具有权威性的区域性标准，如欧洲标准化委员会（CEN）、欧洲经济共同体（EEC）等制定的标准。

② 世界主要经济发达国家的标准，如美国国家标准（ANSI）、英国国家标准（BS）、德国国家标准（DIN）、法国国家标准（NF）、日本工业标准（JIS）和俄罗斯国家标准（TOCT）等。

③ 国际上通行的团体标准，如美国材料与试验协会标准（ASTM）、美国石油学会标准（API）、美国化学会标准（ACS）、日本橡胶协会标准（SRIS）、日本食品添加剂公定书等。

三、技术标准的查阅及运用

对于化工产品的检验，大多已有现成的方法和规程，这些资料可以从各种分析化学文献、手册和书籍中查到；但最直接最可靠的是从技术标准资料中查阅标准分析检验的方法。

随着计算机的发展和互联网的普及，人们可以通过计算机在互联网上方便地检索所需的标准技术资料。部分国家标准、行业标准、地方标准、团体标准、企业标准查询网站包括：国家标准全文公开系统、全国标准信息公共服务平台、国家标准化管理委员会、国家市场监督管理总局、国家计量技术规范全文公开系统、行业标准信息服务平台、中华人民共和国工业和信息化部、企业标准信息公共服务平台、食品伙伴网等。

例如：检索不同用途氢氧化钠的国家标准有哪些。登录国家标准全文公开系统主页，在检索栏中录入关键词“氢氧化钠”；点击“检索”按钮，得到一组关于氢氧化钠标准的网页链接。

四、标准检验规程的解读和应用

为了圆满地完成一个检验任务，不仅在检验过程中要熟练运用操作技术，而且事先必须做好规程解读和技能训练。应该深刻理解检验规程的内涵和对分析工作者操作技能的要求，认真做好各项准备工作，方可应用于实际产品的检验。对于样品或某个项目的测定，首先要掌握以下几个方面。

（1）解读方法原理　标准分析规程文字精练、严谨，主要讲述如何操作，原理方面叙述不多。作为中、高级分析化验人员，应该运用分析化学基础知识理解有关的方法原理。

（2）熟练操作技能　对于与测定工作相关的操作技能，必须预先掌握并运用自如。例如，对于化学定量分析项目，必须能够正确使用烘箱和干燥器；熟练使用分析天平，掌握称取试样的方法；熟练掌握滴定管、吸管、容量瓶等玻璃仪器的操作，会配制试剂溶液和标准溶液。对于仪器分析项目，还要熟练掌握分光光度计、色谱仪等分析仪器的调试和操作技术，确保分析的准确性。

（3）应用于样品检验　在具备必要的理论知识和操作技能的基础上，准备好所需的仪器和试剂，按检验规程一丝不苟地进行操作，并计算和表述分析结果。当平行样的测定结果符合允许误差要求时，才能报告检验结果。

应该指出，标准检验方法都是经过多次试验、普遍公认的方法。如果实际样品的检验结果重现性不好，出现较大的偏差，首先要从主观上找原因，如操作是否有失误之处，所用试剂浓度是否准确等。可以在不同的分析人员或不同实验室之间进行校核。

知识七
化工产品检验的程序

化工产品检验技术包括定性鉴定和定量分析技术。如果怀疑一批产品的真伪，首先需要进行定性鉴定。一般来说，对于指定的产品往往只需对各项质量指标进行定量测定，根据测定结果确定产品质量等级。因此，化工产品质量检验的一般程序如下：

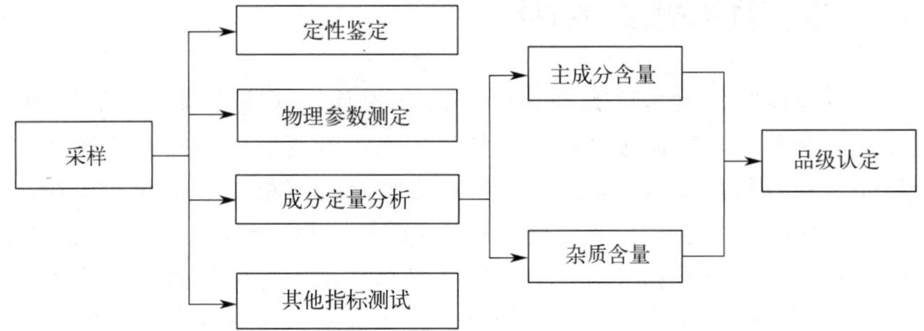

一、化工产品的采样

从待检验的大宗物料中取得分析试样的过程称为采样。采样的目的是采取能代表原始物料平均组成的少量分析试样。化工产品有固体、液体和气体，有均匀的和不均匀的。显然，应根据产品的性质、均匀程度、数量等决定具体的采样和制样步骤。国家标准对化工产品的采样原则和方法做了明确规定，其最新标准如下：GB/T 6678—2003《化工产品采样总则》，GB/T 6679—2003《固体化工产品采样通则》，GB/T 6680—2003《液体化工产品采样通则》，GB/T 6681—2003《气体化工产品采样通则》。除了这些通则规定以外，对于指定的某种化工产品，在其产品标准中一般会补明采样的特殊要求，分析工作者必须严格执行。

二、定性鉴定技术

化工产品的定性鉴定主要是检验其主成分是否与产品名称相符合。化工定性分析技术主要包括焰色试验，沉淀试验，气体产生试验，气体色谱、红外光谱、质谱分析等。

（1）焰色试验　通过观察样品在火焰中燃烧时的颜色来判断物质的成分。不同元素和化合物在火焰中产生特定的颜色，这是它们的电子结构和能级跃迁引起的。例如，钠离子在火焰中呈现橙黄色，钾离子呈现紫色，铜离子呈现蓝绿色。通过对比样品在火焰中的颜色和已知元素或化合物的火焰颜色，可以初步确定样品的成分。

（2）沉淀试验　通过加入特定试剂并观察沉淀的形成与颜色变化，可以推断样品中存在的离子或化合物。例如，加入银镜试剂（硝酸银溶液），如果有沉淀生成，则可以初步判断卤素（氯、溴、碘）离子的存在。

（3）气体产生试验　是通过反应产生气体来确定物质成分的方法。不同的物质在特定条件下会产生不同的气体，这可以用作定性分析的依据。例如，将稀盐酸与样品反应，如果产生气体并有酸性气味，可以初步判断样品中可能含有碳酸酐或硫化物等。

（4）气体色谱、红外光谱、质谱分析　通过检测样品的物理性质、光谱特征和质谱图谱等，来确定物质的成分和结构。例如，红外光谱可以用于确定有机化合物的功能基团，质谱可以用于确定有机化合物的分子结构。在实际应用中，这些定性分析方法往往需要结合多种技术手段和实验条件，以提高分析的准确性和可靠性。

三、物理参数测定技术

化工产品检验中涉及的物理参数有密度、熔点、结晶点（凝固点）、沸点、沸程、折射率、电导率、旋光度、黏度、闪点和燃点等。化工产品的纯度或者说杂质含量，与其物理参数有着密切的关系。特别是某些有机化工产品，不便于对其主成分和杂质的含量一一进行测定，在这种情况下物理参数的测定就成为标志产品质量的重要指标。

在现行国家标准中规定了一些物理参数的测定方法和技术要求。例如：GB/T 4472—2011《化工产品密度、相对密度的测定》，GB/T 7534—2004《工业用挥发性有机液体　沸程的测定》，GB/T 6488—2022《液体化工产品　折光率的测定》。

物理常数的测定技术不仅用于化工产品的质量控制和鉴定，还有助于了解化合物的物理性质和化学性质，为新药开发、材料科学等领域提供重要信息。

四、定量分析技术

1. 定量分析的常用方法

测定试样中化学成分的含量即进行定量分析，是化工产品检验中最重要的内容。按照分析原理和操作技术的不同，定量分析方法分为化学分析和仪器分析两大类。

化学分析以物质的化学计量反应为基础。如滴定分析，根据试剂溶液的用量和浓度计算待测组分的含量；若根据称量反应产物的质量来计算待测组分的含量则为称量分析法。

仪器分析是以物质的物理或物理化学性质为基础的分析方法。因其要使用光、电、电磁、热等测量仪器，故称为仪器分析法。现代仪器分析包括多种检测方法，目前在化工产品检验中应用较多的是分光光度法、电位分析法和气相色谱法。

化学分析和仪器分析两种方法的对比情况见表 1-7-1。

表 1-7-1　化学分析和仪器分析方法的对比情况

分析方法	原理	成分含量	相对误差	基本仪器
化学分析	基于化学反应的计量关系	含量 1%以上，常量分析	<0.2%	简单玻璃仪器
仪器分析	基于物质的物理、物理化学性质及参数的变化	微量或痕量分析	可达 2%～5%	较复杂特殊的分析仪器

2. 定量分析的一般过程

定量分析的多数方法就其本质来说，都是进行相对测量，可以概括为以下一般过程：

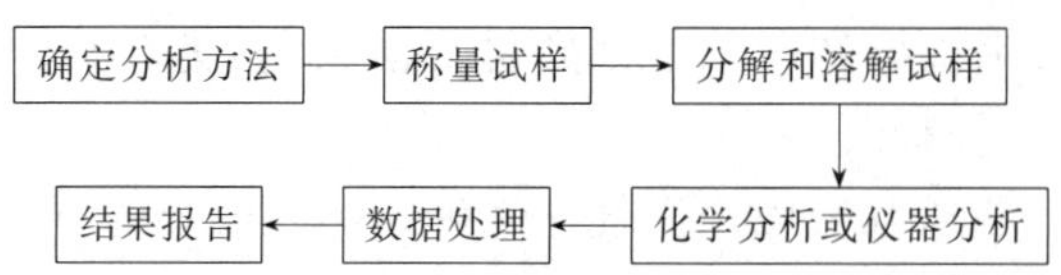

具体内容如下：

（1）确定方法，准备标准溶液和有关试剂　标准溶液是与试样中待测组分“相对比较”的物质。在滴定分析中称为“标准滴定溶液”，其与试样中的待测组分发生定量化学反应；在仪器分析中，标准溶液是已知浓度的待测组分的溶液。标准溶液浓度的准确度至关重要。

（2）准确计量分析试样，并处理成可供测量的状态　多数情况下需用分析天平准确称量一定质量的试样，用水或其他溶剂溶解，并处理成可供测定或定容后分取一定体积的试样溶液。有些液体产品可以准确量取一定体积的试样作为分析试样。试样量计量的准确度应与所采用分析方法的准确度相符合。

（3）进行定量测定　按所选用方法的操作步骤，加入必要的辅助试剂，进行定量测定。如滴定、显色及测定吸光度等。其中最关键的是“相对测量条件”和“终点”的掌握。在滴定分析中要找准滴定终点；在光度分析中要注意标准溶液与试液的测量条件必须一致。

（4）计算和表述定量分析结果　将测定过程中记录的数据代入相应的计算式或查对工作曲线，求出试样中待测组分的含量。计算中应注意有效数字的保留必须与测定方法的准确度相适应。对于一个定量分析项目，一般要做 2～3 个平行样。技术标准中规定了平行样品测定的允许偏差，如果平行样测定结果的绝对偏差在允许差范围内，可以取其平均值报告分析结果。否则，应该查找原因后重做实验。

3. 定量分析结果的表述

定量分析的结果，有多种表述方法。按照我国现行国家标准的规定，应采用质量分数、体积分数或质量浓度加以表述。

（1）质量分数（w_B）　物质中某组分 B 的质量（m_B）与物质总质量（m）之比，称为 B 的质量分数。

$$w_B=\frac{m_B}{m}$$

其比值可用小数或百分数表示。例如，某纯碱中碳酸钠的质量分数为 0.9820，在一些资料中往往直接写成质量百分数，如 98.20%。

（2）体积分数（φ_B）　气体或液体混合物中某组分 B 的体积（V_B）与混合物总体积（V）之比，称为 B 的体积分数。

$$\varphi_B=\frac{V_B}{V}$$

其比值可用小数或百分数表示。例如，某天然气中甲烷的体积分数为 0.93 或 93%；工业乙醇中乙醇的体积分数为 0.95 或 95%。

（3）质量浓度（ρ_B）　气体或液体混合物中某组分 B 的质量（m_B）与混合物总体积（V）之比，称为 B 的质量浓度。

$$\rho_B=\frac{m_B}{V}$$

其常用单位为 g/L 或 mg/L。例如，乙酸溶液中乙酸的质量浓度为 360g/L；生活用水中铁含量一般小于 0.3mg/L。在定量分析中，一些杂质标准溶液的含量或辅助溶液的含量也常用质量浓度表示。

五、分析结果判断

工业产品质量水平一般划分为优等品、一等品和合格品三个等级。若产品质量达不到相关要求，则为废品或等外品。

（1）优等品　其质量标准必须达到国际先进水平，且实物质量水平与国外同类产品相比达到近 5 年内的先进水平。

（2）一等品　其质量标准必须达到国际一般水平，且实物质量水平达到国际同类产品的一般水平。

（3）合格品　按我国现行标准（国家标准、行业标准、地方标准或企业标准）组织生产，实物质量水平必须达到相应标准的要求。

六、检验报告提交

化工产品检验过程中要如实做好原始记录，如称样量、标准溶液浓度和用量、分光光度计读数、气相色谱图及校准曲线等。要按照规定的数据处理方法算出每一项目的检验结果，填写到检验报告单中。报告单要写明产品名称、来源、采样日期和执行的产品标准，将每一检验项目的标准要求指标与样品检验结果比较，判定是否达标。综合所有项目的检验结果，确定产品的质量等级，做出明确的结论。采样人、检验员和审核人要对报告单负责。

下面给出化工产品检验报告单的一种参考格式表。

化工产品检验报告单

产品名称：　　　　　　　　　　执行标准：

产品来源：　　　　　　　　　　采样日期：

序号	检验项目	标准要求	检验结果	判定
1				
2				
3				
4				
5				
6				
7				
8				
结论				

采样人：　　　　　检验员：　　　　　审核人：

检验单位：

报告日期：

七、课后拓展

1. 目标检测

（1）实验室灭火的紧急措施和注意事项有哪些？

（2）化工技术标准资料有哪些？如何检索所需的化工产品质量标准和分析检验方法？

（3）化工产品标准中的技术要求一般包括哪些内容？如何根据分析测试结果进行产品品级鉴定？

2. 技能提升

（1）试查阅下列化工产品的国家标准或行业标准，分别指出其产品检验所需的方法。

过氧化氢　碳酸钠　季戊四醇　氧化镁　乙酰乙酸乙酯

冰醋酸　苯胺　浓硝酸　硫酸铜　异丁醇

（2）试从互联网上检索第（1）题所列化工产品的标准编号及相关说明。

（3）如何解读化工产品标准中指定的检验规程？试解读工业浓硝酸的检验规程。

阅读材料

检验检测护航“质量强国”

2023年2月6日，中共中央、国务院正式印发了《质量强国建设纲要》（以下简称《纲要》）。其作为指导我国质量工作中长期发展的纲领性文件，掀开了新时代建设质量强国的新篇章，对我国质量事业发展具有重要里程碑意义。《纲要》提出：质量是人类生产生活的重要保障。质量作为繁荣国际贸易、促进产业发展、增进民生福祉的关键要素，越来越成为经济、贸易、科技、文化等领域的焦点。面对新形势新要求，必须把推动发展的立足点转到提高质量和效益上来，培育以技术、标准、品牌、质量、服务等为核心的经济发展新优势，推动中国制造向中国创造转变、中国速度向中国质量转变、中国产品向中国品牌转变，坚定不移推进质量强国建设。

检验检测与计量、标准化、认证认可共同构成国家质量基础设施。检验检测行业作为质量认证体系的重要组成部分，在服务国家经济发展、服务产业科技发展、保障社会安全、保障人民健康方面，要发挥重要的支撑和引领作用。

模块二　滴定分析的基本操作

滴定分析法是用滴定管将一种已知准确浓度的溶液滴加到被测物质的溶液中，直至所加的已知准确浓度的溶液与被测物质按化学计量关系恰好完全反应，然后根据所加溶液的浓度和所消耗的体积，依据化学反应方程式的关系，来计算被测物质含量的方法。由于这类方法以测量溶液体积为基础，故滴定分析法又称容量分析法。滴定管、移液管、吸量管、容量瓶等是化学分析实验中准确测量溶液体积的常用量器，规范熟练的操作，是对分析工作人员最基本的要求。

技能导图

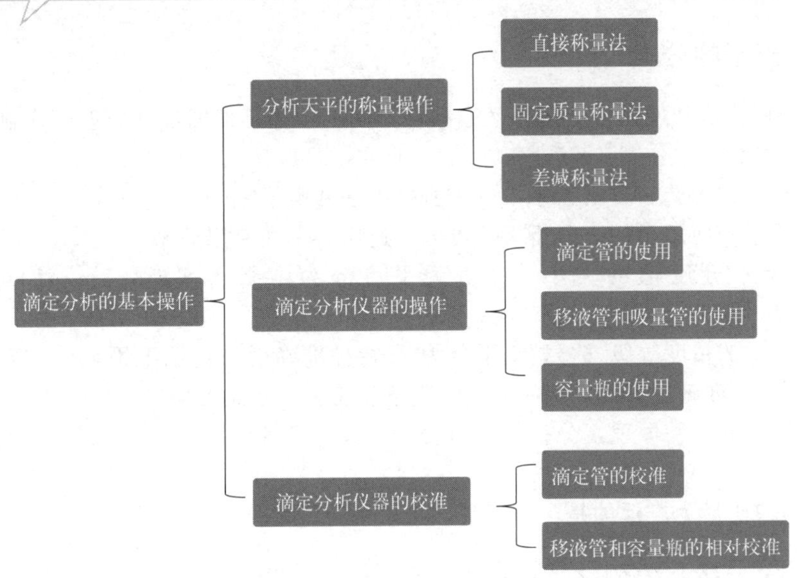

任务一
分析天平的称量操作

一、任务导入

准确称量物质的质量是获得准确分析结果的第一步，分析天平是定量分析工作中最重要、最常用的衡量物质质量的仪器之一。因此，了解分析天平的构造，正确、熟练地使用分析天平是做好分析工作的基本保证。

二、任务要求

1. 知识技能

(1) 能熟练掌握分析天平称量的基本操作。
(2) 能熟练运用称量方法进行称量。
(3) 能正确进行数据处理，并完成任务报告单。

2. 思政素养

(1) 树立标准精确的质量意识和遵守操作规则意识。
(2) 培养有序工作意识及整理、清洁等劳动习惯。
(3) 培养相互协作、共同进步的团队精神。

三、任务分析

1. 分析天平的分类

分析天平在构造和使用方法上虽然有些许不同，但都是根据杠杆原理设计制造的。常用的分析天平分类如下：

① 根据天平的构造，分析天平可分为机械天平和电子天平。

② 根据天平的使用目的，分析天平可分为通用天平和专用天平。

③ 根据天平分度值的大小，分析天平可分为常量天平（0.1mg）、半微量天平（0.01mg）、微量天平（0.001mg）等。

④ 根据天平的精度等级，分析天平分为Ⅰ-特种准确度（精细天平）、Ⅱ-高准确度（精密天平）、Ⅲ-中等准确度（商用天平）、Ⅳ-普通准确度（粗糙天平）。

⑤ 根据天平的平衡原理，分析天平可分为杠杆式天平、电磁力式天平、弹力式天平和液体静力平衡式天平四大类。

目前国内使用最为广泛的是电子天平，本书仅介绍万分之一电子天平。

2. 电子天平基本结构及称量原理

随着现代科学技术的不断发展，电子天平的结构一直在被不断改进，向着平衡快、体积小、质量轻和操作简便的趋势发展，但就其基本结构和称量原理而言，电子天平都大同小异。常见电子分析天平的基本结构如图 2-1-1 所示。电子天平的外形如图 2-1-2 所示。

3. 电子天平操作技术

电子天平的操作流程如下。

① 取下防尘罩，叠好放于天平后；检查称量盘内是否干净，并进行清扫、清洁。

② 检查天平是否水平，若不水平，则调节水平调节螺钉，使气泡位于水平仪中心。

③ 接通电源，预热 30min 以上。

④ 调零：轻按“ON”键，稍后显示为 0.0000g，即可开始使用，如果显示的不是 0.0000g，则需按一下“TARE”键。

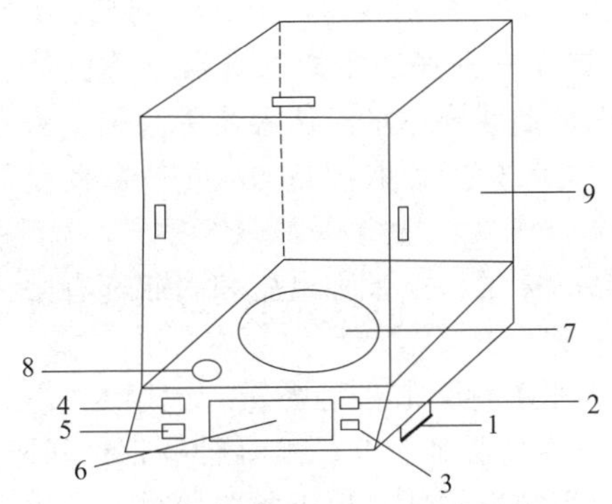

图 2-1-1 电子天平的基本结构

1—水平调节螺钉；2—“ON”键；3—“OFF”键；
4—“CAL”校正键；5—“TARE”清零键；
6—显示屏；7—称量盘；8—气泡式水平仪；9—侧门

图 2-1-2 电子天平的外形

⑤ 称量：将容器或被称量物轻轻放在称量盘上，待显示数字稳定后，即可读数，记录称量结果。若需清零、去皮，轻按“TARE”键，随即出现全零状态，显示值已去除，即去皮；可继续在容器中加入药品进行称量，显示的是药品的质量。可根据实验要求选用一定的称量方法进行称量。

⑥ 称量完毕，取下被称物。按一下“OFF”键，天平处于待机状态；使用完毕，应拔下电源插头，盖上防尘罩，并登记使用记录。

4. 电子天平的称量方法

根据不同的称量对象，须采用相应的称量方法。下面介绍三种常用的称量方法。

（1）直接称量法 此法是将称量物放在天平称量盘上直接称量物体的质量。例如，称量小烧杯的质量，器皿校正中称量某容量瓶的质量，重量分析实验中称量某坩埚的质量等。注意：不得用手直接取放被称物，可戴细纱手套、垫纸条、用镊子或钳子等办法。

（2）固定质量称量法（增量法） 这种方法用于称取某一固定质量的试剂或试样，又称增量法。如直接用基准物质配制标准溶液时，有时需要配成一定浓度值的溶液，这就要求所称基准物质的质量必须是一定的，可用此法称取基准物质。

增量法的操作步骤：将干燥的小容器（例如小烧杯）轻轻放在天平称量盘上，待显示数字稳定后按“TARE”键扣除皮重并显示零点，然后打开天平侧门往容器中缓缓加入试样并观察，当达到所需质量时停止加样，关上天平侧门，显示稳定后，即可记录所称取试样的净重。

此法适于称量不易吸潮、在空气中能稳定存在的粉末状或小颗粒（最小颗粒应小于 0.1mg，以便容易调节其质量）样品。

固定质量称量法如图 2-1-3 所示。

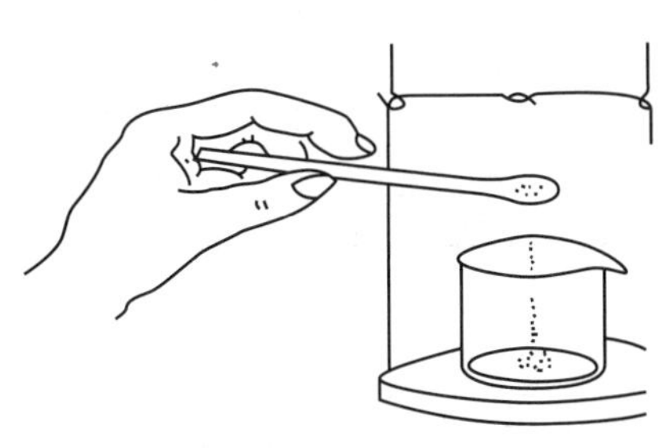

图 2-1-3 固定质量称量法

注意：若不慎加入试样超过指定质量，应用药勺取出多余试样。重复上述操作，直至试样质量符合指定要求为止。取出的多余试样应弃去，不要放回原试样瓶中。操作时不能将试样撒落于天平称量盘等容器以外的地方，称好后必须定量地由表面皿等容器直接转入接收容器。

（3）差减称量法（减量法） 取适量待称样品，置于一洁净、干燥的容器（称固体、粉状样品用称量瓶，称液体样品可用小滴瓶）中，在天平上准确称量；从容器中倾倒出一定量样品至实验器皿中，再次准确称量，两次称量读数之差，即所称取样品的质量。如此重复操作，可连续称取若干份样品。

该方法适于一般颗粒状、粉末状样品及液态样品的称量。由于称量瓶和滴瓶都有磨口瓶塞，有利于称量易吸湿、易氧化、易挥发的试样。称量方法具体如下。

① 戴手套持干燥的装有试样的称量瓶，在电子天平上称出其准确质量，记录为 m_1。

② 打开天平侧门将称量瓶取出。在事先准备好的接收器皿上方，倾斜瓶身，打开瓶盖，用称量瓶盖轻敲瓶口上部，试样慢慢落入接收器皿，当倾出的试样接近所需量时，一边用瓶盖继续轻敲瓶口，一边竖直瓶身，使粘附在瓶口上的试样落回到瓶底（注意：切勿让试样撒出接收器皿）。其操作方法如图 2-1-4 所示。

(a) 称量瓶　(b) 称量瓶拿法　(c) 敲样操作

图 2-1-4　称量瓶及操作方法

③ 盖好称量瓶盖，把称量瓶放回天平称量盘，再次准确称量其质量记录为 m_2。倾出试样的质量 m 为两次称量之差（m_1-m_2）。若倾出试样恰好在所需范围，记录此时的数据。若一次倾出的试样量不够所需量，可再次敲样，直到倾出试样质量满足要求（一般在欲称质量的±10％以内为宜）。

5. 实施条件

（1）场地　天平室，化学分析检验室。

（2）仪器、试剂　所需仪器设备与试剂材料见表 2-1-1 及表 2-1-2。

表 2-1-1　仪器设备

名称	规格	名称	规格
表面皿	ϕ50mm	称量瓶	30mm×50mm
烧杯	50mL	滴瓶	60mL
电子天平	万分之一	洗涤用具	

表 2-1-2　试剂材料

名称	规格	名称	规格
碳酸钙	A. R.	氯化钠液体	10g/L
无水碳酸钠	A. R.		

注：水为国家规定的实验室三级用水规格。

四、工作计划

按照滴定分析的工作程序要求，对工作任务进行思考，梳理工作流程，并掌握工作任务内容、工作要求，完成称量练习任务计划表。

称量练习任务计划表

工作子任务	工作内容	工作要求	HSE 与安全防护措施

五、任务实施

1. 直接称量法操作练习

精密称取表面皿、小烧杯、称量瓶的质量，并记录数据。

① 按操作流程完成天平清扫、调水平、预热、调零点任务。

② 将表面皿置于天平称量盘上，按操作流程完成称量步骤。同法测定小烧杯、称量瓶的质量。

③ 及时、规范记录数据。

④ 做好称量结束后的整理工作。

分析天平的使用和称量

2. 固定质量称量法操作练习

精密称取 0.3125g 基准 $CaCO_3$ 固体。

① 将小烧杯放在天平称量盘上，待显示平衡后按“TARE”键扣除皮重并显示零点。

② 用药勺将基准 $CaCO_3$ 慢慢加到小烧杯中，并观察屏幕，直到达到所需质量 0.3125g 时，停止加样。以同样方法再称取 2 份基准 $CaCO_3$。

③ 记录样品质量，完成数据处理。

3. 差减称量法操作练习

精密称取 0.2g 无水 Na_2CO_3 样品。

① 取 3 个锥形瓶，洗净，擦干外壁，编号 1～3。

② 取已盛有待称样品无水 Na_2CO_3 的称量瓶，置于分析天平上，待读数稳定后，记录为 m_1，少量多次，倾出无水 Na_2CO_3 样品，直至 0.2g 的±10%范围内，到 1 号锥形瓶中，称量并记录称量瓶的剩余质量 m_2，两次质量之差即为第一份样品的质量 m。

③ 以同样方法再称量 0.2g 无水 Na_2CO_3 样品至 2、3 号锥形瓶中。

④ 完成数据记录与处理。

4. 液体样品的称量操作练习

精密称量 2.0g NaCl 液体样品于 100mL 容量瓶中。

① 取 3 个 100mL 容量瓶，洗净，擦干外壁，编号 1～3。

② 称出装有 NaCl 样品的滴瓶质量，记录为 m_1。

③ 从滴瓶中取出 10 滴 NaCl 样品移入容量瓶中，称出取样后滴瓶的质量，计算 1 滴 NaCl 样品的质量。按计算的 1 滴 NaCl 样品质量，估算出 2.0g NaCl 样品的滴数，加入相应量的 NaCl 样品。

④ 称量取样后的滴瓶质量，记录为 m_2，两次质量之差即为第一份样品的质量 m。

⑤ 以同样方法再称取 2.0g NaCl 样品至 2、3 号容量瓶中。

⑥ 完成数据记录与处理。

5. 结果评价

完成所有数据的处理，并对测定过程与结果进行评价总结。

6. 清场工作

实验操作完成后，做好清理清洁、整理整顿工作。填写实验室清场检查记录表。

六、方法提要

（1）每次使用前，原则上都要进行校正。使用前按校正键（“CAL”键），天平将显示所需校正的砝码质量（如 200g），放上 200g 标准砝码，直至显示 200.0000g，即校正完毕，取下标准砝码。

（2）称量物的总质量不能超过天平的称量范围。被称物应位于称量盘中央。严禁将化学品直接放在称量盘上称量，对于过热或过冷的称量物，待回到室温后方可称量。

（3）在开关门放取称量物时，动作必须轻缓，切不可用力过猛或过快，以免造成天平损坏。读数前要关闭天平两边侧门，防止气流影响读数。

（4）敲样过程中，称量瓶口不能碰接收容器。

（5）从滴瓶中取出滴管时，必须将下端附着溶液在滴瓶内壁轻触除去，否则会造成液体样品溶液的洒落。加液体样品到容量瓶中时，注意滴管不要插入容量瓶中，更不能碰容量瓶的瓶口内壁。

七、课后拓展

1. 目标检测

（1）在实验中记录称量数据应准确至几位？为什么？

（2）称量时，每次均应将砝码和物体放在天平称量盘的中央，为什么？

（3）使用称量瓶时，如何操作才能保证试样不致损失？

（4）直接称量法、差减称量法、固定质量称量法各适合何种情况下的称量？如何操作？

2. 技能提升

查阅国标中双氧水相关理化性质，并采用差减称量法称量 1.6g 双氧水样品 3 份。

任务二
滴定分析仪器的操作

一、任务导入

在滴定分析中，滴定管、容量瓶、移液管和吸量管等仪器，是常用的准确测量溶液体积的量具。溶液体积测量的准确度不仅取决于所用量器是否准确，更重要的是取决于是否正确准备和使用量器。因此，对于这类仪器的正确使用，将直接影响分析结果的准确性。而且滴定分析仪器规范正确的操作，是对化工分析从业人员最基本的要求，是化工分析从业人员职业素养养成的基础，其重要性不容忽视。

二、任务要求

1. 知识技能

（1）熟悉滴定分析相关原理。

（2）掌握滴定分析仪器的使用和规范操作。

2. 思政素养

（1）树立标准精确的质量意识和遵守操作规则意识。

（2）培养有序工作意识及整理、清洁等劳动习惯。

三、任务分析

1. 滴定管的使用

滴定管是滴定分析法所用的主要量器，滴定管分为酸式滴定管、碱式滴定管和聚四氟乙烯酸碱通用滴定管（见图 2-2-1）。滴定管除无色的外，还有棕色的，用以盛放见光易分解或有色的溶液，如 $AgNO_3$、$Na_2S_2O_3$、$KMnO_4$ 等溶液。

酸式滴定管的下端有玻璃活塞，可装入酸性或氧化性滴定液，不能装入碱性滴定液，因为碱性滴定液可使活塞与活塞套黏合，难以转动。

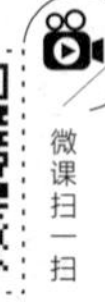

滴定管的使用

碱式滴定管用来盛放碱性溶液，它的下端连接一橡胶管，橡胶管内放有玻璃珠以控制溶液流出，橡胶管下端再接有一尖嘴玻璃管。凡是能与橡胶管起反应的溶液，如高锰酸钾、碘等溶液，都不能装入碱式滴定管中。

聚四氟乙烯滴定管属于通用型滴定管，既可以放碱液又可以放酸液。由于材料的进步，聚四氟乙烯滴定管摈弃了酸碱滴定管的设定，通过聚四氟乙烯的阀门，实现了酸碱滴定管的统一。

滴定管的使用要遵循“两检、三洗、一排气，正确装液，注意手法，边滴边摇，一滴变色”的使用原则。

（1）两检　一是检查滴定管是否破损；二是检查滴定管是否漏水，若是酸式或通用滴定管还要检查玻璃塞旋转是否灵活。

聚四氟乙烯旋塞耐受酸碱，同时具有很好的自润滑性，无须涂抹凡士林进行润滑或者密封，从而使滴定管的配置变得简单。酸式滴定管若漏水则需涂凡士林（图 2-2-2）。

（2）三洗　滴定管在使用前必须洗净。

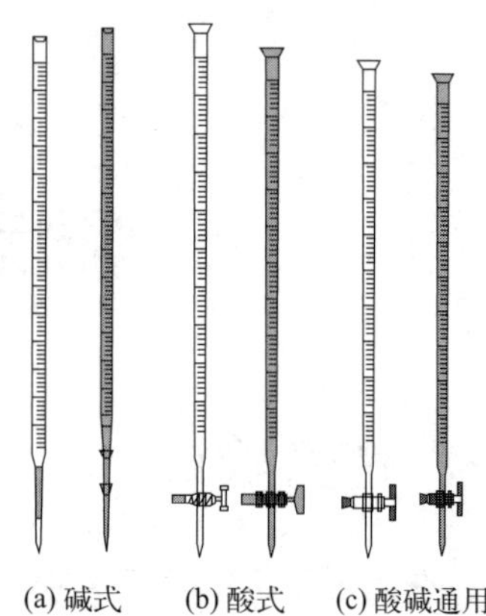

图 2-2-1　酸式滴定管、碱式滴定管和聚四氟乙烯酸碱通用滴定管

一洗：当没有明显污染时，可以直接用自来水冲洗。如果其内壁沾有油脂性污物，则可用肥皂液、合成洗涤液或碳酸钠溶液润洗，必要时把洗涤液先加热，并浸泡一段时间。铬酸洗液因其具有很强的氧化能力，而对玻璃的腐蚀作用极小，但考虑到六价铬对人体有害，应尽量少用，若采用铬酸洗液洗涤后，洗液必须回收集中处理。无论用肥皂液还是洗液等，最后都需要用自来水充分洗涤。

图 2-2-2　旋塞涂凡士林

二洗：用蒸馏水淌洗 2～3 次，每次用 5～10mL 蒸馏水。

三洗：用欲装入的标准溶液最后淌洗 2～3 次，每次用 5～10mL 溶液，以除去残留的蒸馏水，保证装入的标准溶液与试剂瓶中的溶液浓度一致。

（3）装液　装入标准溶液之前先将试剂瓶中的标准溶液摇匀，盛装溶液前，先关好活塞。然后左手三指拿住滴定管上部无刻度处，滴定管可以稍微倾斜以便接收溶液，右手拿住试剂瓶往滴定管中倒溶液。小瓶可以手握瓶肚（瓶签向手心）拿起来慢慢倒入，大瓶可以放在桌上，手拿瓶颈使瓶倾斜让溶液慢慢倾入滴定管中直至零刻度以上为止。注意装液时，绝不能借助于其他仪器（如滴管、漏斗、烧杯等），一定要由试剂瓶直接加入。如标准溶液在容量瓶中，则由容量瓶直接加入。

（4）排气　即排除滴定管下端的气泡。将标准溶液加入滴定管后，应检查活塞下端或橡胶管内有无气泡。排气时，对于酸式滴定管，可迅速转动活塞，通过溶液急速下驱去气泡；对于碱式滴定管，可将橡胶管向上弯曲并在稍高于玻璃珠所在处用两手指挤压，使溶液从嘴口喷出，气泡即被溶液排出。见图 2-2-3。

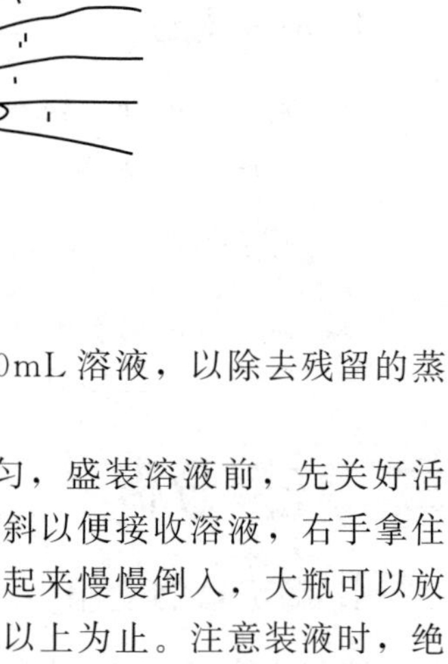

图 2-2-3　碱式滴定管排气方法

（5）滴液　使用酸式滴定管滴定时左手控制活塞，大拇指在前，食指和中指在后，手指略微弯曲，轻轻向内扣住活塞，注意手心不要顶住活塞，以免将活塞顶出，造成漏液。右手持锥形瓶，使瓶底向同一方向作圆周运动。见图 2-2-4(a)。

使用碱式滴定管时，左手拇指在前，食指在后，握住橡胶管中的玻璃珠所在部位稍上处，向外侧捏挤橡胶管，使橡胶管和玻璃珠间形成一条缝隙，溶液即可流出。但注意不能捏挤玻璃珠下方的橡胶管，否则会造成空气进入形成气泡。见图 2-2-4(b)。

无论用哪种滴定管，都必须掌握三种加液方法：逐滴加入、加一滴、加半滴。

① 逐滴加入：滴定开始前，先把悬挂在滴定管尖端的液滴除去。滴定时用左手控制活塞，手持锥形瓶，边滴边摇，使溶液均匀混合，反应进行完全。

② 加一滴：临近滴定终点时，滴定速度应十分缓慢，应一滴一滴地加入，防止过量，并且用洗瓶挤入少量蒸馏水冲洗锥形瓶内壁，以免有残留的液滴未反应。

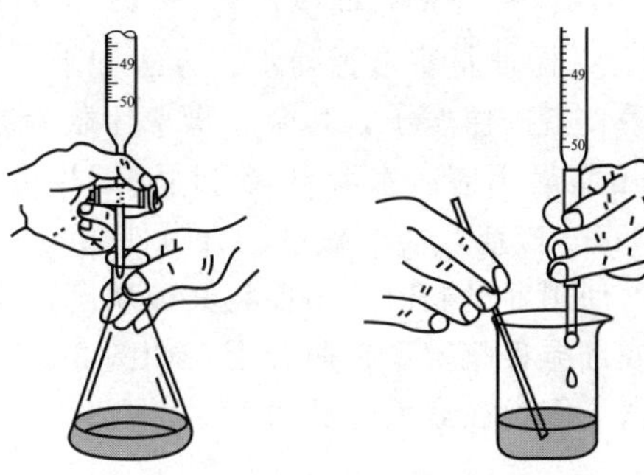

(a) 酸式滴定管的操作　　(b) 碱式滴定管的操作

图 2-2-4　滴定管的操作

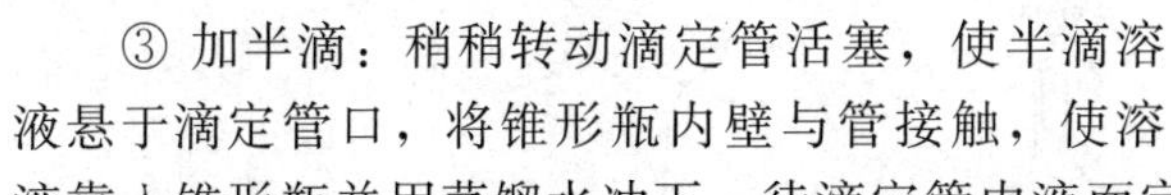

③ 加半滴：稍稍转动滴定管活塞，使半滴溶液悬于滴定管口，将锥形瓶内壁与管接触，使溶液靠入锥形瓶并用蒸馏水冲下，待滴定管内液面完全稳定后，可读数。

(6) 读数　滴定管读数不准确是滴定分析误差的主要来源之一，人们应掌握正确的读数方法。滴定管读数时应遵循下列原则。

① 读数时，滴定管应保持垂直。

② 读数时，视线与溶液弯月面下边缘最低点应在同一水平面上，之后读出其与弯月面相切时所对应的刻度，视线高于液面，读数偏低，视线低于液面，读数偏高，如图 2-2-5 所示。

③ 对于无色或浅色溶液，应读取弯月面下边缘的最低点，但若溶液颜色太深而不能观察到弯月面，则可读两侧最高点，也可用白色卡片作为背景，如图 2-2-6 所示。

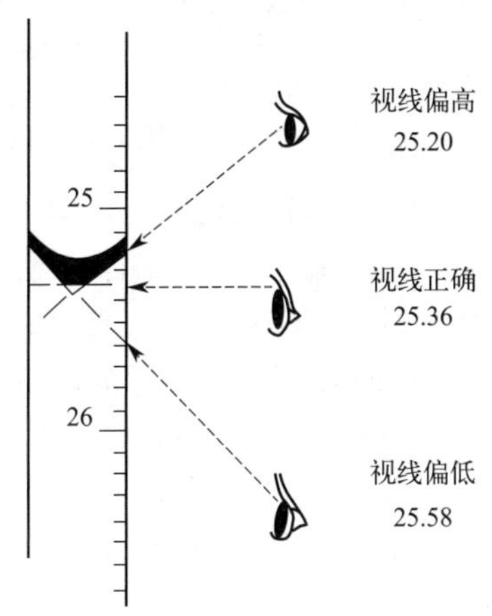

图 2-2-5　视线在不同位置时的读数

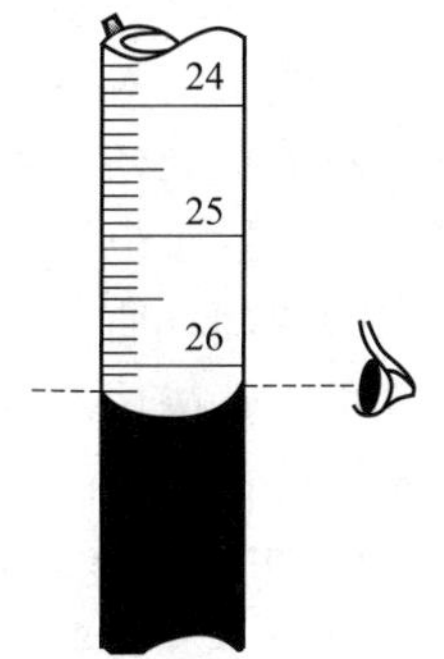

图 2-2-6　深色溶液的读数

④ 读数时必须读到小数点后两位，即估读到 0.01mL。

⑤ 每次滴定前，将液面调节在“0.00”的位置，由于滴定管的刻度不可能绝对均匀，所以在同一实验的多次滴定中，溶液体积测量应控制在滴定管的相同刻度区间，这样由刻度不准所引起的误差可以抵消。

2. 容量瓶的使用

（1）容量瓶的检查

① 检查容量瓶标线位置。如果标线离瓶口太近，不便混匀溶液，不宜使用。

② 检查瓶塞是否漏水。方法如下：加水至标线附近，盖好瓶塞后用滤纸擦干瓶口，用左手食指按住塞子，其余手指拿住瓶颈标线以上部分，右手用指尖托住瓶底边缘。将瓶倒立1min以后不应有水渗出（可用滤纸片检查），如不漏水，将其直立，转动瓶塞180°后，再倒立1min检查，如不漏水，方可使用。

使用容量瓶时，不要将其玻璃磨口塞随便取下放在桌面上，以免沾污或搞混，可用橡皮筋或细绳将瓶塞系在瓶颈上，如图2-2-7（a）所示。当使用平顶的塑料塞子时，操作时也可将塞子倒置在桌面上放置。

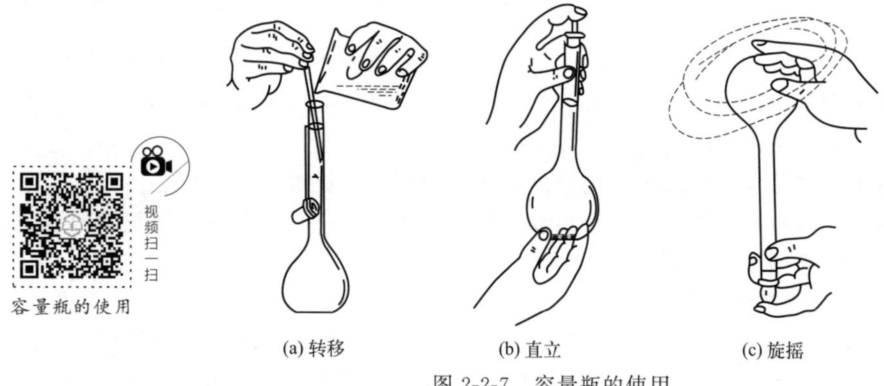

图2-2-7　容量瓶的使用

（2）容量瓶的洗涤　洗净的容量瓶要求倒出水后，内壁不挂水珠，否则必须用洗涤液清洗。可用合成洗涤液浸泡或用洗液浸洗。用铬酸洗液洗时，先尽量倒尽容量瓶中的水，倒入10～20mL洗液，摇动容量瓶使洗液布满全部内壁，然后放置数分钟，将洗液倒回原瓶。再依次用自来水、蒸馏水洗净。

（3）溶液的配制

① 移液。用容量瓶配制标准溶液或分析试液时，最常用的方法是将待溶固体称出置于小烧杯中。玻璃棒悬空伸入容量瓶口中1～2cm，棒的下端应靠在瓶颈内壁上，但不能触碰容量瓶的瓶口。左手拿烧杯，使烧杯嘴紧靠玻璃棒（烧杯离容量瓶口1cm左右），使溶液沿玻璃棒和内壁流入容量瓶中，如图2-2-7（a）所示。烧杯中溶液流完后，将烧杯沿玻璃棒稍微向上提起，同时使烧杯直立，待竖直后移开。将玻璃棒放回烧杯中，不可放于烧杯尖嘴处，可用左手食指将其按住。然后，用洗瓶吹洗玻璃棒和烧杯内壁，再将溶液定量转入容量瓶中。如此吹洗、转移溶液的操作，一般应重复5次以上，以保证定量转移。

② 稀释。加蒸馏水至容量瓶的2/3左右容积时，用右手食指和中指夹住瓶塞的扁头，将容量瓶拿起，按同一方向平摇几周，使溶液初步混匀。

③ 定容。继续加蒸馏水至距离标线约1cm处后，等1～2min，待附在瓶颈内壁的溶液流下后，再用洗瓶加水至弯月面下缘与标度刻线相切。无论溶液有无颜色，其加水位置均以弯月面下边缘与标线相切为标准。

④ 摇匀。当加水至容量瓶的标线时，盖上瓶塞，用左手食指按住塞子，其余手指拿住瓶颈标线以上部分，再用右手指尖托住瓶底边缘，如图2-2-7（b）所示，然后将容量瓶倒转，使气泡上升到顶，旋摇容量瓶混匀溶液，如图2-2-7（c）所示。再将容量瓶直立过来，

又再将容量瓶倒转，使气泡上升到顶部，旋摇容量瓶混匀溶液。如此反复15次左右。注意：每摇几次后应将瓶塞微微提起并旋转180°，然后塞上再摇。

3. 移液管和吸量管的使用

移液管和吸量管的使用

移液管是用于准确移取一定体积溶液的量出式玻璃器皿，通常有两种形状。一种移液管中间有膨大部分，称为胖肚移液管，管颈上部刻有一标线，用来控制所吸取溶液的体积，常用的有5mL、10mL、20mL、25mL、50mL等规格。由于读数部分管径小，其准确性高。另一种是直形的，管上有分刻度，称为吸量管。

下面以移液管为例，介绍使用方法。

（1）洗涤　移液管在使用前应洗净。通常先用自来水洗涤，再用铬酸洗液洗涤，最后依次用自来水、蒸馏水润洗干净。

（2）润洗　使用时，应先用滤纸将尖端内外的水吸净，否则会因引入水滴改变溶液的浓度。然后，用少量所要移取的溶液，将移液管润洗3次，以保证移取的溶液浓度不变。润洗的方法是：将一部分欲移取的溶液倒入洗净并烘干的小烧杯，用移液管吸取5～10mL后，立即用右手食指按住管口（尽量不要使溶液回流，以免稀释），将管横过来，用两手的拇指及食指分别拿住移液管两端，转动移液管使溶液布满全管内壁，当溶液流至距上口2～3cm时，将管直立，使溶液由尖嘴放出，并弃去。

（3）移取溶液　移取溶液时，一般用右手的大拇指和中指拿住移液管颈标线上方的玻璃管，将下端插入溶液1～2cm，插入太深会使管外沾附溶液过多，影响量取溶液体积的准确性；太浅往往会产生空吸。吸取溶液时，左手拿洗耳球，先把球内空气压出，然后把洗耳球的尖端接在移液管顶口，慢慢松开洗耳球使溶液吸入管内，如图2-2-8（a）所示。当溶液吸至标线以上时，移去洗耳球，立即用右手的食指按住管口，移液管离开液面，并将原插入溶液的部分沿容器内壁轻转两圈（或用滤纸擦干移液管下端）以除去管外壁上沾附的溶液，然后稍松食指，待管内液体的弯月面慢慢下降到标线处时，立刻用食指压紧管口。取出移液管，将移液管移入另一容器（如锥形瓶），并使管尖与容器壁接触，松开食指让液体自由流出；流完后再等15s左右。残留于管尖内的液体不必吹出，因为在校正移液管时，未把这部分液体体积计算在内，如图2-2-8（b）所示。

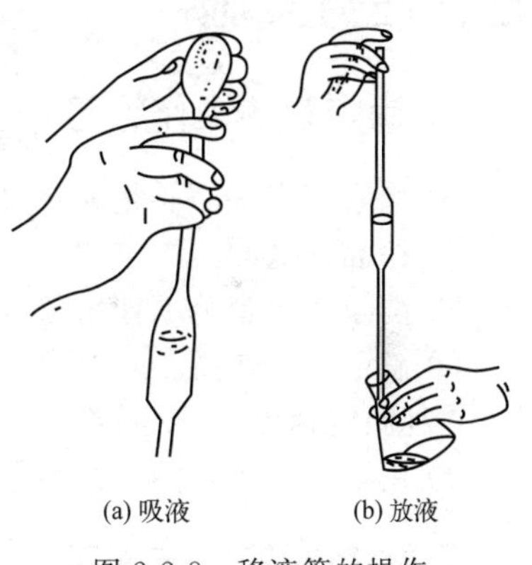
(a) 吸液　(b) 放液

图2-2-8　移液管的操作

4. 实施条件

（1）场地　天平室，化学分析检验室。

（2）仪器、试剂　所需仪器设备及试剂材料见表2-2-1及表2-2-2。

表2-2-1　仪器设备

名称	规格	名称	规格
酸碱滴定管	50mL	锥形瓶	250mL
容量瓶	250mL	移液管	25mL
洗涤用具		电子天平	万分之一

表 2-2-2 试剂材料

名称	规格	名称	规格
盐酸	A. R.	甲基橙指示剂	1g/L
氢氧化钠	A. R.	酚酞指示剂	10g/L

注：水为国家规定的实验室三级用水规格。

四、工作计划

按照滴定分析的工作程序要求，对工作任务进行思考，梳理工作流程，并掌握工作任务内容、工作要求，完成滴定基本操作练习任务工作计划表。

滴定基本操作练习任务工作计划表

工作子任务	工作内容	工作要求	HSE 与安全防护措施

五、任务实施

1. 滴定管的操作练习

① 检查滴定管的质量和有关标志。

② 涂油，试漏。

③ 洗净滴定管至不挂水珠。

④ 滴定管的使用。a. 用待装溶液润洗。b. 装溶液，赶气泡。c. 调零。d. 练习滴定操作（3 种滴定速度）。e. 读数。

⑤ 用毕后洗净，倒夹在滴定台上，或装满蒸馏水夹在滴定台上。

2. 容量瓶的操作练习

① 检查容量瓶的质量和有关标志。

② 洗净容量瓶至不挂水珠。

③ 配制 0.10mol/L Na_2CO_3 溶液 250mL。

a. 计算并精密称取无水 Na_2CO_3 样品质量，置于小烧杯中。

b. 加 50mL 蒸馏水溶解。移入 250mL 容量瓶中，继续加水稀释，定容、混匀。

3. 移液管的操作练习

① 检查移液管的质量及有关标志。

② 洗净移液管至不挂水珠。

③ 用 25mL 移液管移取 25.00mL 蒸馏水至 250mL 容量瓶中，练习移液操作 10 次。

4. 滴定操作综合练习

（1）以甲基橙为指示剂，用 0.1mol/L HCl 溶液滴定 0.1mol/L NaOH

① 配制 500mL 0.1mol/L HCl 溶液：量取一定量的蒸馏水于 500mL 烧杯中，迅速加入 4.5mL 浓 HCl，搅拌后再稀释至 500mL。转移到试剂瓶中，盖上瓶塞，摇匀。

② 配制 500mL 0.1mol/L NaOH 溶液：称取 NaOH 固体 2.2g 于 500mL 烧杯中，加入 100mL 蒸馏水溶解，搅拌后再稀释至 500mL，转移到试剂瓶中，盖上瓶塞，摇匀。

③ 干净且洁净的酸碱通用滴定管润洗后，盛装已配制的 0.1mol/L HCl 溶液，排气泡、调零后备用。

④ 用 25mL 移液管量取 0.1mol/L NaOH 溶液 25.00mL 并置于锥形瓶中，加 2 滴甲基橙指示剂，然后用 0.1mol/L HCl 溶液滴定，至溶液由黄色变为橙色即为终点，记录读数。平行滴定 3 次，计算滴定体积比，以 $V(HCl)/V(NaOH)$ 表示。

(2) 以酚酞为指示剂，用 0.1mol/L NaOH 溶液滴定 0.1mol/L HCl

① 干净且洁净的酸碱通用滴定管润洗后，盛装已配制的 0.1mol/L NaOH 溶液，排气泡、调零后备用。

② 用 25mL 移液管量取 0.1mol/L HCl 溶液 25.00mL 并置于锥形瓶中，加 2 滴酚酞指示剂，然后用 0.1mol/L NaOH 滴定，至溶液由无色变为粉红色，30s 之内不褪色即为终点，记录读数，平行滴定 3 次，计算滴定体积比，以 $V(HCl)/V(NaOH)$ 表示。

5. 数据记录与处理

完成记录与计算。

6. 结果评价

完成数据处理，并对测定过程与结果进行评价总结。

7. 清场工作

实验操作完成后，做好清理清洁、整理整顿工作。填写实验室清场检查记录表。

六、方法提要

(1) 移液管注意润洗、吸液、放液的正确操作。
(2) 指示剂不得多加，否则终点难以观察，滴定过程中要注意观察溶液颜色变化的规律。

七、课后拓展

1. 目标检测

(1) 锥形瓶使用前是否要干燥？为什么？
(2) 若滴定结束时发现滴定管下端挂有溶液或有气泡应如何处理？
(3) 移液管放溶液后残留在管尖的少量溶液是否应吹出？
(4) 从理论上讲滴定中所消耗的 HCl 溶液（NaOH 溶液）体积应相同，但实际上却不同，试分析误差来源。

2. 技能提升

考核：使用 25mL 移液管进行吸液和放液操作 10 次，接收器为 250mL 容量瓶，观察液面与刻线的相切情况并作标记。

任务三
滴定分析仪器的校准

一、任务导入

滴定管、容量瓶和移液管等是滴定分析常用的玻璃器皿，都具有刻度和标准容量，但由于制造工艺的限制、温度的变化、试剂的腐蚀等，它们的实际容积与所标示的容积常常存在差值，此差值必须符合一定的标准（容量允差）。若这种误差小于滴定分析允许误差，则不必进行校准，但在要求较高的分析工作中则必须进行校准。因此学习并掌握容量仪器的校准方法是十分必要的。

二、任务要求

1. 知识技能

（1）掌握滴定分析仪器校准的意义和方法。
（2）掌握滴定管、移液管、容量瓶的校准操作技术。

2. 思政素养

（1）树立标准规范的质量意识和求真务实的操作意识。
（2）培养有序工作意识及整理、清洁等劳动习惯。
（3）培养相互协作、共同进步的团队精神。

三、任务分析

1. 方法原理

国家规定的容量仪器容量允差见表 2-3-1（GB/T 12805—2011、GB/T 12806—2011、GB/T 12808—2015）。

表 2-3-1 容量仪器的容量允差

滴定管			移液管			容量瓶		
容积/mL	容量允差(±)/mL		容积/mL	容量允差(±)/mL		容积/mL	容量允差(±)/mL	
	A	B		A	B		A	B
2	0.010	0.020	2	0.010	0.020	25	0.03	0.06
5	0.010	0.020	5	0.015	0.030	50	0.05	0.10
10	0.025	0.050	10	0.020	0.040	100	0.10	0.20
25	0.04	0.08	25	0.030	0.060	250	0.15	0.30
50	0.05	0.10	50	0.050	0.100	500	0.25	0.50
100	0.10	0.20	100	0.080	0.160	1000	0.40	0.80

由于玻璃具有热胀冷缩的特性，在不同的温度下容量器皿的体积也有所不同。因此，校

准玻璃容量器皿时，必须规定一个共同的温度值，这一规定温度值为标准温度。国际上规定玻璃容量器皿的标准温度为20℃。即在校准时都将玻璃容量器皿的容积校准到20℃时的实际容积。校准工作是一项技术性较强的工作，操作一定要正确，故对实验室有下列要求：

① 天平的称量误差应小于量器允差的1/10；

② 使用分度值为0.1℃的温度计；

③ 室内温度变化不超过1℃/h，室温最好控制在20℃±5℃。

容量仪器的校准在实际工作中通常采用绝对校准法和相对校准法两种方法。

（1）绝对校准法（称量法） 绝对校准法是测定容量器皿的实际容积。其是指称取滴定分析仪器某一刻度内放出或容纳纯水的质量，根据该温度下纯水的密度，将水的质量换算成体积的方法。其换算公式为：

$$V_t=\frac{m_t}{\rho_{水}}$$

式中 V_t——t（℃）时水的体积，mL；

m_t——t（℃）时在空气中称得水的质量，g；

$\rho_{水}$——t（℃）时在空气中水的密度，g/mL。

测量体积基本单位是L，1L是指在真空中质量为1kg的纯水，在3.98℃时所占的体积。滴定分析中常以“升”的千分之一即“毫升”作为基本单位，即在3.98℃时，1mL纯水在真空中的质量为1.000g。如果校准工作也是在3.98℃和真空中进行，则称出纯水的质量（g）就等于纯水体积（mL）。但实际工作中不可能在真空中称量，也不可能在3.98℃时进行分析测定，而是在空气中称量，在室温下进行分析测定。国产的滴定分析仪器，其体积都是以20℃为标准温度进行标定的，例如，一个标有20℃、体积为1L的容量瓶，表示在20℃时，它的体积为1L，即真空中1kg纯水在3.98℃时所占的体积。

将称出的纯水质量换算成体积时，必须考虑下列3个方面的因素。

a. 水的密度随温度的变化而改变。水在3.98℃的真空中相对密度为1，高于或低于此温度，其相对密度均小于1。

b. 温度对玻璃仪器热胀冷缩的影响。温度改变时，因玻璃的膨胀和收缩，量器的容积也随之而改变。因此，在不同的温度校准时，必须以标准温度为基础加以校准。

c. 在空气中称量时，空气浮力对纯水质量的影响。校准时，在空气中称量，由于空气浮力的影响，水在空气中称得的质量必小于在真空中称得的质量，这个减轻的质量应该加以校准。

在一定的温度下，上述3个因素的校准值是一定的，所以可将其合并为一个总校准值。此值表示玻璃仪器中容积（20℃）为1mL的纯水在不同温度下，于空气中用黄铜砝码称得的质量，列于表2-3-2中。

表2-3-2 玻璃容器中1mL纯水在空气中用黄铜砝码称得的质量

温度/℃	质量/g	温度/℃	质量/g	温度/℃	质量/g	温度/℃	质量/g
1	0.99824	11	0.99832	21	0.99700	31	0.99464
2	0.99832	12	0.99823	22	0.99680	32	0.99434
3	0.99839	13	0.99814	23	0.99660	33	0.99406
4	0.99844	14	0.99804	24	0.99638	34	0.99375
5	0.99848	15	0.99793	25	0.99617	35	0.99345
6	0.99851	16	0.99780	26	0.99593	36	0.99312
7	0.99850	17	0.99765	27	0.99569	37	0.99280
8	0.99848	18	0.99751	28	0.99544	38	0.99246
9	0.99844	19	0.99734	29	0.99518	39	0.99212
10	0.99839	20	0.99718	30	0.99491	40	0.99177

利用此值可将不同温度下水的质量换算成20℃时的体积，换算公式为：

$$V_{20}=\frac{m_t}{\rho_t}$$

式中 m_t——t（℃）时在空气中用砝码称得玻璃仪器中放出或装入纯水的质量，g；

ρ_t——1mL 纯水在 t（℃）时用黄铜砝码称得的质量，g/mL；

V_{20}——将 m_t（g）纯水换算成20℃时的体积，mL。

① 滴定管的校准。将滴定管洗净至内壁不挂水珠，加入纯水，驱除活塞下的气泡，取一磨口塞锥形瓶，擦干外壁、瓶口及瓶塞，在分析天平上称取其质量。将滴定管的水面调节到正好在 0.00mL 刻度处。按滴定时常用的速度（3 滴/s）将一定体积的水放入已称过质量的具塞锥形瓶中，注意勿将水沾在瓶口上。在分析天平上称量盛水的锥形瓶的质量，计算水的质量及真实体积，倒掉锥形瓶中的水，擦干瓶外壁、瓶口和瓶塞，再次称量瓶的质量。滴定管重新充水至 0.00mL 刻度，再放另一体积的水至锥形瓶中，称量盛水的瓶的质量，测定当时水的温度，查出该温度下 1mL 的纯水用黄铜砝码称得的质量，计算出此段水的实际体积。如上继续检定至 0 到最大刻度的体积，计算真实体积。

重复检定 1 次，两次检定所得同一刻度的体积相差不应大于 0.01mL（注意：至少检定两次），算出各个体积处的校准值（二次平均），以读数为横坐标，校准值为纵坐标，画校准值曲线，以备使用滴定管时查取。

一般 50mL 滴定管每隔 10mL 测一个校准值，25mL 滴定管每隔 5mL 测一个校准值，3mL 微量滴定管每隔 0.5mL 测一个校准值。

称量量器的校准值按下式计算：

$$\Delta V=V_{20}-V$$

式中 ΔV——称量量器的校准值，mL；

V_{20}——将 t（℃）时纯水的质量换算成20℃时的体积，mL；

V——在 t（℃）时滴定管标示所读的体积，mL。

② 容量瓶的校准。将洗涤合格并倒置沥干的容量瓶放在天平上称量。取蒸馏水充入已称重的容量瓶中至刻度，称量并测水温（准确至 0.5℃）。根据该温度下的密度，计算真实体积。

③ 移液管的校准。将移液管洗净至内壁不挂水珠，取具塞锥形瓶，擦干外壁、瓶口及瓶塞，称量。按移液管使用方法量取已测温的纯水，放入已称重的锥形瓶中，在分析天平上称量盛水的锥形瓶，计算在该温度下的真实体积。

（2）相对校准法　相对校准法是相对比较两容器所盛液体体积的比例关系。在定量分析中，许多实验需用容量瓶配制溶液，再用移液管移取一定比例的试样供测试用。为了保证移出试样的比例正确，就必须进行容量瓶与移液管的相对校准。因此，当两种容量仪器平行使用时，确保它们之间的容积比例正确，比校准它们的绝对容积更为重要。如用 25mL 移液管从 250mL 容量瓶中移出溶液的体积是否是容量瓶体积的 1/10，一般只需要做容量瓶与移液管的相对校准就可以了。

在分析工作中，滴定管一般采用绝对校准法，对于配套使用的移液管和容量瓶，可采用相对校准法；用作取样的移液管，则必须采用绝对校准法。绝对校准法准确，但操作比较麻烦；相对校准法操作简单，但必须配套使用。

2. 实施条件

（1）场地　天平室，化学分析检验室。

（2）仪器、试剂　所需仪器设备与试剂材料见表 2-3-3 和表 2-3-4。

表 2-3-3 仪器设备

名称	规格	名称	规格
滴定管	50mL	移液管	25mL
温度计	分度值 0.1℃	容量瓶	250mL
洗涤用具		具塞锥形瓶(洗净晾干)	50mL
电子天平	万分之一		

表 2-3-4 试剂材料

名称	规格	名称	规格
乙醇(供干燥容量瓶用)	无水或 95%	洗涤用试剂	

注：水为国家规定的实验室三级用水规格。

四、工作计划

按照滴定分析的工作程序要求，对工作任务进行思考，梳理工作流程，并掌握工作任务内容、工作要求，完成滴定分析仪器校准任务工作计划表。

滴定分析仪器校准任务工作计划表

工作子任务	工作内容	工作要求	HSE 与安全防护措施

五、任务实施

1. 滴定管的校准（称量法）

① 取已洗净且干燥的 50mL 磨口锥形瓶，在分析天平上称其质量，准确至 0.0001g。

② 将 50mL 滴定管洗净，用洁布擦干外壁，倒挂于滴定台上 5min 以上。装入已测温度的水。将滴定管注水至标线以上约 5mm 处，垂直挂在滴定台上，等待 30s 后调节液面至 0.00mL。

③ 按滴定时常用速度将水放入已称重的锥形瓶中，至 10mL 时盖紧瓶塞，用分析天平称其质量（准确至 0.0001g）。用上述方法继续校正，直至放出 50mL 水。

④ 每前后两次质量之差，即放出水的质量，记录称量水的质量，并计算出滴定管各部分的实际容积，最后求其校正值。

⑤ 重复校准一次。两次校准所得同一刻度的体积差应不大于 0.01mL，求其平均值。

2. 移液管和容量瓶的相对校准

① 将 25mL 移液管和 250mL 容量瓶洗净、晾干（可用几毫升乙醇润洗内壁后倒挂在漏斗板上数小时）。

② 用 25mL 移液管移取蒸馏水 10 次于 250mL 容量瓶中。

③ 第 10 次后，观察液面最低点是否与标线相切。若正好相切，说明移液管与容量瓶体积的比例为 1∶10。若不相切（相差超过 1mm），表示有误差，记下液面弯月面下边缘的位置。

④ 待容量瓶晾干后再校准一次。连续两次实验相符后，重新作一记号为标线。

⑤ 以后的实验中，此容量瓶与该移液管要相配使用，并以新记号作为容量瓶的标线。

3. 结果评价

完成数据处理，并对测定过程与结果进行评价总结。

4. 清场工作

实验操作完成后，做好清理清洁、整理整顿工作。填写实验室清场检查记录表。

六、方法提要

(1) 仪器的洗涤效果和操作技术是校准成败的关键。如果操作不够正确、规范，其校准结果不宜在以后的实验中使用。

(2) 一件仪器的校准应连续、迅速地完成，以避免温度波动和水的蒸发所引起的误差。

七、课后拓展

1. 目标检测

(1) 容量仪器为什么要进行校准？

(2) 称量纯水所用的具塞锥形瓶，为什么要避免将磨口和瓶塞沾湿？

2. 技能提升

进行 25.00mL 单标线吸量管的校准。

阅读材料

勇攀世界技能高峰

2022 年在奥地利举办的第 46 届世界技能大赛特别赛化学实验室技术项目的金牌，也是我国在这个项目上取得的首枚金牌，它的主人，就是当时只有 20 岁的年轻姑娘姜雨荷。

小时候的姜雨荷很调皮，不爱学习，初中毕业后，就去广州打工了。但由于缺乏知识和技能，只能干没有技术含量的工作，那不是她想要的未来，她还这么年轻，她想要重新开始，学门真技术，找个好工作。2018 年 3 月，姜雨荷进入河南化工技师学院学习。她努力学习，刻苦钻研，成功加入了学院集训队，训练既苦又累，姜雨荷咬牙坚持，成绩不断进步，一个动作重复成千上万遍，每天训练达十四五个小时。化学实验室技术项目还要求选手独立撰写大篇幅、高质量的英文实验报告。初中毕业的姜雨荷几乎只记得 26 个英文字母，为了啃下这块“硬骨头”，她随身带着单词本，吃饭时背、在路上背、睡觉前背……2022 年 11 月 25 日，姜雨荷终于站上了世界技能大赛的舞台，她不仅顺利完成了各项实验步骤，还出色地撰写了长达 11 页的英文实验报告，最终力战世界各国强手，夺得化学实验室技术项目金牌。

现在，越来越多的“姜雨荷们”正在成为大国工匠的路上奋勇前行！习近平总书记指出，职业教育与经济社会发展紧密相连，对促进就业创业、助力经济社会发展、增进人民福祉具有重要意义。目前，我国已建成世界上规模最大的职业教育体系，中高职学校每年培养约 1000 万高素质技术技能人才，职业教育实现历史性跨越。

模块三 酸碱滴定技术

酸和碱是大宗的无机化工产品，也是生产其他化工产品的重要原料。以酸碱反应为基础的滴定分析法称为酸碱滴定法。一般酸、碱以及能与酸碱直接或间接发生反应的物质，几乎都可以用酸碱滴定法进行测定，某些有机物也能用酸碱滴定法测定。酸碱滴定法在工农业生产中的应用非常广泛，在我国国家标准和有关的行业标准中，许多试样如化学试剂、食品添加剂、水样、石油产品等，凡涉及酸度、碱度项目的，多数都采用简便易行的酸碱滴定法。另外，与酸碱有关的医药工业，食品工业，冶金工业的原料、中间产品的分析也采用酸碱滴定法。当用标准碱或标准酸溶液滴定时，由于酸和碱有强弱之别，溶液酸度的变化规律不同，所需选择指示剂也有所不同。指示酸碱反应终点的指示剂称酸碱指示剂，主要有单一指示剂（如甲基橙、酚酞等）和混合指示剂（如溴甲酚氯-甲基红、中性红-次甲基蓝等）。

技能导图

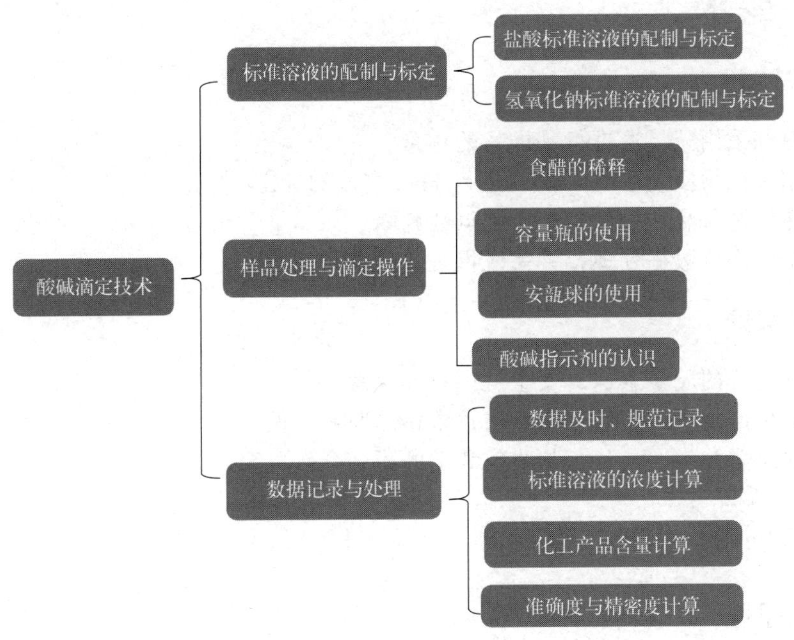

任务一 HCl 标准溶液的配制与标定

一、任务导入

工业盐酸是指工业生产所得浓度为 30%或 36%的盐酸，工业盐酸含有铁、氯等杂质，因混有 Fe^{3+} 而略带微黄色。工业盐酸在空气中极易挥发，对金属、皮肤和衣物有强烈的腐蚀性。盐酸是一种重要的无机化工原料，在工业生产中具有广泛的应用，如用于金属加工和表面处理，以提高金属材料的耐腐蚀性能；用于石油化工，促进各种化学反应的进行；用于水处理，调节水的 pH 值，去除水中的重金属离子，降低水硬度；用于食品工业，作为食品添加剂，起到调味、防腐、漂白等作用。但盐酸过度使用和排放造成环境污染，其负面影响包括大气污染、水体污染和土壤污染。所以，在广泛使用盐酸的同时，要关注环境保护，让盐酸成为绿色工业的一员。

某化工厂质检部，需要用到 0.1mol/L HCl 标准溶液，来进行其工业产品中碱含量的测定。现仓库有储存的浓盐酸，请你参照 GB/T 601—2016《化学试剂　标准滴定溶液的制备》进行 HCl 标准溶液的配制，并标定其准确浓度。

二、任务要求

1. 知识技能

（1）能熟练采用减量法进行基准物的称量。

（2）能用基准物质无水 Na_2CO_3 进行 HCl 溶液的标定。

（3）能熟练进行滴定操作和滴定终点的判断。

（4）能正确进行数据处理，并完成报告单的书写。

2. 思政素养

（1）树立良好的质量意识、安全意识和环保意识。

（2）养成标准规范、诚信务实、精益求精的职业习惯。

（3）建立思辨与沟通、分工与协作和谐的团队合作关系。

三、任务分析

1. 方法原理

市售盐酸（分析纯）相对密度为 1.19g/mL，HCl 含量为 37%，其物质的量浓度约为 12mol/L。浓盐酸易挥发，不能直接配制成准确浓度的盐酸溶液。因此，常将浓盐酸稀释成所需近似浓度，然后用基准物质无水 Na_2CO_3 进行标定。标定 HCl 时的反应式为：

$$2HCl+Na_2CO_3 \xlongequal{} 2NaCl+CO_2\uparrow+H_2O$$

滴定时，以溴甲酚绿-甲基红为指示剂，滴定至溶液由绿色变为暗红色。由标定反应可知，HCl 和 Na_2CO_3 的基本单元分别为 HCl 和 $1/2Na_2CO_3$。由于 Na_2CO_3 易吸收空气中的水分，因此使用前应在 280～300℃条件下干燥至恒重，密封保存在干燥器中。称量时的操作应迅速，防止再吸水而产生误差。

2. 实施条件

（1）场地　天平室，化学分析检验室。

（2）仪器、试剂　所需仪器设备和试剂材料见表 3-1-1 和表 3-1-2。

表 3-1-1　仪器设备

名称	规格	名称	规格
酸式滴定管	50mL	锥形瓶	250mL
量筒	50mL	试剂瓶	1000mL
洗涤用试剂		电热板/电炉	
电子天平	万分之一		

表 3-1-2　试剂材料

名称	规格	名称	规格
浓盐酸	37%	溴甲酚绿-甲基红指示剂	10g/L
无水碳酸钠	280～300℃灼烧至恒重		

四、工作计划

按照滴定分析的工作程序要求，对工作任务进行思考，梳理工作流程，并掌握工作任务内容、工作要求，描述 HSE 的内容并做好安全防护措施，完成 HCl 标准溶液的配制与标定任务工作计划表。

HCl 标准溶液的配制与标定任务工作计划表

工作子任务	工作内容	工作要求	HSE 与安全防护措施

五、任务实施

1. 配制 $c(HCl)=0.1mol/L$ HCl 标准溶液

量取浓盐酸 4.5mL，小心倒入已加 300mL 蒸馏水的 500mL 烧杯中，摇匀，再加水稀释至 500mL，移入干净试剂瓶中，贴上标签，待标定。

2. 标定 HCl 标准溶液

① 减量法准确称取灼烧至恒重的基准试剂无水碳酸钠 0.2g 三份，分别置于做好标记的三个洁净的 250mL 锥形瓶中，各加入 50mL 蒸馏水溶解，并加入 10 滴溴甲酚绿-甲基红指示剂。

② 将待标定的盐酸溶液装入洗净的滴定管中，排气调零，滴定锥形瓶中溶液至由绿色变为暗红色，煮沸 2min，冷却后继续滴定，至溶液再呈现暗红色为滴定终点。取下滴定管，单手持握，平视，读取消耗盐酸的体积，平行测定 3 次，同时做空白试验。

视频扫一扫

盐酸标准溶液的配制与标定

3. 数据处理

① 盐酸标准溶液的准确浓度 $c(\mathrm{HCl})$ 以 mol/L 计，按下式计算：

视频扫一扫

溴甲酚绿-甲基红指示剂的配制

$$c(\mathrm{HCl})=\frac{m\times1000}{(V-V_0)\times M(1/2\mathrm{Na_2CO_3})}$$

式中 m——无水碳酸钠的质量，g；

V——消耗盐酸溶液的体积，mL；

V_0——空白试验消耗盐酸溶液的体积，mL；

$M(1/2\mathrm{Na_2CO_3})$——无水碳酸钠的摩尔质量，$M(1/2\mathrm{Na_2CO_3})$ =52.99g/mol。

② 测定结果的相对平均偏差 Rd，按下式计算：

$$Rd=\frac{\sum_{i=1}^{n}|c_i-\bar{c}|}{n\times\bar{c}}\times100\%$$

式中 c_i——盐酸标准溶液浓度的测定值，mol/L；

$\bar{c}$——盐酸标准溶液浓度的平均值，mol/L；

n——测定次数。

4. 结果评价

完成数据处理，并对测定过程与结果进行评价总结。

5. 清场工作

实验操作完成后，做好清理清洁、整理整顿工作。填写实验室清场检查记录表。

六、方法提要

（1）配制溶液时注意浓盐酸的安全使用，熟悉事故的紧急处理，操作结束后，应仔细检查盐酸的贮放和处理，做好清洁。

（2）酸碱标准滴定溶液浓度的使用范围通常是 0.01～1mol/L，多数情况下使用 0.1～0.2mol/L。配制时使用间接法配成近似浓度，再用基准物质标定。

（3）干燥至恒重的无水 $\mathrm{Na_2CO_3}$ 有吸湿性，因此在标定中准确称取无水 $\mathrm{Na_2CO_3}$ 时，宜用减量法称取，并应迅速将称量瓶加盖密闭。

（4）无水碳酸钠标定 HCl 溶液，在接近滴定终点时，应剧烈摇动锥形瓶加速 $\mathrm{H_2CO_3}$ 分解；或将溶液加热至沸，以赶除 $\mathrm{CO_2}$，冷却后再滴定至终点。

七、课后拓展

1. 目标检测

(1) 除用基准物质标定盐酸溶液外，还可用什么方法标定？

(2) HCl 标准滴定溶液能否采用直接标准法配制？为什么？

(3) 溶解基准物质无水碳酸钠所用的蒸馏水的体积，是否需要准确量取？为什么？

(4) 请分析标定盐酸溶液浓度时，引入的个人操作误差有哪些。

2. 技能提升

配制 $c(\mathrm{HCl})=0.5\mathrm{mol/L}$ 盐酸标准溶液，并标定其准确浓度。

任务二 NaOH 标准溶液的配制与标定

一、任务导入

氢氧化钠，化学式为 NaOH，又称为苛性钠，是一种极具腐蚀性的强碱性物质。氢氧化钠在工业和生活中用途非常广泛，是许多产品的制造过程中不可或缺的重要原料，可作酸中和剂、配合掩蔽剂、沉淀剂、沉淀掩蔽剂、显色剂、皂化剂、去皮剂、洗涤剂等，广泛用于造纸、化工、印染、医药、冶金（炼铝）、化纤、电镀、水处理、尾气处理等。氢氧化钠溶液也是最常用的基本分析试剂，常作为标准溶液测定酸或酸性物质的含量等。

某化工厂质检部，需要用到 0.1mol/L NaOH 标准溶液，来进行其工业产品中总酸含量的测定。现仓库有储存的分析纯氢氧化钠固体试剂，请你参照 GB/T 601—2016《化学试剂 标准滴定溶液的制备》进行 NaOH 标准溶液的配制，并标定其准确浓度。

二、任务要求

1. 知识技能

(1) 熟练掌握配制 NaOH 标准溶液的方法。

(2) 熟练掌握标定 NaOH 溶液的方法和规范操作。

(3) 能熟练利用酚酞指示剂判断终点。

(4) 能正确进行数据处理，并完成报告单的书写。

2. 思政素养

(1) 树立良好的质量意识、安全意识和环保意识。

（2）养成标准规范、诚信务实、精益求精的职业习惯。

（3）建立思辨与沟通、分工与协作和谐的团队合作关系。

三、任务分析

1. 方法原理

固体 NaOH 具有很强的吸湿性，易吸收空气中的 CO_2 生成 Na_2CO_3，且含有少量的硅酸盐、硫酸盐和氯化物等，因此不能直接配制成标准溶液，只能用间接法配制。即先配制成所需近似浓度，然后用基准物质来标定其准确浓度。也可以用另一种已知准确浓度的标准溶液，滴定该溶液，再根据它们的体积比求得该溶液的准确浓度。市售的 NaOH 常含有 Na_2CO_3，由于 Na_2CO_3 的存在对指示剂的使用影响较大，故应设法除去。制备不含 Na_2CO_3 的 NaOH 溶液时，按照国标，先将市售 NaOH 配成饱和溶液，即一份固体 NaOH 和一份水制成溶液，质量分数约为 50%，物质的量浓度为 18mol/L，此时碳酸钠几乎不溶，将此溶液移入塑料瓶中静置数日后，再吸取一定量上层清液，用无 CO_2 的蒸馏水稀释至所需近似浓度，再进行标定。

标定 NaOH 的最常用基准物质为邻苯二甲酸氢钾（KHP）。滴定时，以酚酞为指示剂，滴定至溶液由无色变为淡粉色。标定反应式为：

$$C_8H_4O_4HK + NaOH \xlongequal{} C_8H_4O_4NaK + H_2O$$

2. 实施条件

（1）场地　天平室，化学分析检验室。

（2）仪器、试剂　所需仪器设备及试剂材料见表 3-2-1 和表 3-2-2。

表 3-2-1　仪器设备

名称	规格	名称	规格
滴定管	50mL	锥形瓶	250mL
量筒	100mL	试剂瓶	500mL
塑料量筒	10mL	洗涤用具	
电子天平	万分之一		

表 3-2-2　试剂材料

名称	规格	名称	规格
氢氧化钠	A. R.	酚酞	0.1%
邻苯二甲酸氢钾基准试剂	105～110℃干燥至恒重	洗涤用试剂	

注：水为国家规定的实验室三级用水规格。

四、工作计划

按照滴定分析的工作程序要求，对工作任务进行思考，梳理工作流程，并掌握工作任务内容、工作要求，描述 HSE 的内容并做好安全防护措施，完成 NaOH 标准溶液的配制与标定任务计划表。

NaOH 标准溶液的配制与标定任务计划表

工作子任务	工作内容	工作要求	HSE 与安全防护措施

五、任务实施

1. 配制 c(NaOH) = 0.1mol/L NaOH 标准溶液

（1）饱和溶液稀释法　称取 110g 氢氧化钠，加无二氧化碳的水 100mL 溶解，制成氢氧化钠饱和溶液，待溶液冷却后，倒入塑料瓶中密闭，贴上标签，放置过夜，澄清后备用。用塑料量筒取饱和氢氧化钠上层清液 2.7mL，用无二氧化碳的水稀释至 500mL，摇匀。贮于塑料试剂瓶中。

（2）固体氢氧化钠直接法　快速称取 2.2g 氢氧化钠于烧杯中，加无二氧化碳的水稀释至 500mL，摇匀。转移贮于塑料试剂瓶中备用。

2. 标定 NaOH 标准溶液

氢氧化钠标准溶液的配制与标定

减量法准确称取于 105～110℃干燥至恒重的基准试剂邻苯二甲酸氢钾 0.5g，置于 250mL 锥形瓶中，加 50mL 无二氧化碳的水溶解，并加入 2 滴酚酞指示剂，用待标定的氢氧化钠标准溶液滴定，至溶液颜色由无色变为粉红色，并保持 30s 不褪色。平行测定 3 次，同时做空白试验。

3. 数据处理

① NaOH 标准溶液的准确浓度 c(NaOH)，以 mol/L 计，按下式计算：

$$c(\mathrm{NaOH})=\frac{m\times 1000}{(V-V_0)\times M(\mathrm{C_8H_4O_4HK})}$$

式中　m——邻苯二甲酸氢钾的质量，g；

V——消耗 NaOH 溶液的实际体积，mL；

V_0——空白试验消耗盐酸溶液的体积，mL；

$M(\mathrm{C_8H_4O_4HK})$——邻苯二甲酸氢钾的摩尔质量，$M(\mathrm{C_8H_4O_4HK})$=204.22g/mol。

② 按下式计算测定结果的相对平均偏差 Rd，以%计，按下式计算：

$$Rd=\frac{\sum_{i=1}^{n}|c_i-\bar{c}|}{n\times\bar{c}}\times 100\%$$

式中　c_i——NaOH 标准溶液浓度的测定值，mol/L；

$\bar{c}$——NaOH 标准溶液浓度的平均值，mol/L；

n——测定次数。

4. 结果评价

完成数据处理，并对测定过程与结果进行评价总结。

5. 清场工作

实验操作完成后，做好清理清洁、整理整顿工作。填写实验室清场检查记录表。

六、方法提要

（1）基准 $C_8H_4O_4HK$ 使用时，一般要在 105～110℃下干燥，保存在干燥器中。

（2）配制的饱和的氢氧化钠溶液要注入聚乙烯容器中密闭放置。一般放置 7 天以上，使 Na_2CO_3 沉淀完全，再吸取上层清液稀释成所需浓度的 NaOH 标准溶液。

（3）所需标准滴定溶液的浓度小于等于 0.2mol/L 时，应于临用前将浓度高的标准滴定溶液用煮沸并冷却的水稀释，必要时重新标定。

（4）标准滴定溶液保存时间在常温（15～25℃）下一般不超过两个月，当溶液出现浑浊、沉淀、颜色变化等现象时，应重新制备。

七、课后拓展

1. 目标检测

（1）除用邻苯二甲酸氢钾基准物质标定 NaOH 溶液外，还可用什么基准物质标定？

（2）NaOH 标准滴定溶液能否采用直接标准法配制？为什么？

（3）配制不含碳酸钠的氢氧化钠溶液有几种方法？

（4）如基准物 $C_8H_4O_4HK$ 中含有少量 $C_8H_4O_4H_2$，对氢氧化钠溶液标定结果有什么影响？

2. 技能提升

用以下两种方法标定氢氧化钠标准溶液：（1）用基准物邻苯二甲酸氢钾标定；（2）用已知准确浓度的盐酸标准溶液标定。并对结果进行比较和分析。

任务三
纯碱中总碱量的测定

一、任务导入

纯碱，即工业碳酸钠，其用量通常被作为衡量一个国家工业发展水平的标志之一。其在化工、冶金、建材、纺织、食品、医药、造纸、军工等行业都有广泛应用。化学工业中制取钠盐、金属碳酸盐、漂白剂、填料、洗涤剂、催化剂及染料等均要用到它；在硬水的软化、石油和油类的精制、玻璃制造等环节也不可或缺。冶金工业中，其可用于脱除硫和磷，选矿，以及铜、铅、镍、锡、铀、铝等金属的制备。在陶瓷工业中制取耐火材料和釉也要用到碳酸钠。由于市场对碳酸钠的大量需求，每年有数以万计的厂家生产碳酸钠。

如果你是化工产品检验人员，该如何检验生产碳酸钠的产品质量？现有某化工公司需要检验其库存纯碱质量是否符合一等品的等级，请你参照 GB/T 210—2022《工业碳酸钠》，完成总碱含量的测定任务，并作出判断。工业碳酸钠的技术指标可参考表 3-3-1。

表 3-3-1 工业碳酸钠的技术指标

项目	指标			
	Ⅰ类	Ⅱ类		
		优等品	一等品	合格品
总碱量(以 Na_2CO_3,以干基计)/%	≥99.4	≥99.2	≥98.8	≥98.0
总碱量(以 Na_2CO_3,以湿基计)/%	≥98.1	≥97.9	≥97.5	≥96.7
氯化钠(以 NaCl 计,以干基计)	≤0.30	≤0.70	≤0.90	≤1.20
铁(Fe,以干基计)	≤0.0025	≤0.0035	≤0.0055	≤0.0085
硫酸盐(以 SO_4^{2-} 计,以干基计)	≤0.03	—	—	—
水不溶物 w/%	≤0.02	≤0.03	≤0.10	≤0.15

二、任务要求

1. 知识技能

（1）掌握酸碱滴定法测定工业碳酸钠的含量的方法及其原理。

（2）能对测定结果进行数据处理，并进行分析和判定。

（3）能熟练规范使用容量瓶及移液管。

2. 思政素养

（1）树立良好的质量意识、安全意识和环保意识。

（2）养成标准规范、诚信务实、精益求精的职业习惯。

（3）建立思辨与沟通、分工与协作和谐的团队合作关系。

三、任务分析

1. 方法原理

纯碱中含有杂质 NaCl、Na_2SO_4、NaOH 等，可通过测定总碱度来衡量产品的质量。可用 HCl 标准溶液直接滴定，滴定反应为

$$Na_2CO_3 + 2HCl \longrightarrow 2NaCl + H_2O + CO_2 \uparrow$$

化学计量点时，溶液呈弱酸性（pH≈3.89），可选用甲基橙或溴甲酚绿-甲基红作指示剂。

2. 实施条件

（1）场地　天平室，化学分析检验室。

（2）仪器、试剂　所需仪器设备及试剂材料见表 3-3-2 和表 3-3-3。

表 3-3-2 仪器设备

名称	规格	名称	规格
酸式滴定管	50mL	锥形瓶	250mL
量筒	50mL	试剂瓶	1000mL
玻璃仪器洗涤用具		电热板/电炉	
电子天平	万分之一		

表 3-3-3 试剂材料

名称	规格	名称	规格
浓盐酸	36%	溴甲酚绿-甲基红指示剂	10g/L
基准碳酸钠	280～300℃灼烧至恒重	工业纯碱	

四、工作计划

按照滴定分析的工作程序要求，对工作任务进行思考，梳理工作流程，并掌握工作任务内容、工作要求，完成纯碱中总碱量的测定任务计划表。

纯碱中总碱量的测定任务计划表

工作子任务	工作内容	工作要求	HSE 与安全防护措施

五、任务实施

1. 配制和标定 0.1mol/L 的盐酸标准溶液

具体方法和步骤见本模块中任务一 HCl 标准溶液的配制与标定。

2. 试样称量与溶解

准确称取三份 0.15g 纯碱试样于 250mL 锥形瓶中。用 50mL 蒸馏水溶解后，加 10 滴溴甲酚绿-甲基红混合指示剂。

3. 测定纯碱的总碱量

用盐酸标准滴定溶液滴定至实验溶液由绿色变为暗红色。煮沸 2min，冷却后继续滴定至暗红色，即滴定终点，此时盐酸标准溶液消耗体积为 V，平行测定 3 次，同时做空白试验。

4. 数据处理

① 试样中碳酸钠含量，即总碱量，以碳酸钠的质量分数 w 表示，以%计，按下式计算：

$$w=\frac{c\times(V-V_0)\times M(1/2Na_2CO_3)}{m\times1000}\times100\%$$

式中 c——盐酸标准滴定溶液的浓度，mol/L；

V——滴定至指示剂变色时消耗 HCl 标准滴定溶液的体积，mL；

V_0——空白试验消耗 HCl 标准滴定溶液的体积，mL；

$M(1/2Na_2CO_3)$——碳酸钠的摩尔质量，$M(1/2Na_2CO_3)$ =52.99g/mol；

m——试样的质量，g。

② 测定结果的相对平均偏差 Rd，以%计，按下式计算：

$$Rd=\frac{\sum_{i=1}^{n}|w_i-\overline{w}|}{n\times\overline{w}}\times 100\%$$

式中 w_i——碳酸钠的质量分数的测定值，%；
$\overline{w}$——碳酸钠的平均质量分数，%；
n——测定次数。

5. 结果评价

完成数据处理，并对测定过程与结果进行评价总结。

6. 清场工作

实验操作完成后，做好清理清洁、整理整顿工作。填写实验室清场检查记录表。

六、方法提要

(1) 配制溶液时注意浓盐酸的安全使用，熟悉事故的紧急处理，操作结束后，应仔细检查盐酸的贮放和处理，做好清洁。

(2) 用减量法称取试样时最好转移一到两次就能完成，多次转移易引起试样吸湿或损失。

(3) 碳酸钠是二元弱酸（H_2CO_3）的钠盐，测定其总碱度要用盐酸标准滴定溶液滴定至第二化学计量点（pH=3.9），这时由于溶液中存在 H_2CO_3，会使滴定终点提前出现。所以在接近终点时应将溶液煮沸驱除 CO_2，冷却后再继续滴定至终点。而且采用溴甲酚绿-甲基红混合指示液，在滴定终点由绿色变为暗红色，比用甲基橙指示液更容易观察滴定终点的变化。

七、课后拓展

1. 目标检测

(1) 若无水 Na_2CO_3 保存不当，吸收了1%的水分，用此基准物质标定 HCl 标准溶液的浓度时，对结果产生何种影响?

(2) 标定 HCl 标准溶液的两种基准物质无水 Na_2CO_3 和硼砂，各有什么优缺点?

2. 技能提升

练习混合碱含量的测定。

(1) 方法原理 混合碱一般是 Na_2CO_3 与 NaOH 或 Na_2CO_3 与 $NaHCO_3$ 的混合物，可采用双指示剂法测定各组分的含量。双指示剂法是在混合碱的试液中先加入酚酞指示剂，用 HCl 标准溶液滴定至溶液由红色刚好变为无色，这是第一化学计量点，此时消耗 HCl 的体积为 V_1。由于酚酞的变色范围 pH 为 8～10，此时试液中所含 NaOH 完全被中和，Na_2CO_3 被中和至 $NaHCO_3$（只中和了一半），其反应为：

$$NaOH+HCl\longrightarrow NaCl+H_2O$$
$$Na_2CO_3+HCl\longrightarrow NaCl+NaHCO_3$$

再加入甲基橙指示剂，继续用 HCl 标准溶液滴定至溶液由黄色变为橙色，即为终点（滴定管不调零），这是第二化学计量点，消耗 HCl 的体积为 V_2。此时 $NaHCO_3$ 被滴定成 H_2CO_3，其反应为：

$$NaHCO_3 + HCl \longrightarrow NaCl + H_2O + CO_2 \uparrow$$

根据标准溶液的浓度和所消耗的体积，便可计算出混合碱中各组分的含量。用双指示剂法滴定时，由 V_1 和 V_2 的大小，可以判断混合碱的组成。当 $V_1 > V_2$ 时，试液为 NaOH 和 Na_2CO_3 的混合物；当 $V_1 < V_2$ 时，试液为 Na_2CO_3 和 $NaHCO_3$ 的混合物。

（2）操作过程

① 准确称取 1.5～1.7g（准确至 0.1mg）混合碱样品于 150mL 烧杯中，加 50mL 蒸馏水溶解，然后定量转移至 250mL 容量瓶中，冷却至室温后，定容至刻度，摇匀备用。

② 用移液管移取 25.00mL 上述试液 3 份，分别置于 3 个已编号的锥形瓶中，各加入 2～3 滴酚酞指示剂，用 HCl 标准溶液滴定至溶液呈现粉红色时，每加一滴 HCl 溶液，就充分摇动，以免局部 Na_2CO_3 直接被滴定至 H_2CO_3。与参比溶液对照，慢慢滴至红色恰好消失，即第一化学计量点。记录 HCl 用量 V_1(mL)。

③ 在上述溶液中加入 1～2 滴甲基橙指示剂，继续用 HCl 标准溶液滴定至溶液由黄色变为橙色 30s 不褪色（接近终点时应剧烈摇动锥形瓶），即为第二化学计量点。记录消耗 HCl 溶液的体积 V_2(mL)。平行测定 3 次，并做空白试验。

任务四
食醋中总酸度的测定

一、任务导入

食醋是主要含乙酸（质量分数 2%～9%）的水溶液。酿造醋除含乙酸外，还含有多种氨基酸以及其他很多微量物质。乙酸，也叫醋酸，是一种有机化合物，化学式 CH_3COOH，是一种有机一元酸。纯的无水乙酸（冰醋酸）是无色的吸湿性液体，凝固点为 16.6℃(62℉)，凝固后为无色晶体，其水溶液为弱酸性且有一定腐蚀性，对金属有强烈腐蚀作用，其蒸气对眼和鼻有刺激性作用。乙酸在自然界分布很广，比如在水果或者植物油中，乙酸主要以酯的形式存在；而在动物的组织内、排泄物和血液中乙酸又以游离酸的形式存在。许多微生物都可以通过发酵将不同的有机物转化为乙酸。乙酸发酵细菌（醋酸杆菌）几乎存在于世界的每个角落，人们在酿酒的时候，就会发现醋，它是酒精饮料暴露于空气后的自然产物。如中国就有杜康的儿子黑塔因酿酒时间过长得到醋的说法。醋在日常生活中用途很多，通常用作调味品，也用于医学等方面。

请用酸碱滴定法测定食用白醋中醋酸的含量。具体测定方法参照 GB 12456—2021《食品安全国家标准 食品中总酸的测定》，酿造食醋的理化指标参考 GB/T 18187—2000《酿造食醋》，见表 3-4-1。

表 3-4-1 酿造食醋的理化指标

项目	指标	
	固态发酵食醋	液态发酵食醋
总酸(以乙酸计)/(g/100mL)	≥3.50	
不挥发酸(以乳酸计)/(g/100mL)	≥0.50	—
可溶性无盐固形物/(g/100mL)	≥1.00	≥0.50

注：以酒精为原料的液态发酵食醋不要求可溶性无盐固形物。

二、任务要求

1. 知识技能

（1）熟练掌握滴定管、容量瓶、移液管的使用方法和滴定操作技术。

（2）掌握 NaOH 标准溶液的配制和标定方法。

（3）能熟练进行滴定操作和滴定终点的判断。

（4）能采用酸碱滴定法对食醋中总酸度进行测定。

2. 思政素养

（1）树立良好的质量意识、安全意识和环保意识。

（2）养成标准规范、诚信务实、精益求精的职业习惯。

（3）建立思辨与沟通、分工与协作和谐的团队合作关系。

三、任务分析

1. 方法原理

食用白醋中的主要成分是醋酸（CH_3COOH），常简写为 HAc，此外还含有少量其他有机弱酸，如乳酸等。当以 NaOH 标准溶液滴定时，凡是 cK_a（c 为酸的浓度，K_a 为电离平衡常数）$>10^{-8}$ 的弱酸均可以被滴定，因此测出的是总酸量，但分析结果通常用含量最多的 HAc 表示。具体方法是取一定量的白醋，用不含 CO_2 的蒸馏水适当稀释后，用标准 NaOH 溶液滴定，中和后产物为 NaAc，化学计量点时 pH=8.7 左右，应选用酚酞为指示剂，滴定至呈粉红色且 30s 不褪色，由所消耗标准溶液的体积及浓度计算总酸度。滴定反应的方程式如下：

$$CH_3COOH + NaOH = CH_3COONa + H_2O$$

2. 实施条件

（1）场地　化学分析检验室。

（2）仪器、试剂　所需仪器设备及试剂材料见表 3-4-2 和表 3-4-3。

表 3-4-2 仪器设备

名称	规格	名称	规格
滴定管	50mL	锥形瓶	250mL
量筒	100mL	试剂瓶	1000mL
洗瓶	500mL	移液管	25mL
容量瓶	250mL	洗涤用具	
电子天平	万分之一		

表 3-4-3 试剂材料

名称	规格	名称	规格
氢氧化钠	A. R.	酚酞指示剂	1%
食用白醋	市售 3%～5%	洗涤用试剂	

四、工作计划

按照滴定分析的工作程序要求，对工作任务进行思考，梳理工作流程，并掌握工作任务内容、工作要求，完成食醋中总酸度的测定任务计划表。

食醋中总酸度的测定任务计划表

工作子任务	工作内容	工作要求	HSE 与安全防护措施

五、任务实施

1. 标准溶液的配制与标定

0.1mol/L NaOH 标准滴定溶液的配制与标定见本模块任务二　NaOH 标准溶液的配制与标定。

2. 试样稀释与移取

① 用移液管准确吸取食用白醋样品 25.00mL，置于洗净的 250mL 容量瓶中，用蒸馏水稀释至刻度，摇匀待用。

② 用移液管吸取 25.00mL 稀释过的试液，置于 250mL 锥形瓶中，加酚酞指示剂 1～2 滴。

3. 滴定操作

用已标定的 NaOH 标准溶液滴定锥形瓶中的溶液至出现粉红色，并在 30s 内不褪色，此即为滴定终点。平行测定 3 次，并做空白试验。

4. 数据处理

① 食醋的质量体积浓度 $\rho(\mathrm{HAc})$，以 g/L 计，按下式计算：

$$\rho(\mathrm{HAc})=\frac{c(\mathrm{NaOH})(V-V_0)\times M(\mathrm{HAc})}{V(\mathrm{HAc})\times\frac{25}{250}}$$

式中 $\rho(\mathrm{HAc})$——以乙酸表示的总酸度，g/L；

$c(\mathrm{NaOH})$——NaOH 标准溶液的浓度，mol/L；

V——滴定时消耗 NaOH 标准溶液的体积，mL；

V_0——空白试验消耗 NaOH 标准溶液的体积，mL；

$M(\mathrm{HAc})$——乙酸的摩尔质量，$M(\mathrm{HAc})=60.05$g/mol；

$V(\mathrm{HAc})$——食醋样品的体积，mL。

② 测定结果的相对平均偏差 Rd，以%计，按下式计算：

$$Rd=\frac{\sum_{i=1}^{n}|\rho_i-\bar{\rho}|}{n\times\bar{\rho}}\times 100\%$$

式中　ρ_i——食醋质量体积浓度测定值，mol/L；

$\bar{\rho}$——食醋质量体积浓度平均值，mol/L；

n——测定次数。

5. 结果评价

完成数据处理，并对测定过程与结果进行评价总结。

6. 清场工作

实验操作完成后，做好清理清洁、整理整顿工作。填写实验室清场检查记录表。

六、方法提要

（1）食醋中乙酸含量一般为 3%～5%，浓度较大食醋中醋酸的浓度比较大，且颜色较深，故必须稀释后再滴定。

（2）测定醋酸含量所用蒸馏水不能含有 CO_2，因 CO_2 溶于水生成 H_2CO_3，将同时被滴定。

七、课后拓展

1. 目标检测

（1）除用氢氧化钠标准溶液测定醋酸外，还可用什么标准溶液测定？

（2）在测定过程中，CO_2 是如何干扰测定的？怎样避免？

（3）为什么说此法测出的是食醋的总酸度？

2. 技能提升

现有白醋一瓶，约 500mL，总酸含量约 8%；0.2mol/L NaOH 标准溶液 500mL。若要测定白醋总酸含量，依据国标取样要求，该如何设计试样稀释倍数与取样量才合理？

任务五
工业硝酸中硝酸含量的测定

一、任务导入

硝酸，是六大无机强酸之一。浓硝酸为淡黄色透明液体，密度 1.5027g/cm^3（25℃），沸点 83.4℃，常温下能分解出 NO_2，具有强烈的腐蚀性，会灼烧皮肤和衣物。浓硝酸为强氧化剂，能与多数金属、非金属及有机物发生氧化还原反应。硝酸是重要化工原料之一，在工业上可用于制化肥、农药、炸药、染料等，如制造硝酸铵、硝酸铵钙、硝酸磷肥、氮磷钾等复合肥料。其作为制硝酸盐类氮肥（如硝酸铵、硝酸钾等）、王水、硝化甘油、硝化纤维素、硝基苯、苦味酸和硝酸酯的必需原料，也用来制取含硝基的炸药。因而硝酸也是易制爆危险化学品，要严格遵守管控要求，安全使用和贮存。

现某化工厂出库一批硝酸产品，需要进行一系列指标检测。请你根据所学知识，完成工业浓硝酸中硝酸含量（w）的测定。具体测定方法参照 GB/T 337.1—2014《工业硝酸 浓硝酸》。工业浓硝酸质量指标见表 3-5-1。

表 3-5-1 工业浓硝酸质量指标

项目	指标	
	98 酸	97 酸
硝酸(HNO_3)w/%	≥98.0	≥97.0
亚硝酸(HNO_2)w/%	≤0.50	
硫酸[①](H_2SO_4)w/%	≤0.08	≤0.10
灼烧残渣 w/%	≤0.02	

① 硫酸浓缩法制得的浓硝酸应控制硫酸的含量，其他工艺可不控制。

二、任务要求

1. 知识技能

（1）掌握用安瓿球称取挥发性液体试样的方法。

（2）掌握返滴定法的操作方法和结果计算。

2. 思政素养

（1）树立良好的质量意识、安全意识和环保意识。

（2）养成标准规范、诚信务实、精益求精的职业习惯。

（3）建立思辨与沟通、分工与协作和谐的团队合作关系。

三、任务分析

1. 方法原理

硝酸是强酸，可采用酸碱滴定法直接滴定。但工业浓硝酸样品中除含有硝酸外，还含有少量的 HNO_2 和 H_2SO_4，将样品加入过量且定量的氢氧化钠标准滴定溶液中，氢氧化钠与样品的总酸发生中和反应，过量的氢氧化钠再用硫酸标准滴定溶液进行返滴定，从而计算出总酸的含量，通过进一步测定 HNO_2 和 H_2SO_4 的含量，可得出硝酸含量。反应如下：

$$HNO_3 + NaOH \longrightarrow NaNO_3 + H_2O$$

$$HNO_2 + NaOH \longrightarrow NaNO_2 + H_2O$$

$$2NaOH + H_2SO_4 \longrightarrow Na_2SO_4 + 2H_2O$$

2. 实施条件

（1）场地　天平室，化学分析检验室。

（2）仪器、试剂 所需仪器设备和试剂材料见表 3-5-2 和表 3-5-3。

表 3-5-2 仪器设备

名称	规格	名称	规格
滴定管	50mL	锥形瓶	250mL
量筒	100mL	试剂瓶	1000mL
塑料量筒	10mL	洗涤用具	
安瓿球	直径约 20mm，毛细管端长约 60mm	电子天平	万分之一

表 3-5-3 试剂材料

名称	规格	名称	规格
氢氧化钠	A. R.	浓硫酸	A. R.
邻苯二甲酸氢钾	A. R.	甲基橙指示剂	1g/L
硝酸样品		酚酞指示剂	1%

注：水为国家规定的实验室三级用水规格。

四、工作计划

按照滴定分析的工作程序要求，对工作任务进行思考，梳理工作流程，并掌握工作任务内容、工作要求，完成工业硝酸中硝酸含量的测定任务工作计划表。

工业硝酸中硝酸含量的测定任务工作计划表

工作子任务	工作内容	工作要求	HSE 与安全防护措施

五、任务实施

1. 配制标准溶液

① 氢氧化钠标准滴定溶液：$c(NaOH)\approx 1mol/L$。称取 40g 氢氧化钠溶于 1000mL 无 CO_2 的蒸馏水中，准确称取 4g 邻苯二甲酸氢钾（简称 KHP）作为基准物质进行标定后，备用。

② 硫酸标准滴定溶液：$c(1/2H_2SO_4)\approx 1mol/L$。量取 30mL 浓 H_2SO_4 注入 1000mL 水中，冷却摇匀，用已标定的 1mol/L 氢氧化钠标准溶液标定后，备用。

2. 试样称量

准确称取安瓿球质量，在火焰上微微加热安瓿球的球泡，迅速将安瓿球的毛细管端浸入盛有样品的瓶中，并使其冷却，待样品充至 1.5～2.0mL 时，取出安瓿球，用滤纸仔细擦拭毛细管端。在火焰上使毛细管端密封，避免玻璃损失。准确称量含有样品的安瓿球，并根据差值计算样品质量。

3. 测定步骤

将盛有样品的安瓿球置于预先盛有 100mL 水和移入 50.00mL 氢氧化钠标准滴定溶液的锥形瓶中，塞紧磨口塞。然后剧烈振荡，使安瓿球破裂，并冷却至室温，摇动锥形瓶，直至酸雾被全部吸收为止。

取下塞子，用水洗涤，洗涤液并入同一锥形瓶内，用玻璃棒捣碎安瓿球，研碎毛细管，取出玻璃棒，用水洗涤，并将洗涤液并入锥形瓶内。

加 1～2 滴甲基橙指示剂，用硫酸标准滴定溶液将过量的氢氧化钠标准滴定溶液滴定至溶液呈现橙色。记录硫酸标准滴定溶液消耗的体积。平行测定 3 次，同时做空白试验。

4. 数据处理

① 试样中硝酸的质量分数可按下式计算：

$$w(HNO_3)=\frac{(c_1V_1-c_2V_2)\times M\times 10^{-3}}{m}\times 100\%-1.340w(HNO_2)-1.285w(H_2SO_4)$$

式中 c_1——氢氧化钠标准溶液的准确浓度，mol/L；
c_2——硫酸标准溶液的准确浓度，mol/L；
V_1——加入氢氧化钠标准溶液的体积，mL；
V_2——滴定消耗硫酸标准溶液的体积，mL；
M——硝酸的摩尔质量，M=63.00g/mol；
m——试样的质量，g；
1.340——将亚硝酸换算为硝酸的系数；
1.285——将硫酸换算为硝酸的系数。

注意：仅稀硫酸浓缩法需减去 $w(H_2SO_4)$，其他生产方法 $w(H_2SO_4)$ 视为 0。

② 测定结果的相对平均偏差 Rd，以%计，按下式计算：

$$Rd=\frac{\sum_{i=1}^{n}|w_i-\overline{w}|}{n\times\overline{w}}\times 100\%$$

式中 w_i——硝酸含量的测定值，%；
$\overline{w}$——硝酸含量的测定平均值，%；
n——测定次数。

5. 结果评价

完成数据处理，并对测定过程与结果进行评价总结。

6. 清场工作

实验操作完成后，做好清理清洁、整理整顿工作。填写实验室清场检查记录表。

六、方法提要

（1）浓硝酸具有挥发性，故采用安瓿球取样，避免称样过程中的试样挥发损失。

（2）微微加热后的安瓿球，应当一次性吸取一定体积的硝酸，吸取硝酸后不可再二次加热补吸，否则硝酸易溅出伤人。吸样的安瓿球加入锥形瓶中摇碎后，应摇动锥形瓶使硝酸被充分吸收，必要时可用流水冷却。

(3) 吸取浓硝酸后的安瓿球在火焰上密封毛细管端时，注意不能使玻璃因熔化而丢失，导致实际样品量出现误差，造成分析结果超差。

七、课后拓展

1. 目标检测

(1) 若氢氧化钠的标定浓度偏高，对硫酸标准溶液标定有何影响？对硝酸测定结果有何影响？

(2) 若浓硝酸样品的质量过大，对测定结果有何影响？如果样品量偏小，对样品测定结果有何影响？

(3) 工业硝酸中硝酸含量测定在操作过程中，需要注意的安全措施有哪些？

2. 技能提升

以小组为单位，用安瓿球称取硝酸样品。

阅读材料

紫罗兰的启示——酸碱指示剂的发现之旅

在化学的浩瀚历史中，酸碱指示剂的发现无疑是一次伟大的科学突破，而这次突破的起点，竟源自一次偶然的“事故”。

300 多年前，英国化学家罗伯特·波意耳在实验中，不慎将浓盐酸溅到一束紫罗兰上。面对这突如其来的“灾难”，波意耳并未气馁，而是敏锐地捕捉到了这一意外中的科学价值。他观察到，被盐酸溅到的紫罗兰花瓣逐渐变成了红色。这一发现让他兴奋不已，他决定深入探究这一现象。

波意耳开始将紫罗兰花瓣放入各种酸溶液中，发现花瓣均会变成红色。随后，他又尝试用花瓣检验碱溶液，发现花瓣同样会发生颜色变化。这一系列的实验，让他意识到，花瓣可以作为检测溶液酸碱性的“指示剂”。

波意耳并没有止步于此，他继续从各种植物中提取汁液，制成试纸，对酸碱溶液进行更为系统的研究。最终，他发明了我们现在使用的酸碱指示剂。

科学的发现往往源于对生活的敏锐观察和不懈探索。波意耳之所以能够发明酸碱指示剂，正是因为他能够在“事故”中发现机遇，用科学的态度和方法去解决问题。

模块四　配位滴定技术

配位滴定法是以配合反应为基础的容量分析法，也称为络合滴定法。络合滴定法广泛应用于金属离子的测定，在同一份溶液中可分离或不经分离连续测定几种成分，具有操作简单、分析准确度高等优点。常用的标准滴定溶液为乙二胺四乙酸（EDTA），在配位滴定中，一般用金属指示剂指示终点，溶液酸度是主要测定条件。配位滴定法有直接滴定法、返滴定法、置换滴定法和间接滴定法等多种滴定方式。

（1）直接滴定法　操作简便、迅速、引入误差少，结果较准确，目前约有40种以上的金属可用直接法滴定。

（2）返滴定法　当被测离子在滴定的pH下与EDTA反应缓慢；采用直接滴定时没有合适指示剂，或对指示剂有封闭作用；被测离子在滴定下发生水解又找不到合适的辅助剂，可采用返滴定法。

（3）置换滴定法　利用置换反应置换出一定物质的量的金属离子或EDTA，然后进行滴定的方法。

（4）间接滴定法　有些金属离子和非金属离子不与EDTA配位或配合物不稳定，可采用间接滴定法。

技能导图

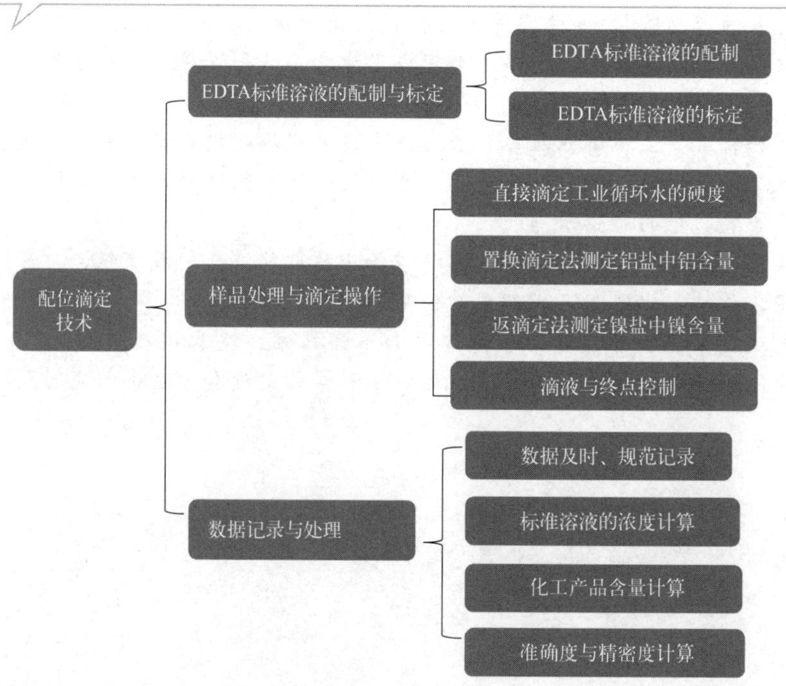

任务一 EDTA 标准溶液的配制与标定

一、任务导入

EDTA 是一种重要的配合剂。它能与碱金属、碱土金属、过渡金属和稀土元素等形成稳定的水溶性配合物，使金属离子失去活性，从而在很多应用中发挥重要作用。EDTA 是螯合剂的代表性物质，用途广泛，可应用于工业清洗、日化纺织、食品医药、科研、绿色环保等许多领域。其可用作彩色感光材料冲洗加工的漂白定影液，染色助剂，纤维处理助剂，化妆品添加剂，血液抗凝剂，洗涤剂，稳定剂，合成橡胶聚合引发剂等。

EDTA 溶解度小，而 EDTA 二钠盐（乙二胺四乙酸二钠）是一种白色微晶粉末，易溶于水，因此一般用 EDTA 二钠盐配制标准滴定溶液。EDTA 的配位反应有三大特点——配位能力广，1∶1 配位比简单，配合产物稳定性高，被称作配位滴定标准溶液的“天选打工人”。

请参照 GB/T 601—2016，配制 0.02mol/L EDTA 标准滴定溶液，并采用直接滴定法标定，提交标定结果和任务报告单。

二、任务要求

1. 知识技能

（1）掌握 EDTA 标准溶液的配制与标定方法。

（2）能熟练进行滴定操作和滴定终点的判断。

（3）能正确进行数据处理，提高测定的精密度。

2. 思政素养

（1）树立良好的质量意识、安全意识和绿色环保意识。

（2）养成标准规范、诚信务实、精益求精的职业习惯。

（3）建立思辨与沟通、分工与协作和谐的团队合作关系。

三、任务分析

1. 方法原理

配位滴定法是以配合反应为基础的容量分析法，EDTA 配合剂可直接或间接测定 40 多种金属离子的含量，也可间接测定一些阴离子的含量。在化工产品检测中，主要用于测定无机和有机金属盐类化合物。一般用金属指示剂指示终点，不同的金属离子（M）指示终点的金属指示剂不同（表 4-1-1）。

表 4-1-1 常用金属指示剂终点前后颜色变化

指示剂	使用 pH 范围	终点颜色	滴定前颜色	直接滴定 M
铬黑 T(EBT)	7～10	蓝	红	Mg^{2+}、Zn^{2+}
二甲酚橙(XO)(六元酸)		黄	紫红	Bi^{3+}、Pb^{2+}、Zn^{2+}
磺基水杨酸(SSal)	2	无	紫红	Fe^{3+}
钙指示剂	10～13	蓝	红	Ca^{2+}
PAN[1-(2-吡啶基偶氮)-2-萘酚](Cu-PAN)	2～12	黄	红	Cu^{2+}、Co^{2+}、Ni^{2+}

常用的标定 EDTA 标准溶液的方法有两种：

① 用金属锌或 ZnO 基准物标定，于溶液酸度控制在 pH=10 的 NH_3-NH_4Cl 缓冲溶液中，以铬黑 T(EBT) 作指示剂直接滴定，终点由红色变为纯蓝色。或于溶液酸度控制在 pH 为 5～10 的六亚甲基四胺缓冲溶液中，以二甲酚橙（XO）作指示剂直接滴定，终点由紫红色变为亮黄色。

② 用 $CaCO_3$ 基准物标定时，溶液酸度应控制在 pH≥10，用钙指示剂，终点由红色变蓝色。

2. 实施条件

（1）场地 天平室，化学分析检验室。

（2）仪器、试剂 所需仪器设备及试剂材料见表 4-1-2 和表 4-1-3。

表 4-1-2 仪器设备

名称	规格	名称	规格
滴定管	50mL	容量瓶	250mL
量筒	100mL	移液管	25mL
试剂瓶	500mL	锥形瓶	250mL
烧杯	100mL、500mL	分析天平	0.1mg
玻璃仪器洗涤用具			

表 4-1-3 试剂材料

名称	规格	名称	规格
EDTA 二钠盐	A. R.	盐酸溶液	1+1
氨水溶液	1+1	铬黑 T 指示剂	5g/L
氨-氯化铵缓冲溶液	pH≈10	氧化锌	基准物质，800℃±50℃高温炉中灼烧至恒重

四、工作计划

按照滴定分析的工作程序要求，对工作任务进行思考，梳理工作流程，并掌握工作任务内容、工作要求，完成 EDTA 标准溶液的配制与标定任务工作计划表。

EDTA 标准溶液的配制与标定任务工作计划表

工作子任务	工作内容	工作要求	HSE 与安全防护措施

五、任务实施

1. 配制 c(EDTA)= 0.02mol/L EDTA 标准溶液

称取 4g 乙二胺四乙酸二钠盐（$Na_2H_2Y \cdot 2H_2O$）于烧杯中，加 300mL 水，加热溶解，冷却，加水稀释至 500mL，存于试剂瓶中摇匀，待标定。

2. 标定 EDTA 标准溶液

EDTA 标准溶液的配制与标定

① 准确称取 0.4g 于 800℃±50℃的高温炉中灼烧至恒重的工作基准试剂氧化锌，置于 100mL 小烧杯中，滴加 5mL（1+1）盐酸溶液使之溶解完全，移入 250mL 容量瓶中，稀释至刻度，摇匀，即得 Zn^{2+} 标准溶液。

② 用移液管移取 25.00mL Zn^{2+} 标准溶液于 250mL 锥形瓶中，加 20mL 纯水，慢慢滴加（1+1）氨水溶液至刚出现白色浑浊，此时溶液 pH 约为 8，然后加入 10mL 氨-氯化铵缓冲溶液（pH≈10）及 4 滴铬黑 T 指示剂，用待标定的 EDTA 标准溶液滴定至溶液由红色变为纯蓝色。记录耗用 EDTA 标准溶液的体积。平行测定 3 次，同时做空白试验。

3. 数据处理

EDTA 标准溶液的浓度 c(EDTA)，以 mol/L 计，按下式计算：

$$c(\text{EDTA})=\frac{m\times\frac{25}{250}\times1000}{(V_1-V_0)M}$$

式中 m——基准氧化锌的质量，g；

V_1——耗用 EDTA 标准溶液的体积，mL；

V_0——空白试验耗用 EDTA 标准溶液的体积，mL；

M——基准氧化锌的摩尔质量，M(ZnO)=81.39g/mol。

4. 结果评价

完成数据处理，并对测定过程与结果进行评价总结。

5. 清场工作

实验操作完成后，做好清理清洁、整理整顿工作。填写实验室清场检查记录表。

六、方法提要

（1）溶解基准氧化锌粉末时，滴加盐酸的量以刚好溶解完全，溶液澄清为准。在此基础上再过量 2～3 滴。

（2）滴加（1+1）氨水溶液调整溶液酸度时要逐滴加入，边加边摇动锥形瓶，防止滴加过量过快，否则可能会使浑浊消失，误以为浑浊还未出现。

（3）实验操作完成后，做好清理清洁、整理整顿工作。填写实验室清场检查记录表。

在络合滴定中不仅在滴定前要调节好溶液的酸度，整个滴定过程都应控制在一定酸度范围内进行，因为EDTA滴定过程中不断有 H^+ 释放出来，使溶液的酸度升高。因此，在络合滴定中常需加入一定量的缓冲溶液以控制溶液的酸度。

七、课后拓展

1. 目标检测

（1）除用基准物质氧化锌标定盐酸溶液外，还可用什么方法标定？

（2）EDTA标准滴定溶液能否采用直接标准法配制？为什么选用EDTA的二钠盐？

（3）加（1＋1）氨水溶液调溶液为中性时，如何才能保证有白色絮状沉淀产生？为什么？

（4）请分析标定EDTA溶液浓度时，可能引入的误差有哪些？

2. 技能提升

练习用 $CaCO_3$ 基准物质标定 c(EDTA)＝0.02mol/L EDTA标准溶液，并与基准氧化锌标定的结果进行比较。

任务二
工业循环冷却水钙镁离子的测定

一、任务导入

工业用水主要包括锅炉用水、工艺用水、清洗用水和冷却用水、污水等。工业冷却水主要用来冷凝蒸气，冷却产品或设备。在石油、化工、钢铁工业中，冷却水的用量高达总用水量的85％～90％。循环冷却水通过换热器交换热量或直接接触换热方式来交换介质热量，并经冷却塔降温后，循环使用，以节约水资源。

一个年产合成氨60万吨的大型化肥厂，每小时冷却水用量约为2万吨。循环冷却水中的钙、镁化合物，如碳酸盐、硫酸盐等，也极易形成水垢引发管壁鼓包或爆管，严重影响设备传热效率和安全运行。所以冷却水的水量水质对生产的影响不容忽视。现请你以化工分析质检员身份对该化肥厂循环冷却水进行水质分析，参照GB/T 15452—2009《工业循环冷却水中钙、镁离子的测定　EDTA滴定法》，完成硬度测定并对结果做出判断。工业循环冷却水水质指标，参考GB/T 44325—2024，见表4-2-1。

表4-2-1　工业循环冷却水水质指标

项目	允许值	测定方法文件编号
pH值(25℃)	6.8～9.5	GB/T 22592
浊度/NTU	≤30	GB/T 15893.1
钙硬度＋总碱度(以 $CaCO_3$ 计)/(mg/L)	≤1100①	GB/T 15452 GB/T 15451

续表

项目	允许值	测定方法文件编号
总 Fe/(mg/L)	≤2.0	GB/T 14427
Cl^-/(mg/L)	≤1000②	GB/T 15453

① 适用于自然浓缩运行。若在加酸系统，则钙硬度(以 $CaCO_3$ 计)一般不超过 1800mg/L。

② 当流速、换热器形式、检修周期、安装形式等适宜的情况下，可酌情放宽 Cl^- 指标，一般不超过 5000mg/L。

二、任务要求

1. 知识技能

(1) 掌握用配位滴定直接法测定水中硬度的原理和方法。

(2) 熟练掌握 EDTA 标准溶液的配制方法。

(3) 掌握配位滴定中酸度条件的控制。

(4) 掌握金属指示剂配制方法和终点判定。

2. 思政素养

(1) 树立良好的质量意识、安全意识和绿色环保意识。

(2) 养成标准规范、诚信务实、精益求精的职业习惯。

(3) 建立思辨与沟通、分工与协作和谐的团队合作关系。

三、任务分析

1. 方法原理

进行钙和镁的总含量测定时，用 NH_3-NH_4Cl 缓冲溶液控制水样 pH=10，以铬黑 T 为指示剂，用 EDTA 标准溶液直接滴定 Ca^{2+} 和 Mg^{2+}，溶液由红色变为纯蓝色即为终点。若水样中有其他金属离子，如 Fe^{3+}、Al^{3+} 等共存离子，可用三乙醇胺掩蔽；Cu^{2+}、Pb^{2+}、Zn^{2+} 等离子，可用 Na_2S 或 KSCN 等消除影响。

钙离子含量测定时，用 NaOH 调节水试样 pH 为 12～13 时，Mg^{2+} 形成 $Mg(OH)_2$ 沉淀，以钙-羧酸为指示剂，用 EDTA 标准滴定溶液滴定水样中的钙离子，溶液颜色由紫红色变为纯蓝色时即为终点。

镁离子含量则可由总钙镁含量减去钙离子含量求得。

本方案适用于工业循环冷却水中钙含量在 2～200mg/L、镁含量在 2～200mg/L 的测定，也适用于其他工业用水及原水中钙、镁离子含量的测定。

2. 实施条件

(1) 场地　天平室，化学分析检验室。

(2) 仪器、试剂　所需仪器设备及试剂材料见表 4-2-2 和表 4-2-3。

表 4-2-2　仪器设备

名称	规格	名称	规格
滴定管	50mL	锥形瓶	250mL
量筒	50mL	试剂瓶	1000mL
洗涤用具		电热板/电炉	
电子天平	万分之一		

表 4-2-3 试剂材料

名称	规格	名称	规格
EDTA	A. R.	工业循环冷却水	500mL
氢氧化钠	5mol/L	硫酸溶液	1+1
钙指示剂①		三乙醇胺溶液	1+2
过硫酸钾溶液	40g/L,贮存于棕色瓶中（有效期 1 个月）	氧化锌	基准试剂
氨-氯化铵缓冲溶液②	pH=10	铬黑 T 指示剂③	1g/L

注:水为国家规定的实验室三级用水规格。

① 钙指示剂:0.5g 钙指示剂[2-羟基-1-(2-羟基-4-磺基-1-萘偶氮)-3-萘甲酸]与 100.0g 氯化钠混合研磨均匀,贮存于磨口瓶中。

② 氨-氯化铵缓冲溶液(pH=10):固体氯化铵 5.4g,加水 20mL,加浓氨水 35mL,再加水稀释至 500mL。

③ 铬黑 T 指示剂(1g/L):溶解 0.50g 铬黑 T[1-(1-羟基-2-萘偶氨-6-硝基-萘酚-4-磺酸钠)]于 85mL 三乙醇胺中,再加入 15mL 乙醇。

四、工作计划

按照滴定分析的工作程序要求，对工作任务进行思考，梳理工作流程，并掌握工作任务内容、工作要求，完成工业循环冷却水钙镁离子的测定任务计划表。

工业循环冷却水钙镁离子的测定任务计划表

工作子任务	工作内容	工作要求	HSE 与安全防护措施

五、任务实施

1. 配制与标定 c(EDTA) =0. 02mol/L EDTA 标准溶液

具体方法和步骤见本模块任务一 EDTA 标准溶液的配制与标定。

2. 钙、镁离子总量的测定

用移液管移取 50mL 水样于 250mL 锥形瓶中，加 1mL 硫酸溶液和 5mL 过硫酸钾溶液并加热煮沸至近干，之后冷却至室温，加 50mL 水和 3mL 三乙醇胺溶液。用氢氧化钠溶液调节 pH 近中性，再加 10mL 氨-氯化铵缓冲溶液和 3 滴铬黑 T 指示液，用 EDTA 标准溶液滴定，近终点时滴定速度要缓慢，当溶液颜色由红色变为纯蓝色时即为终点，记下消耗 EDTA 体积 V_1，平行测定 3 次。

注意：① 原水中钙、镁离子含量的测定不用加硫酸及过硫酸钾加热煮沸。②三乙醇胺用于消除Fe^{3+}、Al^{3+}等离子对测定的干扰，原水中Ca^{2+}和Mg^{2+}的测定不加入。③过硫酸钾用于氧化有机磷系药剂以消除对测定的干扰。

3. 钙离子含量的测定

用移液管移取50mL水样于250mL锥形瓶中，加1mL硫酸溶液和5mL过硫酸钾溶液，加热煮沸至近干，之后冷却至室温，加50mL水、3mL三乙醇胺溶液、7mL氢氧化钠溶液和约0.2g钙指示剂，用EDTA标准滴定溶液滴定，近终点时滴定速度要缓慢，当溶液颜色由紫红色变为纯蓝色时即为终点。记下消耗EDTA体积V_2，平行测定3次。

4. 镁离子含量的求算

镁离子含量则可由总钙镁含量减去钙离子含量求得。

5. 数据处理

钙镁离子总含量用$CaCO_3$质量浓度$\rho_{总}$表示，以mg/L计；钙离子含量用Ca^{2+}质量浓度$\rho_{钙}$表示，以mg/L计；镁离子含量用Mg^{2+}质量浓度$\rho_{镁}$表示，以mg/L计，用下式计算：

$$\rho_{总}=\frac{c\times V_1\times 10^3\times M}{V}$$

$$\rho_{钙}=\frac{c\times V_2\times 10^3\times M_1}{V}$$

$$\rho_{镁}=\frac{c\times (V_2-V_1)\times 10^3\times M_2}{V}$$

式中　c——EDTA标准溶液物质的量浓度，mol/L；

V_1——测定钙镁离子总量消耗EDTA标准溶液的体积，mL；

V_2——测定钙离子消耗EDTA标准溶液的体积，mL；

M——碳酸钙的摩尔质量，$M=40.08$g/mol；

M_1——钙的摩尔质量，$M_1=40.08$g/mol；

M_2——镁的摩尔质量，$M_2=24.31$g/mol；

V——水样的体积，mL。

6. 结果评价

完成数据处理，并对测定过程与结果进行评价总结。

7. 清场工作

实验操作完成后，做好清理清洁、整理整顿工作。填写实验室清场检查记录表。

六、方法提要

（1）水样中有Cu^{2+}、Pb^{2+}等干扰离子时，加Na_2S消除影响，若生成的沉淀较多，需将沉淀过滤后再滴定。

（2）滴定的速度不能过快，开始滴定时滴定速度可稍快，接近终点时滴定速度宜慢，每加 1 滴 EDTA 溶液后，都要充分摇匀，以免滴定过量。

(3) 用 EDTA 测定水的硬度时，如果 EBT 指示剂在水样中变色缓慢，或终点颜色变化不敏锐，则可能是由于水样中 Mg^{2+} 含量过低。可以在配制 EDTA 溶液时，加入适量的 $MgCl_2$，则滴定终点时颜色由紫红色变为纯蓝色，较为敏锐。

七、课后拓展

1. 目标检测

(1) 查阅标准　查阅 GB/T 5750.1—2023《生活饮用水标准检验方法　第 1 部分：总则》和 GB 7477—1987《水质　钙和镁总量的测定　EDTA 滴定法》，了解生活饮用水的钙镁含量标准和测定方法。

(2) 了解水质的分类　世界各国表示水的硬度的方法不尽相同，中国目前采用的表示方法主要有两种，一种是以每升水中所含 $CaCO_3$ 的质量（mg/L 或 mmol/L）表示，另一种是以每升水中含 10mg CaO 为 1 度（1°）表示。日常应用中，水质分类见表 4-2-4。请结合水质分类对应指标，对测定结果进行水质判定。

表 4-2-4　水质分类

总硬度	0°～4°	4°～8°	8°～16°	16°～25°	25°～40°	40°～60°	60°以上
水质	很软水	软水	中硬水	硬水	高硬水	超硬水	特硬水

2. 技能提升

依据 GB 7477—1987《水质　钙和镁总量的测定　EDTA 滴定法》，采集周边或家乡的地下水、地表水，测定钙镁离子的总量，并换算成德国度表示，判断属于哪种水质类型。

任务三
铝盐中铝含量的测定

一、任务导入

铝盐是一种常见的铝化合物，呈白色或无色晶体，易溶于水，个别不溶于水。常用的铝盐主要有氯化铝（$AlCl_3$）、硫酸铝[$Al_2(SO_4)_3$]和明矾[$K_2SO_4 \cdot Al_2(SO_4)_3 \cdot 24H_2O$]等，在化学、医药等领域都有广泛的应用。氯化铝常用作有机反应的催化剂、强脱水剂、洗涤剂，应用于医药、农药、染料、香料、冶金、塑料、润滑油等行业。硫酸铝常用作浊水净化剂、沉淀剂、固色剂、填充剂等；在造纸工业中用作纸张施胶剂，以增强纸张的抗水防渗性能；在化妆品中用作抑汗化妆品原料（收敛剂）；在消防工业中，与小苏打、发泡剂组成泡沫灭火剂。明矾用于制备铝盐、发酵粉、油漆、净水剂、灭火剂、媒染剂、造纸、防水剂等。明矾性寒味酸涩，可用作中药，有抗菌、收敛作用等；也常用作食品膨化剂，如炸油条等。

测定铝盐中铝含量可以根据铝的物化性质，通过一系列反应将铝盐中的铝离子转化成容易测定的配合物或者沉淀，从而进行定量测定。某化工厂生产了一批工业硫酸铝，作为一名质检人员，你该如何测定铝盐中的铝含量？具体操作方法参照 GB 31060－2014《水处理剂 硫酸铝》。

二、任务要求

1. 知识技能

（1）掌握置换滴定法测定铝盐中铝含量的原理及方法。

（2）掌握二甲酚橙指示剂的应用条件和终点颜色判断。

（3）了解复杂试样的分析方法，提高分析问题、解决问题的能力。

（4）能正确进行数据处理，并完成报告单的书写。

2. 思政素养

（1）树立良好的质量意识、安全意识和绿色环保意识。

（2）养成标准规范、诚信务实、精益求精的职业习惯。

（3）建立思辨与沟通、分工与协作和谐的团队合作关系。

三、任务分析

1. 方法原理

Al^{3+}与 EDTA 的配位反应比较缓慢，因此需要加入过量的 EDTA 溶液，并加热煮沸才能完全反应。Al^{3+}对二甲酚橙指示剂又有封闭作用，酸度较低时Al^{3+}又会水解，所以Al^{3+}测定不能采用直接滴定法，可采用置换滴定法。在 pH＝3～4 的条件下，在铝盐试液中加入过量的 EDTA 溶液，加热煮沸使Al^{3+}配位完全。调节溶液的酸度 pH＝5～6，以二甲酚橙为指示剂，用Zn^{2+}标准滴定溶液滴定剩余的 EDTA。然后，加入过量NH_4F，加热煮沸，置换出与Al^{3+}配位的 EDTA。再用Zn^{2+}标准滴定溶液滴定至溶液由黄色变为紫红色。有关反应如下：

$$H_2Y^{2-}+Al^{3+} \rightleftharpoons AlY^{-}+2H^{+}$$

$$H_2Y^{2-}(\text{剩余})+Zn^{2+} \rightleftharpoons ZnY^{2-}+2H^{+}$$

$$H_2Y^{2-}(\text{置换生成})+Zn^{2+} \rightleftharpoons ZnY^{2-}+2H^{+}$$

2. 实施条件

（1）场地　天平室，化学分析检验室。

（2）仪器、试剂　所需仪器设备及试剂材料见表 4-3-1 和表 4-3-2。

表 4-3-1　仪器设备

名称	规格	名称	规格
滴定管	50mL	锥形瓶	250mL
量筒	100mL	试剂瓶	500mL
塑料量筒	10mL	洗涤用具	
电子天平	万分之一	移液管	10mL
容量瓶	100mL、500mL		

表 4-3-2 试剂材料

名称	规格	名称	规格
EDTA 二钠盐	A. R.	NH_4F	A. R.
氧化锌	A. R.	HCl 溶液	1+1
工业硫酸铝盐	C. P.	二甲酚橙指示剂	2g/L
百里酚蓝指示剂	1g/L,20%乙醇溶解	氨水	1+1
六亚甲基四胺溶液	20%	氧化锌	基准试剂,800℃±50℃灼烧至恒重
盐酸	1+1		

注：水为国家规定的实验室三级用水规格。

四、工作计划

按照滴定分析的工作程序要求，对工作任务进行思考，梳理工作流程，并掌握工作任务内容、工作要求，完成铝盐中铝含量的测定任务工作计划表。

铝盐中铝含量的测定任务工作计划表

工作子任务	工作内容	工作要求	HSE 与安全防护措施

五、任务实施

1. 配制与标定标准溶液

(1) c(EDTA)=0.02mol/L EDTA 标准溶液的配制　称取 4g 乙二胺四乙酸二钠盐 ($Na_2H_2Y \cdot 2H_2O$) 于烧杯中，加 300mL 水，加热溶解，冷却，加水稀释至 500mL，存于试剂瓶中，摇匀待标定。

(2) $c(Zn^{2+})$=0.02mol/L Zn^{2+} 标准溶液的配制　准确称取 0.8g 于 800℃±50℃的高温炉中灼烧至恒重的工作基准试剂氧化锌，置于 100mL 小烧杯中，用少量水湿润，加 10mL (1+1) 盐酸溶液溶解完全，移入 500mL 容量瓶中，稀释至刻度，摇匀待用。

2. 试样称量与溶解

准确称取工业硫酸铝盐试样 0.5～1.0g，加入少量 (1+1) HCl 溶液及 50mL 蒸馏水溶解，定量转入 100mL 容量瓶中，加蒸馏水稀释至刻度，摇匀。

3. 滴定操作

用移液管准确移取铝盐试液 10.00mL 于 250mL 锥形瓶中，加纯水 20mL，加入 0.02mol/L EDTA 标准溶液 30mL，加百里酚蓝指示剂 4～5 滴，用 (1+1) 氨水中和至恰好为黄色 (pH=3～3.5)，加热煮沸，再加六亚甲基四胺溶液 20mL，使 pH=5～6。用力振荡，用水冷却，加入二甲酚橙指示剂 2 滴。然后用 0.02mol/L Zn^{2+} 标准溶液滴定至溶液由黄色变为紫红色，此时不记体积。再加入 NH_4F 1～2g，加热煮沸 2min，冷却后，用

0.02mol/L Zn^{2+} 标准溶液滴定至溶液颜色由黄色变为紫红色且 30s 不褪，记下 Zn^{2+} 标准溶液的体积。平行测定 3 次，取平均值计算铝盐试样中铝的含量。

4. 数据处理

① 铝盐试样中铝的含量以质量分数 w 表示，以%计，按下式计算：

$$w(\mathrm{Al})=\frac{c(\mathrm{Zn}^{2+})\times V(\mathrm{Zn}^{2+})\times 10^{-3}\times M(\mathrm{Al})}{m\times\frac{10}{100}}\times 100\%$$

式中 $w(\mathrm{Al})$——铝盐试样中铝的质量分数，%；

$c(\mathrm{Zn}^{2+})$——Zn^{2+} 标准滴定溶液的浓度，mol/L；

$V(\mathrm{Zn}^{2+})$——滴定时消耗 Zn^{2+} 标准滴定溶液的体积，mL；

$M(\mathrm{Al})$——Al 的摩尔质量，g/mol；

m——铝盐试样的质量，g。

② 测定结果的相对平均偏差 Rd，以%计，按下式计算：

$$Rd=\frac{\sum_{i=1}^{n}|w_i-\overline{w}|}{n\times\overline{w}}\times 100\%$$

式中 w_i——铝盐含量的测定值，%；

$\overline{w}$——铝盐含量的测定平均值，%；

n——测定次数。

5. 结果评价

完成数据处理，并对测定过程与结果进行评价总结。

6. 清场工作

实验操作完成后，做好清理清洁、整理整顿工作。填写实验室清场检查记录表。

六、方法提要

（1）置换滴定法测定铝盐中铝含量，是先通过 EDTA 与样品中的 Al^{3+} 完全配位生成 AlY^-，再由 F^- 置换出 AlY^- 的 EDTA 而确定铝盐的含量。所以加入 EDTA 的量一定要合适，才能保证分析结果的准确性。如果 EDTA 加入量太少，一部分 Al^{3+} 没有参与反应，加入二甲酚橙指示剂后，指示剂会先与 Al^{3+} 形成红色配合物，从而没有终点颜色的变化，导致实验失败；如果 EDTA 加入量太多，达第一个终点时消耗 Zn^{2+} 标准溶液太多，不仅浪费试剂而且往往会滴过量，使测定结果不准确。

（2）因为在反应过程中会生成少量的 H^+ 从而改变溶液的酸度，破坏二甲酚橙变色的条件，所以要使溶液的酸度维持在 5～6，必须加入缓冲溶液来调节。

七、课后拓展

1. 目标检测

（1）测定过程中，为什么需要加热两次？

（2）什么是置换滴定法？为什么不能采用直接滴定法测定 Al^{3+}？

（3）第一次用 Zn^{2+} 标准滴定溶液滴定 EDTA 时，为什么可以不计体积呢？若此时 Zn^{2+} 标准滴定溶液过量，对分析结果将有何影响？

（4）置换滴定法中所使用的 EDTA 溶液，要不要标定？为什么？

2. 技能提升

置换滴定法测定铝盐中铝含量，在滴定时以二甲酚橙作指示剂，溶液的酸度维持在 5～6，必须加入缓冲溶液来调节。缓冲溶液可以采用 20％的六次甲基四铵-盐酸溶液，也可以采用 pH＝5.7 的 NaAC-HAc 溶液。请你进行对比试验，比较用哪种缓冲溶液效果较好且终点颜色比较容易观察。

任务四
镍盐中镍含量的测定

一、任务导入

镍因其强大的抗氧化抗腐蚀能力，工业用途和战略价值不输稀土。其最主要的用途就是不锈钢制造、镍合金生产（铸币）、电池（镍氢、镍铬、三元锂电池）研发、电镀。如常见的 304 不锈钢，其镍含量在 8％～10％，它可以增加不锈钢的可塑性和韧性等。镍是镉-镍电池、镍-氢电池、镍-锰电池的重要原料，是新能源车动力电池——三元锂电池正极材料的主要原料之一。除此之外，其还能成为许多化学反应不可或缺的催化剂，如纳米铁酸镍 $NiFe_2O_4$ 在新兴材料领域价值很大，它可以催化二氧化碳分解，使其重新变成碳和氧气，从而在太空等高精尖领域得以应用。镍盐类型主要有硫酸盐型、氯化物型、氨基磺酸盐型、柠檬酸盐型、氟硼酸盐型等，其中以硫酸盐型在工业上的应用最为普遍。镍盐的应用范围广泛，涵盖了电镀工业、电池制造、催化剂制备、金属材料加工、医药行业、无机工业、印染工业等多个领域。在多个行业的应用中，以电池及电镀领域用量最大。特别是随着新能源汽车的工业发展，目前我国电池消费已占到镍的消费 90％以上。

某电池厂新进一批硫酸镍原料，请你用返滴定法测定硫酸镍中的镍含量，提交分析检测报告。具体操作方法参照 HG/T 2824—2022《工业硫酸镍》。

二、任务要求

1. 知识技能

（1）掌握 EDTA 返滴定法测定镍含量的原理和方法。

（2）熟悉 PAN 为指示剂时滴定终点的正确判断。

（3）掌握滴定分析规范操作，提高测定的精密度。

2. 思政素养

（1）树立良好的质量意识、安全意识和绿色环保意识。
（2）养成标准规范、诚信务实、精益求精的职业习惯。
（3）建立思辨与沟通、分工与协作和谐的团队合作关系。

三、任务分析

1. 方法原理

Ni^{2+} 与 EDTA 的配位反应进行缓慢，可采用返滴定法测定 Ni^{2+}。在 Ni^{2+} 溶液中加入过量的 EDTA 标准溶液，调节酸度至 pH=5，加热煮沸使 Ni^{2+} 与 EDTA 配位完全。过量的 EDTA 用 $CuSO_4$ 标准溶液回滴，以 PAN 为指示剂，终点时溶液颜色由黄绿色变为蓝紫色。有关反应如下：

$$Ni^{2+}+H_2Y = NiY+2H^+$$
$$H_2Y+Cu^{2+} = CuY(\text{蓝色})+2H^+$$
$$PAN(\text{黄绿色})+Cu^{2+} = Cu\text{-}PAN(\text{紫红色})$$

2. 实施条件

（1）场地 天平室，化学分析检验室。
（2）仪器、试剂 所需仪器设备及试剂材料见表 4-4-1 和表 4-4-2。

表 4-4-1 仪器设备

名称	规格	名称	规格
滴定管	50mL	量筒	10mL,100mL
容量瓶	250mL,100mL	烧杯	100mL,500mL
移液管	25mL	玻璃仪器洗涤用具	
电子天平	万分之一		

表 4-4-2 试剂材料

名称	规格	名称	规格
EDTA	A. R.	稀 H_2SO_4	6mol/L
氨水	1+1	乙醇	99.7%
$HAc\text{-}NH_4Ac$ 缓冲溶液①	A. R.	$CuSO_4\cdot5H_2O$	A. R.
工业硫酸镍测试样品	5g	刚果红试纸	
PAN 指示剂②	1g/L	洗涤用试剂	

注：水为国家规定的实验室三级用水规格。

① $HAc\text{-}NH_4Ac$ 缓冲溶液：称取 NH_4Ac 20.0g，以适量水溶解，加（1+1）HAc 5mL 后用水稀释至 100mL。

② PAN 指示剂（1g/L）：0.10g PAN 溶于乙醇，用乙醇稀释至 100mL。

四、工作计划

按照滴定分析的工作程序要求，对工作任务进行思考，梳理工作流程，并掌握工作任务内容、工作要求，完成镍盐中镍含量的测定任务工作计划表。

镍盐中镍含量的测定任务工作计划表

工作子任务	工作内容	工作要求	HSE 与安全防护措施

五、任务实施

1. $CuSO_4$ 标准溶液的配制与标定

（1）$c(CuSO_4)=0.02mol/L$ 的 $CuSO_4$ 标准溶液的配制　称取 1.25g $CuSO_4 \cdot 5H_2O$，滴加少量稀 H_2SO_4（6mol/L）溶解完全，转入 250mL 容量瓶中，用蒸馏水稀释至刻度，摇匀，待标定。

（2）$CuSO_4$ 标准溶液的标定　用滴定管准确放出 25.00mL EDTA 标准溶液[$c(EDTA)=0.02mol/L$]于锥形瓶中，加入 50mL 蒸馏水，再加入 20mL HAc-NH_4Ac 缓冲溶液，煮沸后立即加入 10 滴 PAN 指示剂，迅速用待标定的 $CuSO_4$ 溶液滴定至溶液呈紫红色，记下消耗 $CuSO_4$ 溶液的体积。平行滴定 3 次，取平均值计算 $CuSO_4$ 标准溶液的浓度。

2. 镍盐试样的制备与测定

（1）镍盐试样的制备　准确称取镍盐试样（相当于 Ni 含量在 30mg 以内）于小烧杯中，加蒸馏水 50mL 溶解，定量转入 100mL 容量瓶中，用蒸馏水稀释至刻度，摇匀备用。

（2）镍盐中镍含量的测定　用移液管准确移取 10.00mL 镍盐试液置于锥形瓶中，用滴定管加入 0.02mol/L EDTA 标准溶液 30.00mL，用（1+1）氨水调节到恰好使刚果红试纸变红，加入 HAc-NH_4Ac 缓冲溶液 20mL，煮沸后立即加入 10 滴 PAN 指示剂，迅速用 $CuSO_4$ 标准溶液滴定至溶液由黄绿色变为蓝紫色，记录消耗 $CuSO_4$ 标准滴定溶液的体积。平行测定 3 次，取平均值计算镍盐试样中镍的含量。

3. 数据处理

① $CuSO_4$ 标准溶液的浓度 $c(CuSO_4)$，以 mol/L 计，按下式计算：

$$c(CuSO_4)=\frac{c(EDTA)V(EDTA)}{V(CuSO_4)}$$

式中　$c(EDTA)$——EDTA 标准溶液的浓度，mol/L；

$V(CuSO_4)$——标定时消耗 $CuSO_4$ 标准滴定溶液的体积，mL；

$V(EDTA)$——标定时所用 EDTA 标准溶液的体积，mL。

② 镍盐试样中镍的含量以质量分数 $w(Ni)$ 表示，以%计，按下式计算：

$$w(N_i)=\frac{[c(EDTA)V(EDTA)-c(CuSO_4)V(CuSO_4)]\times 10^{-3}\times M(Ni)}{m\times\frac{10}{100}}\times 100\%$$

式中　$c(EDTA)$——EDTA 标准溶液的浓度，mol/L；

$V(EDTA)$——测定时加入 EDTA 标准溶液的体积 mL；

$c(CuSO_4)$——$CuSO_4$ 标准滴定溶液的浓度，mol/L；

$V(CuSO_4)$——测定时消耗 $CuSO_4$ 标准滴定溶液的体积，mL；

$M(Ni)$——Ni 的摩尔质量，g/mol；

m——试样的质量，g。

③ 测定结果的相对平均偏差 Rd，以%计，按下式计算：

$$Rd=\frac{\sum_{i=1}^{n}|w_i-\bar{w}|}{n\times\bar{w}}\times 100\%$$

式中 w_i——镍盐试样中镍含量的测定值，mol/L；

$\bar{w}$——镍盐试样中镍含量的测定平均值，mol/L；

n——测定次数。

4. 结果评价

完成数据处理，并对测定过程与结果进行评价总结。

5. 清场工作

实验操作完成后，做好清理清洁、整理整顿工作。填写实验室清场检查记录表。

六、方法提要

（1）PAN 指示剂与金属离子的配合物在水中溶解度较小，在终点时，造成 EDTA 置换指示剂的作用缓慢，引起终点的拖长，要解决这种指示剂僵化现象，须加入少量乙醇或将溶液加热，加快置换速度，使指示剂变色明显。

（2）采用返滴定法测定 Ni^{2+} 时，因为先加入过量的 EDTA 标准溶液，引起溶液酸度变化，需用（1+1）氨水调节到恰好使刚果红试纸变红，待 EDTA 与 Ni^{2+} 充分配位后加入 $HAc-NH_4Ac$ 缓冲溶液，调节酸度至 pH=5，以利于 Ni^{2+} 与 EDTA 配位完全。

七、课后拓展

1. 目标检测

（1）镍盐中镍含量的测定，为什么采用返滴定法？

（2）使用 PAN 为指示剂判断镍含量测定时的滴定终点，其变化过程是怎样的呢？

（3）镍盐试样中加入 EDTA，为什么要煮沸，而且要迅速滴定？

2. 技能提升

组间镍含量测定操作比武，按镍盐中镍含量的测定任务评价表考核。

阅读材料

金属镍助力中国新能源汽车“一路疾驰”

当前，在全球电动化、智能化转型的浪潮中，中国新能源汽车正快步走向世界舞台中央。2020 年 9 月，中国新能源汽车生产累计达到 500 万辆，2022 年 2 月突破 1000 万辆，而迈上 2000 万辆新台阶，仅用了 1 年零 5 个月。2023 年中国新能源汽车产销量接近千万量级，连续稳居全球新能源汽车产销规模第一。在此过程中，中国不仅培育形成了全球最大的新能源汽车消费市场，还建成了高效协同的产业体系，为全球汽车产业电动化转型注入了强大的动力。

自 2008 年中国首次推出新能源汽车产业发展规划起步至今，中国新能源汽车何以“一路疾驰”？技术创新是核心竞争力。宁德时代新能源科技股份有限公司首席科学家吴凯说，从材料体系到电池结构，高速增长的市场，推动了动力电池行业走向前沿。金属镍在全球市场中，74％用于不锈钢生产制造，在电池用途方面目前仅占 5％～8％，但是中国 2021 年的纯电动汽车新车销量增加到了 2020 年的 2.6 倍，从目前全球电动车发展的趋势来看，预计对电池用途的需求会进一步扩大。镍是未来发展电动汽车的主要金属之一。镉-镍电池、镍-氢电池、镍-锰电池是可充电电池里的主打产品。尤其是在对环保提出更高要求的今天，镍-氢电池因为无毒、绿色无污染的特点发展迅猛，而且电池储量比镍-铬电池多 30％，质量轻，寿命还长，在移动通信、军工、国防等领域应用广泛。尽管电动汽车的电池被称为锂电池，但是实际上锂的含量只有 2％。从技术上讲，更应该称其为镍石墨，因为整个电池中的主要成分是镍。一辆特斯拉 Model 3 的电池约含 30 公斤的镍，镍可能是电池制造中最重要的单一金属，电池的高储能特性与其密切相关——镍越多，电池的能量密度越高。可见在新能源时代镍有着不可忽略的地位，这甚至还关系到未来新能源发展的格局，是不可忽略的战略性资源。

模块五　氧化还原滴定技术

氧化还原滴定法是以氧化还原反应为基础的滴定分析方法。利用氧化还原滴定法，不仅可以测定本身具有氧化性或还原性物质的含量，而且也可用于测定那些本身虽无氧化还原性质，但却能与具有氧化还原性的物质发生定量反应的物质的含量，因此其应用非常广泛，通常可用于无机物和有机物含量的直接测定或间接测定。氧化还原滴定中氧化还原反应的实质是电子的转移，其特点是反应机理比较复杂，反应速率慢，常伴有副反应的发生。因此，必须在滴定过程中创造适当的条件，使其符合滴定分析的基本要求，达到预期的效果。

氧化还原滴定法有多种滴定方式，涉及的标准滴定溶液种类很多。氧化还原滴定法以氧化剂或还原剂作为标准溶液，人们习惯上按所用标准溶液的名称命名，如常见的高锰酸钾法、重铬酸钾法、碘量法、溴酸钾法、铈量法等。

技能导图

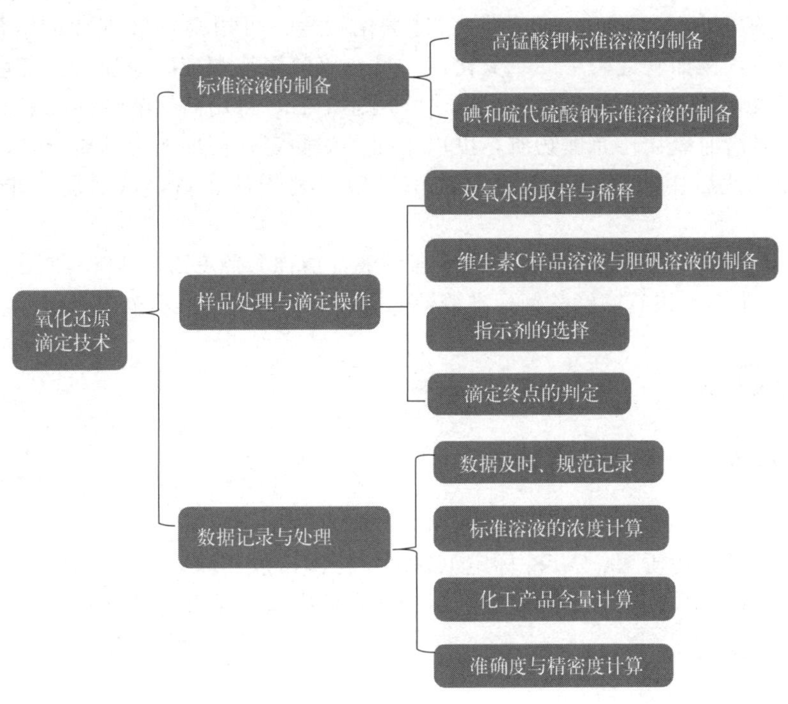

任务一
高锰酸钾标准溶液的配制与标定

一、任务导入

高锰酸钾，俗称灰锰氧、紫色盐、过锰酸钾、PP 粉等。常温常压下为深紫色细长斜方柱状晶体，溶于水、碱液，微溶于甲醇、丙酮、硫酸。高锰酸钾液体具有很强的氧化性，被广泛应用在多个领域。在化工领域常用作氧化剂，也用作防腐剂、消毒剂和漂白剂等。在废水处理中，用作处理剂，除去硫化氢、铁、有机物等各种污染物；在采矿冶金中，用于金属的除杂和分离。在医学领域中，高锰酸钾对细菌、真菌、病毒均有杀灭作用，主要用作消毒剂。

高锰酸钾法是以高锰酸钾为滴定剂的氧化还原滴定法。本法的优点是高锰酸钾氧化能力强，能与许多物质起反应，应用范围广。高锰酸根离子本身有很深的紫红色，用它滴定无色或浅色溶液时，不需要另加指示剂。缺点是高锰酸钾溶液中通常含有微量 $MnO(OH)_2$，会促使其分解，所以试剂溶液需要经常用草酸钠、草酸、三氧化二砷标定；另外能与高锰酸钾反应的物质很多，所以方法的选择性不太高。不同的物质，可用不同的滴定方法。对于还原性物质，如亚铁离子、As(Ⅲ)、Sb(Ⅲ)、过氧化氢等，可用高锰酸钾标准溶液直接滴定。对于氧化性物质，例如软锰矿中的二氧化锰，可在硫酸溶液中准确地加入一定量（过量）的草酸钠标准溶液，待二氧化锰与草酸根离子作用完毕后，再用高锰酸钾标准溶液回滴过量的草酸根离子。对于非氧化还原性物质，可以用间接法测定，例如测定钙离子时，可先让它生成草酸钙沉淀，然后用高锰酸钾测定沉淀中草酸根离子的含量，从而间接求得钙离子的含量。

某化工厂质检部，需要用到高锰酸钾标准溶液，请你参照 GB/T 601—2016《化学试剂 标准滴定溶液的制备》进行高锰酸钾标准溶液的配制，并标定其准确浓度。

二、任务要求

1. 知识技能

（1）掌握 $KMnO_4$ 标准滴定溶液的配制和贮存方法。

（2）掌握用基准物质 $Na_2C_2O_4$ 标定 $KMnO_4$ 溶液浓度的原理和方法。

（3）掌握 $KMnO_4$ 标准滴定溶液的配制和标定的操作技术及有关计算。

2. 思政素养

（1）树立良好的质量意识、安全意识和绿色环保意识。

（2）养成标准规范、诚信务实、精益求精的职业习惯。

（3）建立思辨与沟通、分工与协作和谐的团队合作关系。

三、任务分析

1. 方法原理

固体 $KMnO_4$ 常含少量杂质，主要为二氧化锰，此外还可能有氯化物、硫酸盐、硝酸盐等。$KMnO_4$ 溶液不稳定，在放置过程中由于自身分解、见光分解、蒸馏水中微量还原性物质与 MnO_4^- 反应析出 $MnO(OH)_2$ 沉淀等作用致使溶液浓度发生改变。因此，$KMnO_4$ 标准滴定溶液不能用直接法配制，必须经过标定。标定 $KMnO_4$ 溶液的基准物质最常用的是 $Na_2C_2O_4$，反应式为：

$$5C_2O_4^{2-}+2MnO_4^-+16H^+ \longrightarrow 2Mn^{2+}+10CO_2\uparrow+8H_2O$$

标定反应必须在强酸性条件下进行，通常选用酸度为 0.5～1mol/L 的 H_2SO_4 溶液。反应开始较慢，待溶液中产生 Mn^{2+} 后，由于 Mn^{2+} 的催化作用，反应速率加快。滴定中常用加热溶液的方法来提高反应速率。一般控制滴定温度在 75～85℃。若高于 90℃则容易引起 $H_2C_2O_4$ 分解。

$KMnO_4$ 作滴定剂时，一般不加指示剂，而利用稍过量的 $KMnO_4$ 使溶液呈粉红色这一现象来指示终点的到达。$KMnO_4$ 称为自身指示剂。根据基准物质的质量与滴定时所消耗 $KMnO_4$ 溶液的体积，计算出 $KMnO_4$ 溶液的准确浓度。

2. 实施条件

（1）场地　天平室，化学分析检验室。

（2）仪器、试剂　所需仪器设备及试剂材料见表 5-1-1 和表 5-1-2。

表 5-1-1　仪器设备

名称	规格	名称	规格
滴定管	50mL	锥形瓶	250mL
量筒	100mL	电热板/电炉	
烧杯	1000mL	玻璃砂芯漏斗	G_4
容量瓶	250mL	试剂瓶	500mL
玻璃仪器洗涤用具		电子天平	万分之一

表 5-1-2　试剂材料

名称	规格	名称	规格
高锰酸钾	A. R.	草酸钠	105～110℃烘箱中烘干至恒重
硫酸	3mol/L	洗涤用试剂	

注：水为国家规定的实验室三级用水规格。

四、工作计划

按照滴定分析的工作程序要求，对工作任务进行思考，梳理工作流程，并掌握工作任务内容、工作要求，完成高锰酸钾标准溶液的配制与标定任务计划表。

高锰酸钾标准溶液的配制与标定任务计划表

工作子任务	工作内容	工作要求	HSE 与安全防护措施

五、任务实施

1. 配制 $c(1/5KMnO_4)=0.1mol/L$ $KMnO_4$ 标准溶液

称取 1.6g 固体高锰酸钾，置于 1000mL 烧杯中，加入 500mL 蒸馏水，加热煮沸 20～30min（随时加水以补充因蒸发而损失的水）。冷却后在暗处放置 7～10d，然后用玻璃砂芯漏斗过滤除去 MnO_2 等杂质。滤液贮于洁净的玻璃塞棕色瓶中，放置于暗处保存。如果溶液经煮沸并在水浴上保温 1h，冷却后过滤，则不必长期放置，就可以标定其浓度。

赛证聚焦——高锰酸钾标准滴定溶液的标定

2. 标定 $KMnO_4$ 标准溶液

① 称取 0.25g 于 105～110℃电烘箱中干燥至恒重的工作基准试剂草酸钠 [$Na_2C_2O_4$]，置于 250mL 锥形瓶中，加蒸馏水 30mL 使其溶解，再加入 10mL 3mol/L 硫酸溶液，加热至 75～85℃。

② 趁热立即用待标定的 $KMnO_4$ 溶液滴定（不能沿瓶壁滴入），至溶液呈粉红色并保持 30s 不褪色即为终点。平行测定 3 次，同时做空白试验。

3. 数据处理

① 高锰酸钾标准溶液的浓度 $c(1/5KMnO_4)$ 以 mol/L 计，按下式计算：

$$c(1/5KMnO_4)=\frac{m\times 1000}{(V-V_0)M(1/2Na_2C_2O_4)}$$

式中 m——草酸钠的质量，g；

V——滴定时消耗高锰酸钾标准溶液的体积，mL；

V_0——空白试验消耗高锰酸钾标准溶液的体积，mL；

$M(1/2Na_2C_2O_4)$——基准草酸钠的摩尔质量，$M(1/2Na_2C_2O_4)=66.999g/mol$。

② 测定结果的相对平均偏差 Rd，以%计，按下式计算：

$$Rd=\frac{\sum_{i=1}^{n}|c_i-\bar{c}|}{n\times \bar{c}}\times 100\%$$

式中 c_i——高锰酸钾标准溶液浓度的测定值，mol/L；

$\bar{c}$——高锰酸钾标准溶液浓度的平均值，mol/L；

n——测定次数。

4. 结果评价

完成数据处理，并对测定过程与结果进行评价总结。

5. 清场工作

实验操作完成后，做好清理清洁、整理整顿工作。填写实验室清场检查记录表。

六、方法提要

（1）加热及放置时，均应盖上表面皿，以免尘埃及有机物等落入。

（2）$KMnO_4$ 标定反应需在强酸溶液中进行，滴定过程中若发现产生棕色浑浊，是酸度不足引起的，应立即加入 H_2SO_4 补救，若已经达到终点，则加 H_2SO_4 无效，应该重做实验。

（3）加热可使反应加快，但不应热至沸腾，否则容易引起部分草酸分解。正确的温度是75～85℃（手触烧杯壁感觉烫手），在滴定至终点时，溶液的温度不应低于60℃。

（4）滴定时第一滴 $KMnO_4$ 溶液褪色很慢，在第一滴 $KMnO_4$ 溶液没有褪色以前，不要加入第二滴，等几滴 $KMnO_4$ 溶液褪色之后，溶液中产生了 Mn^{2+}，催化反应速率加快，滴定的速度就可以稍快些。临近终点时需小心缓慢滴入。

（5）当滴定到稍微过量的 $KMnO_4$ 在溶液中呈粉红色并保持30s不褪色时即为终点。放置时间较长时，空气中还原性物质及尘埃可能落入溶液中使 $KMnO_4$ 缓慢分解，溶液颜色逐渐褪去。

（6）由于 $KMnO_4$ 溶液是深色透明溶液，滴定管读取溶液体积时应该读其两侧液面最高点，同时用白色卡片作背景。

七、课后拓展

1. 目标检测

（1）配制 $KMnO_4$ 溶液时，为什么要将 $KMnO_4$ 溶液煮沸一定时间或放置数天？为什么要冷却放置后过滤，能否用滤纸过滤？

（2）装 $KMnO_4$ 溶液的锥形瓶、烧杯或滴定管，放置久后壁上常有棕色沉淀物，它是什么？怎样才能洗净？

（3）用 $Na_2C_2O_4$ 基准物质标定 $KMnO_4$ 溶液的浓度时，标定条件有哪些？为什么用 H_2SO_4 调节酸度？可否用 HCl 或 HNO_3？酸度过高、过低或温度过高、过低对标定结果有何影响？

2. 技能提升

（1）练习使用砂芯漏斗过滤 $KMnO_4$ 溶液的操作。

（2）练习把握 $KMnO_4$ 溶液标定时的三个条件控制：酸度、温度、速度。

任务二
碘标准溶液、硫代硫酸钠标准溶液的配制与标定

一、任务导入

碘对动植物的生命新陈代谢是极其重要的，碘及其相关化合物主要用于医药、照相及染料等方面。碘溶液作为一种多功能的试剂，广泛应用于科研领域，尤其是生命科学、化学分

析和医学领域。碘溶液的杀菌作用、易溶性和多功能性使其成为实验室中的宝贵资源，有助于推动科学研究的进展。硫代硫酸钠是一种无机化合物，它是无色结晶或白色颗粒，可溶于水，呈碱性。其在中性、碱性溶液中较稳定，在酸性溶液中会迅速分解。硫代硫酸钠是一种常用的脱色剂、还原剂和防腐剂，广泛应用于化学、制药、食品等领域。

碘量法是一种氧化还原滴定法，以碘作为氧化剂，或以碘化物（如碘化钾）作为还原剂进行滴定，用于测定物质含量。碘量法分为直接碘量法和间接碘量法，间接碘量法又分为剩余碘量法和置换碘量法。被碘直接氧化的药物，均可用直接碘量法。凡需在过量的碘液中和碘定量反应，剩余的用硫代硫酸钠回滴的物质，都可用剩余碘量法。凡被测药物能直接或间接定量地将碘化钾氧化成碘，再用硫代硫酸钠标准溶液滴定生成的碘，均可间接测出其含量。碘量法可用于测定水中游离氯、总氯、溶解氧，气体中硫化氢，食品中维生素 C、葡萄糖等物质的含量。因此碘量法是环境、食品、医药、冶金、化工等领域最为常用的监测方法之一。碘量法常用的标准溶液是碘标准溶液和硫代硫酸钠标准溶液，分别用于直接碘量法和间接碘量法。正确选择和使用这两种标准溶液可以提高测定结果的准确性和精密度，对于化学分析实验的开展至关重要。请参照 GB/T 601—2016《化学试剂　标准滴定溶液的制备》，完成碘和硫代硫酸钠标准溶液的配制与标定。

二、任务要求

1. 知识技能

（1）掌握碘标准滴定溶液、硫代硫酸钠标准滴定溶液的配制和保存方法。

（2）掌握碘标准滴定溶液、硫代硫酸钠标准滴定溶液的标定方法和基本原理。

（3）掌握碘标准滴定溶液、硫代硫酸钠标准滴定溶液的反应条件和操作技术。

2. 思政素养

（1）树立良好的质量意识、安全意识和绿色环保意识。

（2）养成标准规范、诚信务实、精益求精的职业习惯。

（3）建立思辨与沟通、分工与协作和谐的团队合作关系。

三、任务分析

1. 方法原理

碘量法分为直接碘量法和间接碘量法，其中间接碘量法又分为剩余碘量法和置换碘量法。

（1）直接碘量法　直接碘量法是用碘标准滴定溶液直接滴定还原性物质的方法。在滴定过程中，I_2 被还原为 I^-：

$$I_2 + 2e^- \longrightarrow 2I^-$$

滴定条件：弱酸（HAc，pH＝5）、弱碱（Na_2CO_3，pH＝8）溶液中进行；如果溶液 pH＞9，可发生副反应使测定结果不准确。

强酸中：$$4I^- + O_2(\text{空气中}) + 4H^+ \xlongequal{} 2I_2 + 2H_2O$$

强碱中：$$3I_2 + 6OH^- \xlongequal{} IO_3^- + 5I^- + 3H_2O$$

指示剂：①淀粉。淀粉遇碘显蓝色，反应极为灵敏。化学计量点稍后，溶液中有过量的碘，碘与淀粉结合显蓝色而指示终点到达。②碘自身的颜色指示终点。化学计量点后，溶液中稍过量的碘显黄色而指示终点。

（2）间接碘量法 间接碘量法分剩余碘量法和置换碘量法。剩余碘量法是在供试品（还原性物质）溶液中先加入定量、过量的碘标准滴定溶液，待 I_2 与待测组分反应完全后，用硫代硫酸钠标准滴定溶液滴定剩余的碘，以求出待测组分含量的方法。滴定反应为：

$$I_2(\text{定量过量})+\text{还原性物质}\longrightarrow 2I^-+I_2(\text{剩余})$$

$$I_2(\text{剩余})+2S_2O_3^{2-}\longrightarrow S_4O_6^{2-}+2I^-$$

置换碘量法是先在供试品（氧化性物质）溶液中加入碘化钾，供试品将碘化钾氧化析出定量的碘，碘再用硫代硫酸钠滴定液滴定，从而可求出待测组分含量。滴定反应为：

$$\text{氧化性物质}+2I^-\longrightarrow I_2$$

$$I_2+2S_2O_3^{2-}\longrightarrow S_4O_6^{2-}+2I^-$$

碘量法常用的标准溶液有碘标准溶液和硫代硫酸钠标准溶液。

（1）碘标准溶液 碘可以通过升华法制得纯试剂，但因其升华及对天平有腐蚀性，故不宜用直接法而采用间接法配制 I_2 标准溶液。可以用基准物质 As_2O_3 来标定 I_2 溶液。As_2O_3 难溶于水，可溶于碱溶液中，与 NaOH 反应生成亚砷酸钠，用 I_2 溶液进行滴定。反应式为：

$$As_2O_3+6NaOH\longrightarrow 2Na_3AsO_3+3H_2O$$

$$Na_3AsO_3+I_2+H_2O\rightleftharpoons Na_3AsO_4+2HI$$

该反应为可逆反应，在中性或微碱性溶液中（pH≈8），反应能定量地向右进行，可加固体 $NaHCO_3$ 以中和反应生成的 H^+，保持 pH≈8。在酸性溶液中，反应向左进行，即 AsO_4^{3-} 氧化 I^- 析出 I_2。由标定反应式可知，As_2O_3 和 I_2 的基本单元分别为 $\frac{1}{4}As_2O_3$ 和 $\frac{1}{2}I_2$，因为 As_2O_3 有剧毒，学生实际实验中，推荐使用硫代硫酸钠比较法标定碘溶液。

（2）硫代硫酸钠标准溶液 固体 $Na_2S_2O_3\cdot 5H_2O$ 一般都含有少量杂质，如 Na_2SO_3、Na_2SO_4、Na_2CO_3、NaCl 和 S 等，并且放置过程易风化，因此不能用直接法配制标准滴定溶液。$Na_2S_2O_3$ 溶液由于受水中微生物的作用、空气中二氧化碳的作用、空气中 O_2 的氧化作用、光线及微量的 Cu^{2+} 和 Fe^{3+} 等作用不稳定，容易分解。以基准物 $K_2Cr_2O_7$ 标定 $Na_2S_2O_3$ 的反应式为：

$$Cr_2O_7^{2-}+6I^-+14H^+\longrightarrow 2Cr^{3+}+3I_2+7H_2O$$

$$I_2+2S_2O_3^{2-}\longrightarrow 2I^-+S_4O_6^{2-}$$

以淀粉为指示剂，溶液由蓝色刚好变为亮绿色为终点。由标定反应式可知，$K_2Cr_2O_7$ 和 $Na_2S_2O_3$ 的基本单元分别为 $\frac{1}{6}K_2Cr_2O_7$ 和 $Na_2S_2O_3$。

2. 实施条件

（1）场地 天平室，化学分析检验室。

（2）仪器、试剂 所需仪器设备及试剂材料见表 5-2-1 和表 5-2-2。

表 5-2-1 仪器设备

名称	规格	名称	规格
滴定管	50mL	碘量瓶	250mL、500mL
烧杯	100mL、1000mL	试剂瓶	500mL、1000mL
量筒	5mL、100mL	玻璃仪器洗涤用具	
电子天平	万分之一		

表 5-2-2 试剂材料

名称	规格	名称	规格
硫代硫酸钠	固体	重铬酸钾	A. R. ,120℃±2℃ 烘箱中烘干至恒重
碘化钾	A. R.	淀粉指示剂	10g/L
硫酸	20%	碘	A. R.
无水碳酸钠	A. R.	氢氧化钠	A. R.
酚酞指示剂	10g/L	碳酸氢钠	A. R.

注：水为国家规定的实验室三级用水规格。

四、工作计划

按照滴定分析的工作程序要求，对工作任务进行思考，梳理工作流程，并掌握工作任务内容、工作要求，完成碘和硫代硫酸钠标准溶液的配制与标定任务工作计划表。

碘和硫代硫酸钠标准溶液的配制与标定任务工作计划表

工作子任务	工作内容	工作要求	HSE 与安全防护措施

五、任务实施

1. 配制 $c(1/2I_2)=0.1mol/L$ 碘标准溶液

称取 6.5g I_2 放于小烧杯中，再称取 17g KI，准备蒸馏水 500mL，将 KI 分 4～5 次放入装有 I_2 的小烧杯中，每次加水 5～10mL，用玻璃棒轻轻研磨，使碘逐渐溶解，溶解部分转入棕色试剂瓶中，如此反复直至碘片全部溶解为止。用水多次清洗烧杯并转入试剂瓶中，剩余的水全部加入试剂瓶中稀释，盖好瓶盖，摇匀，待标定。

2. 配制 $c(Na_2S_2O_3)=0.1mol/L$ 的硫代硫酸钠标准滴定溶液

称取 26g 结晶硫代硫酸钠（$Na_2S_2O_3 \cdot 5H_2O$）（或 16g 无水硫代硫酸钠），0.2g 无水碳酸钠，并将其溶于 1000mL 水中，缓缓煮沸 10min，冷却。放置两周后过滤，待标定。

3. $c(Na_2S_2O_3)=0.1mol/L$ 的硫代硫酸钠标准溶液的标定

称取 0.18g 于 120℃±2℃ 干燥至恒重的工作基准试剂重铬酸钾，置于碘量瓶中，加 25mL 水，摇动使其全溶[或移取 $c(1/6K_2Cr_2O_7)=0.1mol/L$ 的 $K_2Cr_2O_7$ 标准溶液 25.00mL]，加 2g 碘化钾及 20mL 硫酸溶液（20%），盖上瓶塞轻轻摇匀，以少量水封住瓶口，于暗处放置 10min。取出用洗瓶冲洗瓶塞和瓶颈内壁，加 150mL 煮沸并冷却后的蒸馏水稀释，用待标定的 $Na_2S_2O_3$ 标准滴定溶液滴定，至溶液出现淡黄绿色时，加 2mL 10g/L 的淀粉溶液，继续滴定至溶液由蓝色变为亮绿色。记录消耗 $Na_2S_2O_3$ 标准滴定液的体积。平行测定 3 次，同时做空白试验。

4. c（1/2I₂） = 0.1mol/L 碘标准溶液的标定

碘化钾淀粉指示剂的配制

（1）用 As_2O_3 标定 I_2 溶液　称取 0.15g 基准物质 As_2O_3（称准至 0.0001g），置于 250mL 碘量瓶中，加入 4mL NaOH 溶液[c(NaOH)＝1mol/L]溶解，加 50mL 水，加 2 滴酚酞指示剂（10g/L），用硫酸溶液[$c(1/2H_2SO_4)$＝1mol/L] 滴定至恰好无色。加 3g $NaHCO_3$ 及 3mL 淀粉指示剂（10g/L）。用配好的碘溶液滴定至呈浅蓝色。记录消耗 I_2 溶液的体积。平行标定 3 次，同时做空白试验。因为 As_2O_3 有剧毒，实际工作中，常用已知浓度的 $Na_2S_2O_3$ 标准溶液标定 I_2。

（2）用 $Na_2S_2O_3$ 标准溶液"比较"法标定碘溶液　用滴定管准确放出配制好的碘溶液 30～35mL，置于碘量瓶中，加水 150mL（15～20℃），用硫代硫酸钠标准滴定溶液[$c(Na_2S_2O_3)$＝0.1mol/L]滴定，近终点时（此时溶液为浅黄色）加 2mL 淀粉指示剂（10g/L），继续滴定至溶液蓝色刚好消失。记录消耗 $Na_2S_2O_3$ 标准滴定溶液的体积。平行标定 3 次。

同时做空白试验：取 250mL 水（15～20℃），加 0.05～0.20mL 配制好的碘溶液及 2mL 淀粉指示剂（10g/L），用硫代硫酸钠标准滴定溶液[$c(Na_2S_2O_3)$＝0.1mol/L]滴定至溶液蓝色刚好消失。

5. 数据处理

① 硫代硫酸钠标准溶液的浓度 $c(Na_2S_2O_3)$ 以 mol/L 计，按下式计算：

$$c(Na_2S_2O_3)=\frac{m(K_2Cr_2O_7)}{M(1/6K_2Cr_2O_7)[V(Na_2S_2O_3)-V_0]\times 10^{-3}}$$

式中　$c(Na_2S_2O_3)$——硫代硫酸钠标准滴定溶液的浓度，mol/L；
$m(K_2Cr_2O_7)$——基准 $K_2Cr_2O_7$ 的质量，g；
$M(1/6K_2Cr_2O_7)$——以 $1/6K_2Cr_2O_7$ 为基本单元的摩尔质量，49.03g/mol；
$V(Na_2S_2O_3)$——滴定消耗 $Na_2S_2O_3$ 标准滴定溶液的体积，mL；
V_0——空白试验消耗 $Na_2S_2O_3$ 标准滴定溶液的体积，mL。

② 碘标准溶液的浓度 $c(1/2I_2)$ 以 mol/L 计，按不同的标定方法计算。

a. As_2O_3 标定 I_2 时：

$$c(1/2I_2)=\frac{m(As_2O_3)}{M(1/4As_2O_3)(V-V_0)\times 10^{-3}}$$

式中　$c(1/2I_2)$——I_2 标准滴定溶液的浓度，mol/L；
$m(As_2O_3)$——称取基准物质 As_2O_3 的质量，g；
$M(1/4As_2O_3)$——以 $1/4As_2O_3$ 为基本单元的摩尔质量，49.460g/mol；
V——滴定消耗 I_2 标准滴定溶液的体积，mL；
V_0——空白试验消耗 I_2 标准滴定溶液的体积，mL。

b. 用 $Na_2S_2O_3$ 标准溶液"比较"法标定 I_2 时：

$$c(1/2I_2)=\frac{c(Na_2S_2O_3)(V_1-V_2)}{V_3-V_4}$$

式中　$c(Na_2S_2O_3)$——$Na_2S_2O_3$ 标准滴定溶液的浓度，mol/L；

V_1——滴定消耗 $Na_2S_2O_3$ 标准滴定溶液的体积，mL；

V_2——空白试验消耗 $Na_2S_2O_3$ 标准滴定溶液的体积，mL；

V_3——量取 I_2 溶液的体积，mL；

V_4——空白试验中加入的 I_2 溶液的体积，mL。

6. 结果评价

完成数据处理，并对测定过程与结果进行评价总结。

7. 清场工作

实验操作完成后，做好清理清洁、整理整顿工作。填写实验室清场检查记录表。

六、方法提要

（1）配制 $Na_2S_2O_3$ 溶液时，需要用新煮沸（除去 CO_2 和杀死细菌）并冷却了的蒸馏水，以抑制细菌生长。或将 $Na_2S_2O_3$ 试剂溶于蒸馏水中，煮沸 10min 后冷却，加入少量 Na_2CO_3 使溶液呈碱性。

（2）配好的溶液贮存于棕色试剂瓶中，放置两周后进行标定。硫代硫酸钠标准溶液不宜长期贮存，使用一段时间后要重新标定，如果发现溶液变浑浊或析出硫，应过滤后重新标定，或弃去再重新配制溶液。

（3）用 $Na_2S_2O_3$ 滴定生成的 I_2 时应保持溶液呈中性或弱酸性。所以常在滴定前用蒸馏水稀释，降低酸度。通过稀释，还可以减少 Cr^{3+} 绿色对终点的影响。

（4）滴定至终点后，经过 5～10min，溶液又会出现蓝色，这是由于空气氧化 I^- 所引起的，属正常现象。若滴定到终点后，很快又转变为 I_2-淀粉的蓝色，则可能是由于酸度不足或放置时间不够使 $K_2Cr_2O_7$ 与 KI 的反应未完全，此时应弃去重做。

（5）按照 GB/T 601—2016，标定 $c(1/2I_2)=0.1mol/L$ 的碘标准滴定溶液时，称取三氧化二砷基准物 0.18g，学生实际实验中，可称取三氧化二砷基准物 0.15g。

七、课后拓展

1. 目标检测

（1）碘标准溶液应装在何种滴定管中？为什么？

（2）配制碘标准溶液时，为什么要加 KI？为什么要在溶液非常浓的情况下将 I_2 与 KI 一起研磨，当 I_2 和 KI 溶解后才能用水稀释？如果过早地稀释会发生什么情况？

（3）标定 $Na_2S_2O_3$ 溶液时，滴定到终点时，为什么溶液放置一会儿又重新变蓝？为什么淀粉指示剂要在临近终点时才加入？指示剂加入过早对标定结果有何影响？

（4）以 As_2O_3 为基准物标定 I_2 溶液为什么加 NaOH？其后为什么用 H_2SO_4 中和？滴定前为什么加 $NaHCO_3$？

2. 技能提升

练习碘标准溶液的配制操作和碘量瓶的使用。

任务三 工业过氧化氢含量的测定

一、任务导入

过氧化氢，俗称双氧水。在暗处较稳定，受热、光照或遇到某些杂质易分解为氧气和水。H_2O_2 不稳定，保存中能自行分解，常加入乙酰苯胺等稳定剂。H_2O_2 为两性物质，既可作为氧化剂又可作为还原剂。双氧水的用途广泛，涵盖医用、工业和军用等领域，在医药工业中，常用作杀菌剂、消毒剂，一般用于物体表面消毒，因其氧化性对皮肤有腐蚀性，浓度一般等于或低于 3%。在化学工业中，它是无机、有机合成的重要原料，用于生产过硼酸钠、过碳酸钠、过氧乙酸、过氧化硫脲等。在印染工业中，其常用于棉织物、生丝、羊毛、皮毛、纸浆等物质的漂白，也是染发剂的成分之一。在电镀行业，过氧化氢可除去电镀液中的无机杂质，提高镀件质量。高浓度的过氧化氢还可用作火箭动力燃料等。

现某化工厂出库一批双氧水产品，需要进行一系列指标检测。请你根据所学知识，进行双氧水含量的测定，并提交检验报告单。工业过氧化氢的测定参考国家标准 GB/T 1616—2014《工业过氧化氢》，其中规定工业过氧化氢的质量指标，如表 5-3-1 所示。

表 5-3-1 工业过氧化氢质量指标

项目		指标					
		27.5%		35%	50%	60%	70%
		优等品	合格品				
过氧化氢/%	≥	≥27.5	≥27.5	≥35.0	≥50.0	≥60.0	≥70.0
游离酸(以 H_2SO_4 计)/%	≤	≤0.040	≤0.050	≤0.040	≤0.040	≤0.040	≤0.050
不挥发物/%	≤	≤0.06	≤0.10	≤0.08	≤0.08	≤0.06	≤0.06
稳定度 s/%	≥	≥97.0	≥90.0	≥97.0	≥97.0	≥97.0	≥97.0
总碳(以 C 计)/%	≤	≤0.030	≤0.040	≤0.025	≤0.035	≤0.045	≤0.050
硝酸盐(以 HNO_3 计)/%	≤	≤0.020	≤0.020	≤0.020	≤0.025	≤0.028	≤0.030

二、任务要求

1. 知识技能

(1) 掌握过氧化氢试液的称取方法和操作技术。

(2) 掌握高锰酸钾直接滴定法测定过氧化氢含量的基本原理、方法和计算。

(3) 熟悉高锰酸钾滴定技术中的酸度条件控制和终点判断。

2. 思政素养

(1) 树立良好的质量意识、安全意识和绿色环保意识。

(2) 养成标准规范、诚信务实、精益求精的职业习惯。

(3) 建立思辨与沟通、分工与协作和谐的团队合作关系。

三、任务分析

1. 方法原理

在酸性溶液中 H_2O_2 是强氧化剂，但遇到强氧化剂 $KMnO_4$ 时，又表现为还原剂。因此，可以在酸性溶液中用 $KMnO_4$ 标准滴定溶液直接滴定，测得 H_2O_2 的含量。反应式为：

$$5H_2O_2+2MnO_4^-+6H^+ \longrightarrow 2Mn^{2+}+8H_2O+5O_2\uparrow$$

以 $KMnO_4$ 自身为指示剂。由标定反应式可知，$KMnO_4$ 和 H_2O_2 的基本单元分别为 $1/5KMnO_4$ 和 $1/2H_2O_2$。

2. 实施条件

（1）场地　天平室，化学分析检验室。

（2）仪器、试剂　仪器设备及试剂材料见表 5-3-2 和表 5-3-3。

表 5-3-2　仪器设备

名称	规格	名称	规格
滴定管	50mL	锥形瓶	250mL
量筒	50mL，10mL	试剂瓶	500mL
容量瓶	250mL	玻璃仪器洗涤用具	
移液管	25mL	吸量管	2mL
电子天平	万分之一		

表 5-3-3　试剂材料

名称	规格	名称	规格
$KMnO_4$	A. R.	硫酸溶液	3mol/L
过氧化氢样品	30%		

注：水为国家规定的实验室三级用水规格。

四、工作计划

按照滴定分析的工作程序要求，对工作任务进行思考，梳理工作流程，并掌握工作任务内容、工作要求，完成工业过氧化氢含量的测定任务工作计划表。

工业过氧化氢含量的测定任务工作计划表

工作子任务	工作内容	工作要求	HSE 与安全防护措施

五、任务实施

1. 高锰酸钾标准溶液的配制和标定

配制 $c(1/5KMnO_4)=0.1mol/L$ 的 $KMnO_4$ 溶液，方法和操作见本模块任务一。

2. 过氧化氢样品溶液的准备与测定

赛证聚焦——过氧化氢含量的测定

准确量取 1.5mL（或准确称取 1.5g）30%过氧化氢试样，注入装有 200mL 蒸馏水的 250mL 容量瓶中，平摇一次，稀释至刻度，充分摇匀。

用移液管准确移取上述试液 25.00mL，放于锥形瓶中，加 3mol/L H_2SO_4 溶液 20mL，用 $c(1/5KMnO_4)=0.1mol/L$ 的 $KMnO_4$ 标准溶液滴定（注意滴定速度!），至溶液呈微红色并保持 30s 不褪色。记录消耗 $KMnO_4$ 标准溶液的体积。平行测定 3 次。同时做空白试验。

3. 数据处理

过氧化氢的含量以 ρ 或者 w 计，按下式计算：

$$\rho(H_2O_2)=\frac{c(1/5KMnO_4)M(1/2H_2O_2)V(KMnO_4)}{V(H_2O_2)\times\frac{25}{250}}$$

式中 $\rho(H_2O_2)$——过氧化氢的质量浓度，g/L；
$c(1/5KMnO_4)$——高锰酸钾标准滴定溶液的浓度，mol/L；
$V(KMnO_4)$——滴定时消耗 $KMnO_4$ 标准滴定液的体积，mL；
$M(1/2H_2O_2)$——以 $1/2H_2O_2$ 为基本单元的摩尔质量，17.01g/mol；
$V(H_2O_2)$——测定时量取的过氧化氢试液的体积，mL。

或

$$w(H_2O_2)=\frac{c(1/5KMnO_4)M(1/2H_2O_2)V(KMnO_4)}{m(H_2O_2)\times\frac{25}{250}}$$

式中 $w(H_2O_2)$——过氧化氢的质量分数，%；
$c(1/5KMnO_4)$——高锰酸钾标准滴定溶液的浓度，mol/L；
$V(KMnO_4)$——滴定时消耗 $KMnO_4$ 标准滴定溶液的体积，mL；
$M(1/2H_2O_2)$——以 $1/2H_2O_2$ 为基本单元的摩尔质量，17.01g/mol；
$m(H_2O_2)$——过氧化氢试样的质量，g。

4. 结果评价

完成数据处理，并对测定过程与结果进行评价总结。

5. 清场工作

实验操作完成后，做好清理清洁、整理整顿工作。填写实验室清场检查记录表。

六、方法提要

（1）滴定反应前可加入少量 $MnSO_4$ 以催化 H_2O_2 与 $KMnO_4$ 的反应。

（2）若工业产品 H_2O_2 中含有稳定剂如乙酰苯胺，也消耗 $KMnO_4$，使 H_2O_2 测定结果偏高。如遇此情况，应采用碘量法或铈量法进行测定。

（3）过氧化氢容易分解，如果是浓溶液，放在玻璃容器中，玻璃容器可能溶出一些金属离子，这些金属离子作为催化剂，促进过氧化氢的分解，导致 O_2 大量增加，压力升高，产生爆炸。所以 H_2O_2 应该放到塑料瓶中保存。

七、课后拓展

1. 目标检测

(1) H_2O_2 与 $KMnO_4$ 反应较慢，能否通过加热溶液来加快反应速率？为什么？

(2) 用 $KMnO_4$ 滴定法测定 H_2O_2 时，能否用 HNO_3、HCl 或 HAc 调节溶液的酸度？为什么？

(3) 若试样中 H_2O_2 的质量分数为 3%，应如何进行测定？

2. 技能提升

(1) 学习用减量法准确称取液体试样的操作，准确称取 2g 双氧水试样 3 份。

(2) 按上述步骤称取液体双氧水试样质量，测定过氧化氢的百分含量，依据国标规定技术指标对样品质量做出评判。

任务四
维生素 C 含量的测定

一、任务导入

维生素 C 具有抗氧化、增强免疫力以及解毒等作用，有预防和治疗坏血病、促进身体健康的作用，所以又称抗坏血酸，简称 Vc，分子式为 $C_6H_8O_6$，分子量为 176.13，其结构式为：

```
              HO—C═══C—OH
                 |    |
H2C—CH—CH      C═O
 |    |   \    /
 HO   OH    O
```

抗坏血酸主要有还原型和脱氢型两种，广泛存在于植物组织中，在新鲜水果、蔬菜中含量较多，是氧化还原酶之一，本身易被氧化，但在有些条件下又是一种抗氧化剂。维生素 C 在分析化学中常用作掩蔽剂和还原剂。维生素 C（还原型）为白色或略带黄色的无臭结晶或结晶性粉末，在空气中极易被氧化变黄。其味酸，易溶于水或醇，水溶液呈酸性，有显著的还原性，尤其在碱性溶液中更易被氧化，在弱酸（如 HAc）条件下较稳定。维生素 C 中的烯二醇基具有还原性，能被氧化为二酮基，故可用直接碘量法测定其含量。

维生素 C 的测定方法较多，GB 5009.86—2016 规定了高效液相色谱法、荧光法、2,6-二氯靛酚滴定法测定食品中抗坏血酸的方法。GB/T 15347—2015 中规定了化学试剂抗坏血酸的分析方法，2025 年版《中华人民共和国药典》（简称《中国药典》）规定了药用维生素 C 中抗坏血酸的含量测定，均采用直接碘量法。现有市售药用维生素 C 片，请用直接碘量法测定维生素 C 的含量，并对结果做出判定。

二、任务要求

1. 知识技能

（1）掌握直接碘量法测定维生素C的基本原理和定量方法。
（2）掌握直接碘量法操作技术和滴定终点的判断。
（3）熟练滴定分析操作技术，提高平行测定的精密度。

2. 思政素养

（1）树立良好的质量意识、安全意识和绿色环保意识。
（2）养成标准规范、诚信务实、精益求精的职业习惯。
（3）建立思辨与沟通、分工与协作和谐的团队合作关系。

三、任务分析

1. 方法原理

维生素C分子结构中的烯二醇基具有较强的还原性，在酸性水溶液中能与碘定量地发生氧化还原反应，生成去氢维生素C和碘化氢，到达终点时微过量的碘遇淀粉指示剂变蓝色，此时，根据碘滴定液的消耗体积，可计算维生素C的含量。本任务先溶解维生素C片，在酸性条件下用碘标准滴定溶液直接滴定，以淀粉指示剂确定终点。反应式如下：

```
            HO—C═══C—OH                          O═C———C═O
               |     |                              |     |
 H2C—CH—CH         C═O   + I2  ——→   H2C—CH—CH          C═O   + 2HI
  |    |     \    /                    |    |     \    /
 HO   OH       O                      HO   OH       O
```

在反应中，维生素C（Vc，$C_6H_8O_6$）和 I_2 的基本单元分别为$\frac{1}{2}C_6H_8O_6$ 和$\frac{1}{2}I_2$。

2. 实施条件

（1）场地　天平室，化学分析检验室。
（2）仪器、试剂　仪器设备和试剂材料见表5-4-1和表5-4-2。

表 5-4-1　仪器设备

名称	规格	名称	规格
滴定管	50mL	碘量瓶	500mL
玻璃漏斗	9cm	移液管	25mL
定性滤纸	9cm	量筒	100mL
烧杯	500mL	试剂瓶	500mL
玻璃仪器洗涤用具		电热板/电炉	
电子天平	万分之一		

表 5-4-2　试剂材料

名称	规格	名称	规格
碘	A. R.	$Na_2S_2O_3$ 标准滴定溶液	0.1mol/L
淀粉指示剂	5g/L	维生素C片	市售
醋酸	2mol/L		

注：水为国家规定的实验室三级用水规格。

四、工作计划

按照滴定分析的工作程序要求，对工作任务进行思考，梳理工作流程，并掌握工作任务内容、工作要求，完成维生素 C 片含量的测定任务计划表。

维生素 C 片含量的测定任务计划表

工作子任务	工作内容	工作要求	HSE 与安全防护措施

五、任务实施

1. 碘标准滴定溶液的配制与标定

配制 $c(1/2I_2)=0.1mol/L$ 的碘溶液 500mL，用已标定好的 $c(Na_2S_2O_3)=0.1mol/L$ 的硫代硫酸钠标准滴定溶液（准确浓度由实验室提供）进行标定，具体方法与步骤见本模块任务二。

2. 样品的称量与测定

取维生素 C 片 20 片，研细，精密称取约 0.2g，置于锥形瓶中，加新煮沸过的冷水 100mL，加 10mL 稀醋酸（2mol/L），混合振摇，使维生素 C 溶解。加淀粉指示剂 1mL，立即用 $c(1/2I_2)$ $=0.1mol/L$ 的碘标准滴定溶液滴定至溶液恰呈蓝色且不褪色。记录消耗 I_2 标准滴定溶液的体积。平行测定 3 次。同时做空白试验。

3. 数据处理

① 用 $Na_2S_2O_3$ 标准溶液标定碘标准溶液浓度，以 mol/L 计，按下式计算：

$$c(1/2I_2)=\frac{c(Na_2S_2O_3)(V_1-V_2)}{V_3-V_4}$$

式中 $c(Na_2S_2O_3)$——硫代硫酸钠标准滴定溶液的浓度，mol/L；

V_1——滴定消耗硫代硫酸钠标准滴定溶液的体积，mL；

V_2——空白试验消耗硫代硫酸钠标准滴定溶液的体积，mL；

V_3——量取碘溶液的体积，mL；

V_4——空白试验中加入的碘溶液的体积，mL。

② 试样中维生素 C 的质量分数，以%计，按下式计算：

$$w(Vc)=\frac{c(1/2I_2)V(I_2)\times10^{-3}\times M(1/2Vc)}{m}\times100\%$$

式中 $w(Vc)$——试样中维生素 C 的质量分数，%；

$c(1/2I_2)$——I_2 标准滴定溶液的浓度，mol/L；

$V(I_2)$——消耗 I_2 标准滴定溶液的体积，mL；

m——称取维生素 C 试样的质量，g；

$M(1/2\text{Vc})$ ——以 1/2Vc 为基本单元的维生素 C 的摩尔质量，g/mol。

③ 平行测定的相对平均偏差≤0.5%。

4. 结果评价

完成数据处理，并对测定过程与结果进行评价总结。

5. 清场工作

实验操作完成后，做好清理清洁、整理整顿工作。填写实验室清场检查记录表。

六、方法提要

（1）药物片剂含量分析时，为了取样的代表性、均匀性，通常取样 20 片，研细后称取需要量。

（2）医用维生素 C 片剂，除主药成分外，通常加入一些辅料，如淀粉、硬脂酸镁等。辅料对片剂的测定有一定的干扰，为消除片剂中某些辅料对含量测定的影响，可采取溶解、定容、过滤去除干扰物后，再取续滤液进行测定。若主药量大辅料量小，干扰很小，也可以忽略不计。

（3）滴定前应根据维生素 C 片的取样量，大致计算出应消耗碘标准滴定溶液的体积，掌握何时到达终点。

（4）操作过程中为减少水中溶解的氧对测定的干扰，采用新煮沸过的水。

七、课后拓展

1. 目标检测

（1）测定维生素 C 含量时，溶解试样为什么要用新煮沸并冷却的蒸馏水？

（2）测定维生素 C 含量时，为什么要在酸性溶液中进行？

2. 技能提升

（1）测定维生素 C 含量时，学习除去辅料干扰的样品前处理操作：溶解定容、过滤取样。

（2）开放课余练习：湖南省职业院校化学实验技术竞赛题——直接碘量法测维生素 C。

任务五
胆矾中硫酸铜含量的测定

一、任务导入

五水合硫酸铜，俗称胆矾、蓝矾或铜矾，也被称作硫酸铜晶体，呈蓝色，是一种纯净物，化学式为 $CuSO_4 \cdot 5H_2O$，其分子量为 249.68。硫酸铜是较重要的铜盐之一，在电镀、印染、颜料、农药等方面有广泛应用。无机农药波尔多液就是硫酸铜和石灰乳混合液（硫酸铜和生石灰比例一般是 1∶1 或 1∶2 不等），它是一种良好的杀菌剂，可用来防治多种作物的病害。

请你用间接碘量法的滴定方法，分析测定胆矾中硫酸铜含量，并提交检验报告单。具体测定方法参照 GB/T 665—2007《化学试剂　五水合硫酸铜（Ⅱ）（硫酸铜）》。

二、任务目标

1. 知识技能

（1）了解胆矾的组成和基本性质。

（2）掌握间接碘量法测定胆矾中硫酸铜含量的基本原理、操作技术和计算。

（3）熟练滴定分析操作技术，提高平行测定的精密度。

2. 思政素养

（1）树立良好的质量意识、安全意识和绿色环保意识。

（2）养成标准规范、诚信务实、精益求精的职业习惯。

（3）建立思辨与沟通、分工与协作和谐的团队合作关系。

三、任务分析

1. 方法原理

将胆矾试样溶解后，加入过量 KI，反应析出的 I_2 用 $Na_2S_2O_3$ 标准溶液滴定，反应如下：

$$2Cu^{2+} + 4I^- \longrightarrow 2CuI\downarrow + I_2$$

$$2S_2O_3^{2-} + I_2 \longrightarrow S_4O_6^{2-} + 2I^-$$

以淀粉指示剂确定终点。

2. 实施条件

（1）场地　天平室，化学分析检验室。

（2）仪器、试剂　所需仪器设备及试剂材料见表 5-5-1 和表 5-5-2。

表 5-5-1　仪器设备

名称	规格	名称	规格
滴定管	50mL	碘量瓶	500mL
量筒	100mL,5mL	烧杯	1000mL
试剂瓶	1000mL	玻璃仪器洗涤用具	
电子天平	万分之一		

表 5-5-2 试剂材料

名称	规格	名称	规格
硫代硫酸钠	A. R.	五水合硫酸铜样品	A. R.
碘化钾	10%	KSCN	10%
NH_4HF_2	20%	淀粉指示剂	10g/L
硫酸溶液	1mol/L		

注：水为国家规定的实验室三级用水规格。

四、工作计划

按照滴定分析的工作程序要求，对工作任务进行思考，梳理工作流程，并掌握工作任务内容、工作要求，完成胆矾中硫酸铜含量的测定任务工作计划表。

胆矾中硫酸铜含量的测定任务工作计划表

工作子任务	工作内容	工作要求	HSE 与安全防护措施

五、任务实施

1. 标准滴定溶液的配制与标定

$c(Na_2S_2O_3)=0.1$mol/L 的硫代硫酸钠标准滴定溶液的配制与标定见本模块任务二。

2. 试样的称量与处理

准确称取胆矾试样 0.5～0.6g，置于碘量瓶中，加 1mol/L H_2SO_4 溶液 5mL、蒸馏水 100mL 使其溶解，加 20% NH_4HF_2 溶液 10mL、10%KI 溶液 10mL，迅速盖上瓶塞，摇匀。放置 3min，此时出现 CuI 白色沉淀。

3. 滴定操作

打开碘量瓶瓶塞，用少量水冲洗瓶塞及瓶内壁，立即用 $c(Na_2S_2O_3)=0.1$mol/L 的 $Na_2S_2O_3$ 标准滴定溶液滴定至呈浅黄色，加 3mL 淀粉指示液，继续滴定至呈浅蓝色，加 10% KSCN 溶液 10mL，继续用 $Na_2S_2O_3$ 标准滴定溶液滴定至蓝色刚好消失，此时溶液为米色的 CuSCN 悬浮液。记录消耗 $Na_2S_2O_3$ 标准滴定溶液的体积。平行测定三次。同时做空白试验。

4. 数据处理

① 硫代硫酸钠标准溶液的浓度 $c(Na_2S_2O_3)$，以 mol/L 计，按下式计算：

$$c(Na_2S_2O_3)=\frac{m(K_2Cr_2O_7)}{M(1/6K_2Cr_2O_7)[V(Na_2S_2O_3)-V_0]\times 10^{-3}}$$

式中 $c(Na_2S_2O_3)$——硫代硫酸钠标准滴定溶液的浓度，mol/L；
$m(K_2Cr_2O_7)$——基准 $K_2Cr_2O_7$ 的质量，g；
$M(1/6K_2Cr_2O_7)$——以 $1/6K_2Cr_2O_7$ 为基本单元的摩尔质量，49.03g/mol；
$V(Na_2S_2O_3)$——滴定消耗 $Na_2S_2O_3$ 标准滴定溶液的体积，mL；
V_0——空白试验消耗 $Na_2S_2O_3$ 标准滴定溶液的体积，mL。

② 五水合硫酸铜的质量分数 w，以“%”计，按下式计算：

$$w=\frac{(V_1-V_2)\times c(Na_2S_2O_3)\times M}{m\times 1000}\times 100\%$$

式中 V_1——硫代硫酸钠标准滴定溶液的体积，mL；
V_2——空白试验消耗硫代硫酸钠标准滴定溶液的体积，mL；
$c(Na_2S_2O_3)$——硫代硫酸钠标准滴定溶液的浓度，mol/L；
M——五水合硫酸铜的摩尔质量，$M=249.7$g/mol；
m——样品的质量，g。

5. 结果评价

完成数据处理，并对测定过程与结果进行评价总结。

6. 清场工作

实验操作完成后，做好清理清洁、整理整顿工作。填写实验室清场检查记录表。

六、方法提要

（1）加 KI 必须过量，使生成 CuI 沉淀的反应更为完全，并使 I_2 形成 I_3^- 增大 I_2 的溶解性，提高滴定的准确度。

（2）由于 CuI 沉淀表面吸附 I_3^-，使结果偏低。为了减少 CuI 对 I_3^- 的吸附，可在临近终点时加入 KSCN，使 CuI 沉淀转化为溶解度更小的 CuSCN 沉淀，使吸附的 I_3^- 释放出来，以防结果偏低。SCN^- 只能在临近终点时加入，否则 SCN^- 有可能直接将 Cu^{2+} 还原成 Cu^+，使结果偏低。

（3）用碘量法测定铜时，最好用纯铜标定 $Na_2S_2O_3$ 溶液，以抵消方法的系统误差。

七、课后拓展

1. 目标检测

（1）请说明农药波尔多液的主要化学成分并解释其可以用来防治作物病害的作用原理。

（2）测定铜含量时，加入 KI 为何要过量？

（3）本实验中加入 KSCN 的作用是什么？应在何时加入？为什么？

（4）本实验中加入 NH_4HF_2 的作用是什么？

2. 技能提升

间接碘量法误差的主要来源有哪些？操作上应如何避免？

阅读材料

维C出海，激荡岁月50年

维生素C（常简称为维C）是一种人体无法合成的必需物质，对免疫系统有重要作用，缺乏Vc的结果，就是坏血病，这是历史上对人类健康威胁最严重的疾病之一。从13世纪开始，到15世纪的大航海时代，再到21世纪的非洲贫乱，坏血病和我们的历史如影随形。

1933年，瑞士化学家赖希斯泰因在实验室中发明了Vc的生产方法，这个合成法叫莱氏生产法，一共有五道工序：发酵、酮化、氧化、转化、精制。1940年之后，Vc产业最终诞生了三个巨头：瑞士罗氏公司、德国巴斯夫公司、日本武田公司。

1968年，中国开始对Vc的科研攻坚，中国科学院院士尹光琳带着研究团队用十年时间，开发了“二步发酵法”，硬生生走出了另一条路。二步法简化了Vc的提取步骤，用生物氧化代替了化学氧化，去掉了酮化这个步骤，这种生产法比莱氏法的成本低、质量高、污染小，百利而无一害。1986年，瑞士罗氏公司主动联系中国科学院买下这个专利。这一事件引发了中国科学界的强烈震动，中国科学院和北京制药联合发明的二步法，以550万美元的高价转让给了罗氏公司，这是当时中国对外技术转让的最高纪录。

从尹光琳带领团队研发“二步法”开启中国Vc产业发展之路，再到国内四大药企帮助第三世界解决Vc困境，历经三代人、五十年的不懈努力，凭借先进技术，奠定了如今中国在世界Vc产业中的重要地位。

模块六 沉淀滴定技术

沉淀滴定法是以沉淀反应为基础的滴定分析方法。目前，应用较广的是利用生成难溶性银盐反应来进行测定的方法，称为银量法。根据所用指示剂的不同，银量法分为莫尔法、福尔哈德法、法扬斯法。用银量法可以测定 Cl^-、Br^-、I^-、SCN^-、Ag^+ 等，还可以测定经过处理而能定量产生这些离子的六氯环己烷（俗称 666）、双对氯苯基三氯乙烷（DDT）等有机氯化物。

技能导图

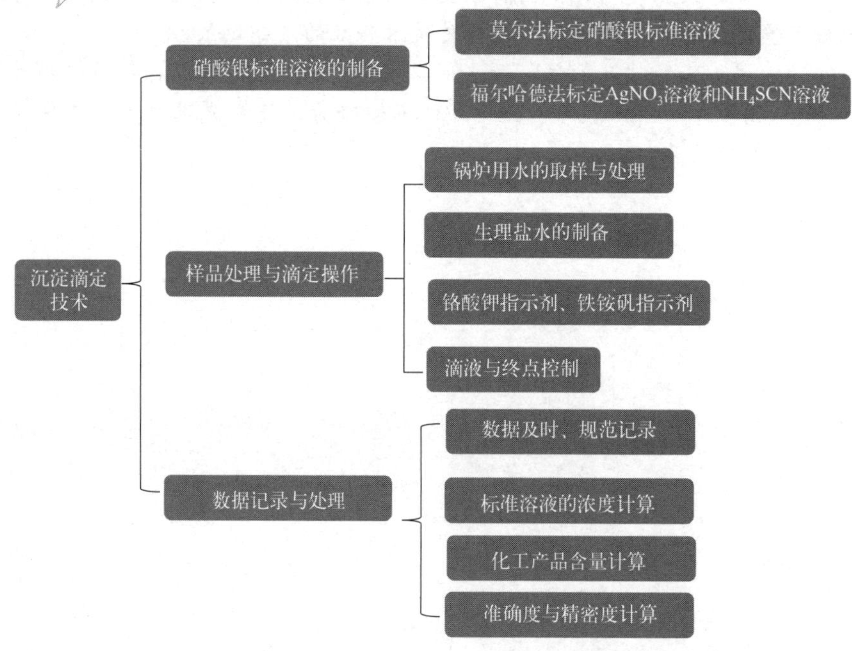

任务一 硝酸银标准溶液的配制与标定

一、任务导入

硝酸银在现代工业中应用非常广泛，且都是与日常生活息息相关的行业。无机工业上可用于制造其他银盐。电子工业中可用于制造导电黏合剂、新型气体净化剂、镀银均压服和带电作业的手套等。感光工业中可用于制造电影胶片、X射线照相底片和照相胶片等感光材料。电镀工业中可用于电子元件和其他工艺品的镀银，也大量用作镜子和保温瓶胆的镀银材料。电池工业中用于生产银锌电池。医药上可用作杀菌剂、腐蚀剂。日化工业中用于染毛发等。分析化学中可用于测定氯、溴、碘氰化物和硫氰酸盐。

在银量法中，$AgNO_3$ 是重要的标准溶液，由于 $AgNO_3$ 试剂中一般含有杂质，因此，实验室采用间接法配制。请你参照 GB/T 601—2016《化学试剂 标准滴定溶液的制备》，完成硝酸银标准溶液的制备。

二、任务目标

1. 知识技能

（1）掌握硝酸银标准溶液的配制与标定的方法。

（2）掌握硝酸银标准溶液的配制与标定的操作和结果计算。

（3）掌握 K_2CrO_4 指示剂的作用原理和判断终点的方法。

2. 思政素养

（1）树立良好的质量意识、安全意识和环保意识。

（2）养成标准规范、诚信务实、精益求精的职业习惯。

（3）建立思辨与沟通、分工与协作和谐的团队合作关系。

三、任务分析

1. 方法原理

以 NaCl 作为基准物质，溶样后，在中性或弱碱性溶液中，以 K_2CrO_4 作为指示剂，用 $AgNO_3$ 溶液滴定 Cl^-，这种方法又称莫尔法。反应式为：

$$Ag^+ + Cl^- = AgCl\downarrow（白色） \qquad K_{sp} = 1.8\times10^{-10}$$

$$2Ag^+ + CrO_4^{2-} = Ag_2CrO_4\downarrow（砖红色） \qquad K_{sp} = 2.0\times10^{-12}$$

在 $AgNO_3$ 的滴定过程中，溶解度小的 AgCl 先生成沉淀，当 AgCl 定量沉淀后，稍过量的 $AgNO_3$ 溶液与 CrO_4^{2-} 生成砖红色的 Ag_2CrO_4 沉淀，借此指示终点的到达。在莫尔法中，指示剂的用量、溶液的酸度是两个重要的问题。

2. 实施条件

（1）场地 天平室，化学分析检验室。

（2）仪器、试剂 所需仪器设备及试剂材料见表 6-1-1 和表 6-1-2。

表 6-1-1 仪器设备

名称	规格	名称	规格
滴定管	50mL	锥形瓶	250mL
电子天平	万分之一	棕色试剂瓶	500mL
量筒	50mL	移液管	25mL
洗涤用具			

表 6-1-2 试剂材料

名称	规格	名称	规格
硝酸银	A. R.	基准氯化钠	500～600℃高温炉中灼烧至恒重
铬酸钾指示剂	5%		

四、工作计划

按照滴定分析的工作程序要求，对工作任务进行思考，梳理工作流程，并掌握工作任务内容、工作要求，完成硝酸银标准溶液的配制与标定任务工作计划表。

硝酸银标准溶液的配制与标定任务工作计划表

工作子任务	工作内容	工作要求	HSE 与安全防护措施

五、任务实施

1. 硝酸银标准溶液的配制[$c(AgNO_3)$= 0. 1mol/L]

称取 8.5g 硝酸银溶于 500mL 不含 Cl^- 的蒸馏水中，摇匀。溶液贮存于棕色试剂瓶中，待标定。

2. $AgNO_3$ 溶液的标定

准确称取基准试剂 NaCl 0.12～0.15g 于锥形瓶中，加 50mL 不含 Cl^- 的蒸馏水，加 K_2CrO_4 指示剂 1mL，在充分摇动下，用配好的 $AgNO_3$ 溶液滴定至溶液微呈现红色，此即为终点，记下消耗 $AgNO_3$ 标准溶液的体积。平行测定 3 次。同时做空白试验。

3. 数据处理

① 硝酸银标准溶液的准确浓度 $c(AgNO_3)$，以 mol/L 计，按下式计算：

$$c(AgNO_3)=\frac{m}{M\times(V_1-V_0)\times10^{-3}}$$

式中 m——基准氯化钠称取的质量，g；

V_1——滴定消耗硝酸银溶液的体积，mL；

V_0——空白试验消耗硝酸银溶液的体积，mL；

M——氯化钠的摩尔质量，$M(NaCl)=58.45g/mol$。

② 测定结果的相对平均偏差 Rd，以%计，按下式计算：

$$Rd=\frac{\sum_{i=1}^{n}|c_i-\bar{c}|}{n\times\bar{c}}\times 100\%$$

式中　Rd——相对平均偏差，%；

c_i——硝酸银标准溶液浓度的测定值，mol/L；

$\bar{c}$——硝酸银标准溶液浓度的平均值，mol/L；

n——测定次数。

4. 结果评价

完成数据处理，并对测定过程与结果进行评价总结。

5. 清场工作

实验操作完成后，做好清理清洁、整理整顿工作。填写实验室清场检查记录表。

六、方法提要

（1）在莫尔法中，指示剂的用量、溶液的酸度是两个重要的问题。滴定时，加入 K_2CrO_4 的浓度为 5.0×10^{-3}mol/L 时效果较好，溶液的酸度应在 pH=6.5～10.5 范围内。

（2）滴定反应产生的 AgCl 沉淀容易吸附 Cl^-，使溶液中的 Cl^- 浓度降低，以致终点提前到达而引起误差。因此，在滴定时应剧烈摇动。

（3）实验完毕后，盛装 $AgNO_3$ 溶液的滴定管应先用蒸馏水洗涤 2～3 次，再用自来水洗净，以免 AgCl 沉淀残留于滴定管内壁。

（4）在银量法的滴定废液中，含有大量的金属银，主要存在形式有 Ag^+、AgCl 沉淀、Ag_2CrO_4 沉淀及 AgSCN 沉淀等。如果将实验中产生的这些含银废液排放掉，不仅造成了经济上的巨大浪费，而且也带来了重金属对环境的污染，严重危害人的身体健康。此外，银氨溶液在适当的条件下还可转变成氮化银引起爆炸。所以含银废液需回收利用和处理。

七、课后拓展

1. 目标检测

（1）莫尔法中，为什么溶液的 pH 需控制在 6.5～10.5？

（2）配制 K_2CrO_4 指示剂时，为什么要先加 $AgNO_3$ 溶液？为什么放置后要进行过滤？

（3）K_2CrO_4 指示剂的用量太大或太小对测定结果有何影响？

2. 技能提升

（1）配制 0.02mol/L $AgNO_3$ 标准溶液，设计实验方案，计算称取基准 NaCl 的量。

（2）练习指示剂的空白校正。指示剂用量大小对测定有影响，必须定量加入，有时还须作指示剂的空白校正，方法如下：取 K_2CrO_4 指示剂溶液，加入 100mL 水，然后加入无 Cl^- 的 $CaCO_3$ 固体（相当于滴定时 AgCl 的沉淀量），制成相似于实际滴定的浑浊溶液。逐渐滴入 $AgNO_3$ 溶液，至与终点颜色相同为止。空白值一般约为 0.05mL。

任务二
锅炉用水中氯离子的测定

一、任务导入

锅炉是一种利用燃料或其他能源的热能，把水加热成热水或蒸汽的能量转换设备，锅炉广泛应用于供热、发电、工业加热等领域。锅炉用水的作用是传热、供能、冷却、保护，氯离子指标是用来衡量锅炉水中电解质浓度累积的情形，如果氯离子含量过多，即电解质过多，会加速设备、管道的腐蚀。所以锅炉水中氯离子的测定至关重要，这有助于预防设备被腐蚀的情况。为了避免锅炉水中电解质过多，需要不断地向锅炉中添加新鲜水以维持和控制锅炉里氯离子指标。一般工业上锅炉水的氯离子含量控制在400mg/L以下，给水中的氯离子含量应小于30mg/L。锅炉水氯离子含量应该不超过给水的20倍。

焦化厂余热锅炉是生产过程中的重要设备，它的作用是通过焦化产生的高温烟气在锅炉中与水进行热量交换，使得水被加热并转化为热水，供厂区供热使用，实现了回收再利用、节能减排。请你以公司检验员身份对余热锅炉水中的氯离子进行检测，可参照国标GB/T 15453—2018《工业循环冷却水和锅炉用水中氯离子的测定》。

二、任务目标

1. 知识技能

（1）掌握锅炉水水样的采集与消除干扰操作。

（2）掌握各种浓度溶液的配制方法与操作。

（3）掌握锅炉用水中氯离子含量测定的操作和结果计算。

2. 思政素养

（1）树立学有所用、学以致用、技能强国的爱国思想。

（2）树立安全生产意识、环保意识。

（3）养成标准规范、诚信务实、精益求精的职业习惯。

三、任务分析

1. 方法原理

在中性至弱碱性范围内（pH 6.5～10.5），以铬酸钾为指示剂，用硝酸银滴定氯化物时，由于氯化银的溶解度小于铬酸银的溶解度，氯离子首先被完全沉淀出来，然后铬酸盐以铬酸的形式被沉淀，产生砖红色，指示滴定终点到达。其反应式如下：

$$Ag^{+}+Cl^{-} \longrightarrow AgCl\downarrow \text{(白色)}$$

$$2Ag^{+}+CrO_4^{2-} \longrightarrow Ag_2CrO_4\downarrow \text{(砖红色)}$$

2. 实施条件

（1）场地 天平室，化学分析检验室。

（2）仪器、试剂 所需仪器设备及试剂材料见表 6-2-1 和表 6-2-2。

表 6-2-1 仪器设备

名称	规格	名称	规格
滴定管	50mL	锥形瓶	250mL
烧杯	300mL,500mL,1000mL	棕色试剂瓶	500mL
量筒	50mL	移液管	25mL
容量瓶	100mL,250mL	电热板/电炉	
洗涤用具		广范 pH 试纸	
电子天平	万分之一		

表 6-2-2 试剂材料

名称	规格	名称	规格
硝酸银	A. R.	基准氯化钠	500～600℃恒重
铬酸钾指示剂	5%	乙醇(C_6H_5OH)	95%
硫酸铝钾	A. R.	氢氧化钠溶液	$c(NaOH)=0.05mol/L$
酚酞指示剂	1%	硫酸溶液	$c(1/2H_2SO_4)=0.05mol/L$
浓氨水			

四、工作计划

按照滴定分析的工作程序要求，对工作任务进行思考，梳理工作流程，并掌握工作任务内容、工作要求，完成锅炉用水中氯离子的测定任务工作计划表。

锅炉用水中氯离子的测定任务工作计划表

工作子任务	工作内容	工作要求	HSE 与安全防护措施

五、任务实施

1. 溶液的配制*

（1）$c(AgNO_3)=0.02mol/L$ 的硝酸银标准溶液 将硝酸银（$AgNO_3$）于 105℃烘半小时，精密称 1.7g 溶于 500mL 蒸馏水中，贮于棕色试剂瓶中置暗处保存。

（2）$c(NaCl)=0.02mol/L$ 的氯化钠标准溶液 将基准氯化钠（NaCl）置于瓷坩埚内，在 105℃下烘干 2h。在干燥器中冷却后称取 1.7g，溶于蒸馏水中，移入 250mL 容量瓶中稀释至刻度，摇匀备用。

（3）5%铬酸钾指示剂 称取 5g 铬酸钾（K_2CrO_4）溶于少量蒸馏水中，滴加硝酸银溶液（0.02mol/L）至有红色沉淀生成。摇匀，静置 12h，然后过滤并用蒸馏水将滤液稀释至 100mL。

（4）氢氧化铝悬浮液 溶解 125g 硫酸铝钾[$KAl(SO_4)_2 \cdot 12H_2O$]于 1L 蒸馏水中并加

热至60℃，然后边搅拌边缓缓加入55mL浓氨水放置约1h后，移至大瓶中，用倾泻法反复洗涤沉淀物，直到洗出液不含氯离子为止。用水稀释至约300mL。

（5）酚酞指示剂　称取0.5g酚酞溶于50mL 95%乙醇中。加入50mL蒸馏水，再滴加0.05mol/L氢氧化钠溶液使呈微红色。

* 溶液配制部分：（1）、（2）为学生必做项，（3）、（4）、（5）由老师配制。

2. 水样采集与消除干扰

① 采集代表性水样，放在干净且化学性质稳定的玻璃瓶或聚乙烯瓶内。保存时不必加入特别的防腐剂。

② 如水样浑浊及带有颜色，则取150mL或取适量水样稀释至150mL，置于250mL锥形瓶中，加入2mL氢氧化铝悬浮液，振荡过滤，弃去最初滤下的20mL，用干的清洁锥形瓶接取滤液备用。

③ 如果有机物含量高或色度高，可用马弗炉灰化法预先处理水样。取适量废水样于陶瓷蒸发皿中，调节pH值至8～9，置水浴上蒸干，然后放入马弗炉中在600℃下灼烧1h，取出冷却后，加10mL蒸馏水，移入250mL锥形瓶中，并用蒸馏水清洗三次，一并转入锥形瓶中，调节pH值到7左右，稀释至50mL。

④ 由于有机质而产生较轻色度的水样，可以加入0.01mol/L高锰酸钾2mL，煮沸。再滴加乙醇（95%）以除去多余的高锰酸钾至水样褪色，过滤，滤液贮于锥形瓶中备用。

⑤ 如果水样中含有硫化物、亚硫酸盐或硫代硫酸盐，则加氢氧化钠溶液调至中性或弱碱性，加入1mL 30%过氧化氢，摇匀。1min后加热至70～80℃，以除去过量的过氧化氢。

3. 滴定操作

（1）$AgNO_3$标准溶液的标定　用移液管准确吸取25.00mL[$c(NaCl)=0.02mol/L$]氯化钠标准溶液于250mL锥形瓶中，加蒸馏水25mL。然后加入1mL 5%的K_2CrO_4溶液，摇匀。用$AgNO_3$溶液滴定至溶液出现砖红色。根据NaCl的质量和消耗的$AgNO_3$的体积，计算$AgNO_3$标准溶液的浓度。

（2）水样测定

① 准确吸取25.00mL水样或经过预处理的水样（若氯化物含量高，可取适量水样用蒸馏水稀释至50mL）置于锥形瓶，加40mL蒸馏水。

② 如水样pH值在6.5～10.5范围时，可直接滴定，超出此范围的水样应以酚酞作指示剂，用稀硫酸或氢氧化钠的溶液调节至红色刚刚褪去。

③ 加入1mL 5%铬酸钾溶液，用硝酸银标准溶液滴定至砖红色沉淀刚刚出现，即为终点。

平行测定三次，同法另取一锥形瓶加入50mL蒸馏水做空白试验。

4. 数据处理

① 硝酸银标准溶液的浓度$c(AgNO_3)$，以mol/L计，按下式计算：

$$c(AgNO_3)=\frac{m\times\frac{25}{250}\times1000}{(V_1-V_2)M}$$

式中　m——基准氯化钠称取的质量，g；

V_1——水样消耗硝酸银标准溶液的体积，mL；

V_2——空白试验消耗硝酸银标准溶液的体积，mL；

M——氯化钠的摩尔质量，M=58.45g/mol。

② 氯离子含量 $\rho(Cl^-)$，以 mg/L 计，按下式计算：

$$\rho(Cl^-)=\frac{c(AgNO_3)(V_4-V_3)\times 35.45\times 1000}{V}$$

式中 V_3——空白试验消耗硝酸银标准溶液的体积，mL；

V_4——水样消耗硝酸银标准溶液的体积，mL；

$c(AgNO_3)$——硝酸银标准溶液的浓度，mol/L；

V——试样体积，mL。

③ 测定结果的相对平均偏差 Rd，以%计，按下式计算：

$$Rd=\frac{\sum_{i=1}^{n}|\rho_i-\bar{\rho}|}{n\times\bar{\rho}}\times 100\%$$

式中 Rd——相对平均偏差,%；

ρ_i——氯离子含量的测定值，mg/L；

$\bar{\rho}$——氯离子含量的平均值，mg/L；

n——测定次数。

5. 结果评价

完成数据处理，并对测定过程与结果进行评价总结。

6. 清场工作

实验操作完成后，做好清理清洁、整理整顿工作。填写实验室清场检查记录表。

六、方法提要

（1）指示剂用量大小对测定有影响，必须定量加入。有时还须作指示剂的空白校正。

（2）沉淀滴定中，为减少沉淀对被测离子的吸附，一般滴定的体积以大些为好，故须加水稀释试液。

（3）含银废液需回收利用和处理，$AgNO_3$ 溶液的滴定管应先用蒸馏水洗涤 2～3 次，再用自来水洗净，以免 AgCl 沉淀残留于滴定管内壁。

七、课后拓展

1. 目标检测

（1）$AgNO_3$ 溶液为什么用棕色试剂瓶，放在暗处保存？

（2）配制 K_2CrO_4 指示剂时，为什么要先加 $AgNO_3$ 溶液？为什么放置后要进行过滤？

（3）滴定时，为什么要控制铬酸钾指示剂的加入量？

2. 技能提升

高氯水是指含有高浓度氯化物（如高氯酸盐等）的废水，通常，氯离子含量在 5000～

10000mg/L 被认为是高氯水。这类废水具有高浓度、强氧化性、难降解等特点，对环境和人体健康构成潜在威胁。现有高氯水工业废水样，请你合理稀释样品，分析其准确氯含量，并查阅相关处理办法。

任务三 生理盐水中氯化钠含量的测定

一、任务导入

生理盐水就是浓度为 0.9%的氯化钠水溶液，因为它的渗透压值和正常人的血浆、组织液大致相同，也是人体细胞所处的液体环境浓度，输入人体后不会引起人体细胞的脱水或过度吸水，可以防止细胞破裂。其常用作补液（不会降低和增加正常人体内钠离子浓度），并且广泛应用于各种医疗操作中需要用液体的场景。请你用福尔哈德法测定生理盐水中的 NaCl 含量。

二、任务目标

1. 知识技能

（1）掌握福尔哈德法标定 $AgNO_3$ 和 NH_4SCN 标准溶液的原理和操作技术。

（2）掌握福尔哈德法测定生理盐水中 NaCl 含量的基本原理及操作技术。

（3）能正确选择铁铵矾指示剂的用量，并能正确判断滴定终点。

（4）能根据实验数据计算 NH_4SCN 的浓度及生理盐水中氯化物的含量。

2. 思政素养

（1）检测公正、公平，数据真实、可靠。

（2）具有质量意识、绿色环保意识、安全意识、创新精神。

（3）具有诚实守信、爱岗敬业的品德和精益求精的工匠精神。

（4）具有团结协作、人际沟通能力。

三、任务分析

1. 方法原理

在含 Cl^- 的酸性溶液中，加入一定量过量的 $AgNO_3$ 标准溶液，加入铁铵矾指示剂，用 NH_4SCN 标准溶液返滴定过量的 $AgNO_3$，至出现红色的$[Fe(SCN)]^{2+}$，指示滴定终点，主要反应如下：

$$Ag^+ + Cl^- \longrightarrow AgCl\downarrow \text{（白色）}$$

$$Ag^+\text{（过量）} + SCN^- \longrightarrow AgSCN\downarrow \text{（白色）}$$

$$Fe^{3+} + SCN^- \xlongequal{} [Fe(SCN)]^{2+}（红色）$$

2. 实施条件

（1）场地 天平室，化学分析检验室。

（2）仪器、试剂 仪器设备及试剂材料见表 6-3-1 和表 6-3-2。

表 6-3-1 仪器设备

名称	规格	名称	规格
棕色滴定管	50mL	锥形瓶	250mL
电子天平	万分之一	棕色试剂瓶	500mL
量筒	5mL,50mL	移液管	25mL
容量瓶	100mL,250mL	电热板/电炉	
洗涤用具			

表 6-3-2 试剂材料

名称	规格	名称	规格
硝酸银	A. R.	硝酸	6mol/L
硫氰酸铵	A. R.	基准氯化钠	500～600℃灼烧至恒重
硝基苯	A. R.	生理盐水	
邻苯二甲酸二丁酯	A. R.	铁铵矾指示剂	80g/L
铬酸钾指示剂	5%		

四、工作计划

按照滴定分析的工作程序要求，对工作任务进行思考，梳理工作流程，并掌握工作任务内容、工作要求，完成硝酸银标准溶液的配制与标定任务工作计划表。

硝酸银标准溶液的配制与标定任务工作计划表

工作子任务	工作内容	工作要求	HSE 与安全防护措施

五、任务实施

1. 配制标准溶液

（1）0.02mol/L $AgNO_3$ 标准溶液的配制 称取 1.7g $AgNO_3$，溶于 500mL 不含 Cl^- 的蒸馏水中，将溶液贮存于带玻璃塞的棕色试剂瓶中，摇匀，置于暗处保存，以免见光分解，待标定。

（2）0.02mol/L NH_4SCN 标准溶液的配制 称取一定量的分析纯 NH_4SCN，溶于一定体积且不含 Cl^- 的蒸馏水中，稀释至所需体积，之后转入带玻璃塞的试剂瓶中，摇匀、待标定。

2. 福尔哈德法标定 $AgNO_3$ 溶液和 NH_4SCN 溶液

（1）测定 $AgNO_3$ 溶液和 NH_4SCN 溶液的体积比 K 由滴定管准确放出 20～25mL

(V_1) $AgNO_3$ 溶液于锥形瓶中，加入 5mL 6mol/L HNO_3 溶液，加 1mL 铁铵矾指示剂，在剧烈摇动下，用 NH_4SCN 标准滴定溶液滴定，直至出现淡红色并继续振荡不再消失为止，记录消耗 NH_4SCN 标准溶液的体积 (V_2)。

计算 1mL NH_4SCN 溶液相当于 $AgNO_3$ 溶液的体积 (mL)，即 K。

$$K=\frac{V_1}{V_2}$$

(2) 用福尔哈德法标定 $AgNO_3$ 溶液　准确称取 0.25～0.30g 基准物质 NaCl，用水溶解，移入 250mL 容量瓶中，稀释定容，摇匀。准确吸取 25.00mL 于锥形瓶中，加入 5mL 6mol/L HNO_3 溶液，在剧烈摇动下，由滴定管准确放出 45～50mL (V_3) $AgNO_3$ 溶液 (此时生成 AgCl 沉淀)，加入 1mL 铁铵矾指示剂，加入 5mL 硝基苯，用 NH_4SCN 溶液滴定至溶液出现淡红色，并在轻微振荡下不再消失，记录消耗 NH_4SCN 溶液的体积 V_4，平行测定 3 次。

3. 测定生理盐水中的氯化钠含量

准确称取生理盐水样品 3.00g，定量移入 250mL 容量瓶中，加蒸馏水稀释至刻度，摇匀。准确移取生理盐水样品稀释溶液 10.00mL 置于 250mL 锥形瓶中，加水 50mL，加 6mol/L HNO_3 15mL 及 0.02mol/L $AgNO_3$ 标准滴定溶液 25.00mL，加邻苯二甲酸二丁酯 5mL，用力振荡摇匀。待 AgCl 沉淀凝聚后，加入铁铵矾指示剂 5mL，用 0.02mol/L NH_4SCN 标准滴定溶液滴定至血红色。记录消耗的 NH_4SCN 标准滴定溶液体积，平行测定 3 次。同时做空白试验。

4. 数据处理

① $AgNO_3$ 溶液的浓度 $c(AgNO_3)$，以 mol/L 计，按下式计算：

$$c(AgNO_3)=\frac{m(NaCl)\times\frac{25}{250}}{M(NaCl)(V_3-V_4K)\times10^{-3}}$$

式中　$m(NaCl)$——基准 NaCl 的称样量，g；

$M(NaCl)$——氯化钠的摩尔质量，g/mol；

V_3——标定 $AgNO_3$ 溶液时加入的 $AgNO_3$ 标准溶液的体积，mL；

V_4——标定 $AgNO_3$ 溶液时滴定消耗 NH_4SCN 标准溶液的体积，mL；

K——$AgNO_3$ 溶液和 NH_4SCN 溶液的体积比。

② NH_4SCN 溶液的浓度 $c(NH_4SCN)$，以 mol/L 计，按下式计算：

$$c(NH_4SCN)=c(AgNO_3)K$$

式中　$c(AgNO_3)$——$AgNO_3$ 标准滴定溶液的浓度，mol/L；

K——$AgNO_3$ 溶液和 NH_4SCN 溶液的体积比。

③ 生理盐水中 NaCl 含量以质量分数 w 表示，以%计，按下式计算：

$$w(NaCl)=\frac{[c(AgNO_3)V(AgNO_3)-c(NH_4SCN)V(NH_4SCN)]}{3.00\times\frac{10}{250}}\times0.05845\times100\%$$

或

$$w(NaCl)=\frac{[c(AgNO_3)V(AgNO_3)-KV(NH_4SCN)]}{3.00\times\frac{10}{250}}\times0.05845\times100\%$$

式中 $V(AgNO_3)$——测定试样时加入 $AgNO_3$ 标准滴定溶液的体积，mL；
$V(NH_4SCN)$——测定试样时滴定消耗 NH_4SCN 标准滴定溶液的体积，mL；
0.05845——NaCl 摩尔质量，g/mmol；
3.00——生理盐水样品质量，g；
$c(AgNO_3)$——$AgNO_3$ 标准滴定溶液的浓度，mol/L；
K——$AgNO_3$ 溶液和 NH_4SCN 溶液的体积比。

5. 结果评价

完成数据处理，并对测定过程与结果进行评价总结。

6. 清场工作

实验操作完成后，做好清理清洁、整理整顿工作。填写实验室清场检查记录表。

六、方法提要

（1）滴定应在酸性溶液中进行，滴定过程中要剧烈摇动溶液。

（2）返滴定法测定氯时，最好用返滴定法标定 $AgNO_3$ 溶液和 NH_4SCN 溶液的浓度，以减小试剂误差。

（3）为了使测定准确，加入硝基苯将 AgCl 沉淀包住，阻止沉淀转化。但由于硝基苯有毒，改进方法是加入表面活性剂或 1,2-二氯乙烷。

七、课后拓展

1. 目标检测

（1）用福尔哈德法标定 $AgNO_3$ 标准溶液和 NH_4SCN 标准溶液的原理是什么？

（2）用福尔哈德法测定生理盐水中 NaCl 含量的酸度条件是什么？能否在碱性溶液中进行测定？为什么？

（3）用福尔哈德法测定 Cl^- 时，加入邻苯二甲酸二丁酯或硝基苯有机溶剂的目的是什么？若测定 Br^-、I^- 时是否需要加入硝基苯？硝基苯可以用什么试剂取代？

2. 技能提升

用莫尔法测定生理盐水中的氯化钠含量，设计实验方案，完成滴定操作，将结果与福尔哈德法测定结果进行比较。

阅读材料

黄伯云发明航空刹车副，助力“中国大飞机梦”

1945 年 11 月 24 日，黄伯云院士出生在湖南益阳洞庭湖畔的一个普通乡村。1964 年 9 月，以优异的成绩考入当时的中南矿冶学院特种冶金系进行粉末冶金专业的学习。1980 年 8 月起留学美国 8 年，他先后获得硕士、博士学位，并完成了博士后的研究工作，发表了多篇有重大影响的学术论文，受到了美、日、法等国材料科学家的高度评价。

1988 年 9 月，黄伯云婉拒了美国许多大公司、高校和科研单位抛出的橄榄枝，毅然回到了母校——中南工业大学，1994 年起，依托国家级成果转化基地——中南大学粉末冶金国家工程研究中心，黄伯云先后建立 4 条高技术新材料产品孵化线，将粉末冶金工程中的一批具有国际领先水平的高科技成果进行试生产，打造了我国新材料工业领域的“拳头”品牌，创造了重大经济效益。2005 年，黄伯云院士研究的“高性能炭/炭航空制动材料的制备技术”，荣获“国家技术发明一等奖”。历经 20 年的努力，7000 多个日日夜夜的拼搏，他和他的团队共同铸就了这个已空缺 6 年的重大科研奖项。这一成果使我国成为继英、法、美之后第四个拥有炭/炭航空制动材料制造技术和生产该类高技术产品的国家，标志着我国在航空航天用炭/炭复合材料领域迈入世界前沿。

2008 年，我国为了航空战略安全和工业发展需求，开始了 C919 大型客机（COMAC C919）的研制。炭/炭复合材料刹车副是 C919 国产大飞机研发中的核心技术之一，该技术被发达国家列入出口管制清单，严禁对外转让。黄伯云率领团队参与了 C919 机轮及刹车系统研发，经过刻苦攻关，研制出了具有自主知识产权的炭/炭航空刹车副及系统，满足了 C919 大飞机的技术需求，助力实现了中国的“大飞机梦”。2017 年，黄伯云院士团队获得“C919 大飞机首飞先进集体”荣誉称号。

模块七　分光光度分析技术

分光光度法是通过测定被测物质在特定波长处或一定波长范围内光的吸收度，对该物质进行定性和定量分析的方法。分光光度法在化工生产中扮演着至关重要的角色，从原料检测到成品分析，从环境监测到新产品研发，都发挥着重要作用。如通过原料和成品分析，快速准确地确定原料和成品的纯度、浓度以及反应物的转化率，保证产品质量、提高生产效率。通过废水处理监测和大气污染监测，避免化工生产带来的二次污染。分光光度法以其准确、快速、可靠的分析能力为化工生产的发展提供了有力支持，对于提高生产效率、保障产品质量、促进技术创新都具有重要意义。

技能导图

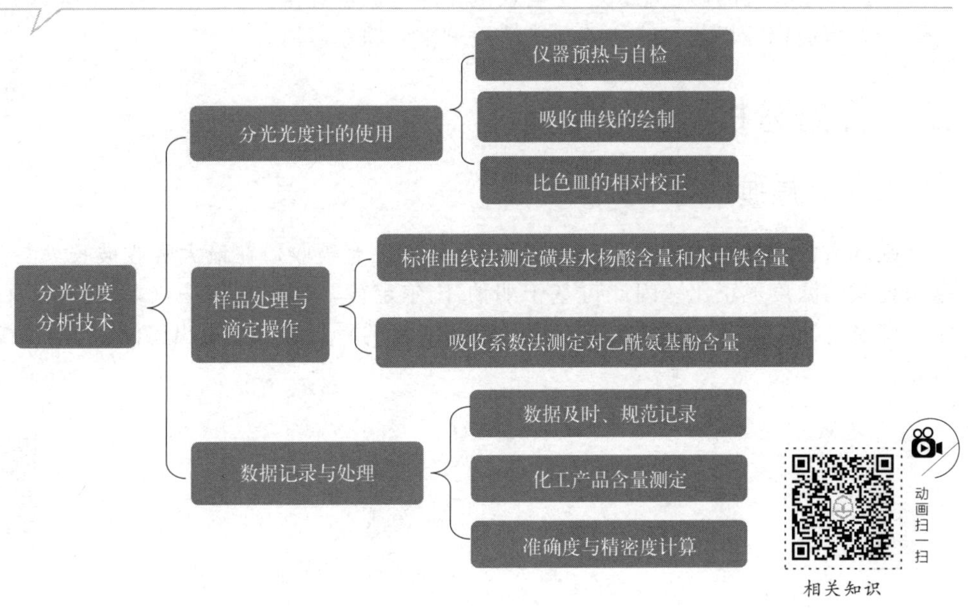

任务一
磺基水杨酸含量的测定

一、任务导入

磺基水杨酸为白色结晶或结晶性粉末，易溶于水和乙醇。磺基水杨酸在医药、食品、化工、印染等多个领域都有着广泛的应用，是医药、香辛料、染料、橡胶助剂等精细化工产品的关键原材料。在医药领域，磺基水杨酸是非甾体抗炎药物的一种，常用于治疗风湿病、关节炎、痛经等疾病。在有机合成、染料工业中，用于制造表面活性剂、纺织品的印染和染色等。磺基水杨酸还可用作食品添加剂，以改善产品的质地和口感；它还可以防止食品变质，抑制微生物生长。此外，其可用作生化试剂、分析试剂及配合指示剂等。

某化工厂质检部，需要测定工业废水中磺基水杨酸的含量，请你采用分光光度法进行测定。

二、任务目标

1. 知识技能

（1）了解紫外-可见分光光度法测定磺基水杨酸含量的基本原理、溶液的制备技术。

（2）掌握吸收曲线的绘制和测量波长的选择。

（3）掌握分光光度法-标准比较法定量的实验技术。

2. 思政素养

（1）树立良好的质量意识、安全意识和环境保护意识。

（2）养成标准规范、诚信务实、精益求精的职业习惯。

三、任务分析

1. 方法原理

磺基水杨酸结构式如图 7-1-1 所示，在紫外区有吸收，在最大吸收波长处其吸光度与磺基水杨酸的浓度成正比。因此可基于朗伯-比尔定律，采用比较法（$A/A_i=C/C_i$）进行测定，即通过测定磺基水杨酸标准溶液和待测溶液的吸光度值，得出待测溶液中磺基水杨酸的含量。

图 7-1-1 磺基水杨酸结构式

紫外-可见分光光度计分析流程

2. 实施条件

（1）场地 天平室，化学分析检验室，分光光度室。

（2）仪器、试剂 所需仪器设备及试剂材料见表 7-1-1 和表 7-1-2。

表 7-1-1 仪器设备

名称	规格	名称	规格
紫外-可见分光光度计		容量瓶	1000mL，100mL
比色皿	1cm	移液管	10mL，5mL
烧杯	500mL、100mL	洗涤用具	
电子天平	万分之一		

表 7-1-2 试剂材料

名称	规格	名称	规格
磺基水杨酸	A. R.	试样	5.0～10.0μg/mL

注：水为国家规定的实验室三级用水规格。

四、工作计划

按照分析工作程序要求，对工作任务进行思考，梳理工作流程，并掌握工作任务内容、工作要求，完成磺基水杨酸含量的测定任务工作计划表。

磺基水杨酸含量的测定任务工作计划表

工作子任务	工作内容	工作要求	HSE 与安全防护措施

五、任务实施

1. 配制标准溶液

① 0.1g/L 的磺基水杨酸储备液：准确称取 0.1g 磺基水杨酸于小烧杯中，加适量水使其溶解，定量转移至 1L 容量瓶中，加水稀释至刻度，摇匀。

② 10.00μg/mL 的磺基水杨酸标准溶液：准确移取储备液 10.00mL 于 100mL 容量瓶中，用水稀释至刻度，摇匀。

2. 吸收曲线的绘制

比色皿的使用

取 10.00μg/mL 的磺基水杨酸标准溶液适量，用 1cm 比色皿，以纯水为参比，在 200～350nm 范围内，每隔 5～10nm 测定吸光度，绘制吸收曲线，根据吸收曲线选择测量波长。

3. 磺基水杨酸含量的测定

用 1cm 吸收池，以纯水作参比溶液，在波长为 235nm 处分别测定 10.00μg/mL 磺基水杨酸标准溶液和未知溶液的吸光度，记录读数。

4. 数据处理

① 标准溶液的吸光度值，以平均值 $\overline{A}$ 表示，按下式计算：

$$\overline{A} = \frac{\sum_{i=1}^{n} A_i}{n}$$

式中 A_i——单次测得标准样吸光度的准确数值；

n——测得次数。

② 分别计算两个未知样中磺基水杨酸含量 c_x，以 μg/mL 表示，按下式计算：

$$c_x = c \times \frac{A_x}{\overline{A}}$$

式中 c——标准样品浓度的准确数值，μg/mL；

A_x——未知样的吸光度的准确数值；

$\overline{A}$——标准样品的平均吸光度的准确数值。

③ 未知样浓度的相对平均偏差 Rd，以%计，按下式计算：

$$Rd = \frac{\sum_{i=1}^{n} |c_{x,i} - \overline{c}_x|}{n\overline{c}_x} \times 100\%$$

式中 $c_{x,i}$——未知样浓度单次测定值，μg/mL；

$\overline{c}_x$——未知样浓度测定值的平均值，μg/mL；

n——未知样浓度测定次数。

5. 结果评价

完成数据处理，并对测定过程与结果进行评价总结。

6. 清场工作

实验操作完成后，做好清理清洁、整理整顿工作。填写实验室清场检查记录表。

六、方法提要

（1）绘制磺基水杨酸的吸收曲线时，在 200～350nm 范围内可以得到三个吸收峰，但 208nm 在紫外光区（200～400nm）的边缘区域，误差较大，因此选择第 2 个次峰作为最大吸收波长，即为 235nm。

（2）测量吸光度过高或过低，误差都很大，一般适宜的吸光度范围是 0.2～0.8。实际工作中，可以通过调节被测溶液的浓度（如改变取样量、改变显色后溶液总体积等）、使用厚度不同的吸收池来调整待测溶液吸光度，使其在适宜的吸光度范围内。

七、课后拓展

1. 目标检测

（1）试比较可见分光光度计与紫外-可见分光光度计的异同。

（2）与标准曲线法相比，比较法有什么优缺点？

（3）引起误差的因素有哪些？如何减少误差？

2. 技能提升

（1）除了比较法外，还可以用什么方法测定磺基水杨酸的含量？请设计实验方案，完成测定，并将测定结果与比较法测定的结果进行比较。

（2）根据本次磺基水杨酸标样浓度及吸光度测定情况，现有磺基水杨酸试样浓度为 500mg/L，如何稀释至合理范围？

任务二
工业循环冷却水中铁含量的测定

一、任务导入

循环水通常是在工业生产过程中使用的水，其中可能含有来自原料、添加剂、设备和环境的铁离子等物质。循环水中总铁的测定是指对循环过程中的水中存在的各种形态的铁进行定量测定的方法。总铁是工业循环水中的一个重要水质指标，其含量高低可反映出循环水系统的腐蚀情况。因此测定循环水中总铁的含量对于控制水质、确保生产过程的正常运行以及保证产品质量都是非常重要的。

某化工厂质检部，需要测定循环水中的铁含量，请你参照 HG/T 3539—2012《工业循环冷却水中铁含量的测定　邻菲啰啉分光光度法》进行铁含量的测定。

二、任务目标

1. 知识技能

（1）了解邻二氮菲法测定铁含量的基本原理及基本条件、显色溶液的制备技术。

（2）掌握吸收曲线的绘制和测量波长的选择。

（3）掌握标准曲线法定量分析的实验技术。

2. 思政素养

（1）树立良好的安全意识，严守安全规则。

（2）树立环保意识、责任意识、互相帮助的团队精神。

三、任务分析

1. 方法原理

采用邻二氮菲（又称邻菲啰啉）法测定微量铁时，通常用盐酸羟胺将 Fe^{3+} 还原为 Fe^{2+}，在 pH 为 2～9 的范围内，Fe^{2+} 与邻二氮菲反应生成稳定的橙红色配合物，其 $\lg K=21.3$。其反应式如下：

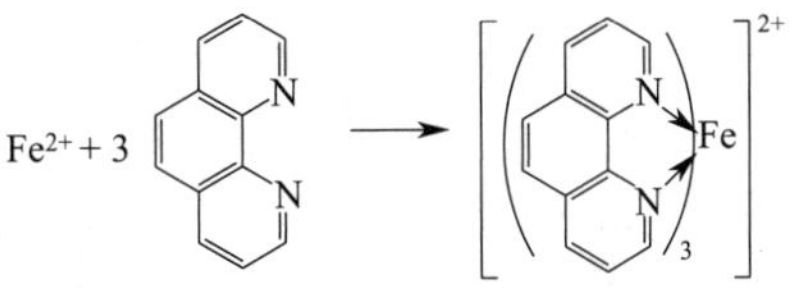

$Fe^{2+}+3$ N N → N Fe N 3 2+

该配合物的最大吸收波长为 510nm。本方法不仅灵敏度高（摩尔吸光系数 $\varepsilon=1.1\times10^4$），而且选择性好。相当于含铁量 40 倍的 Sn^{2+}、Al^{3+}、Ca^{2+}、Mg^{2+}、Zn^{2+}、SiO_3^{2-}，

含铁量 20 倍的 Cr^{3+}、Mn^{2+}、V(Ⅴ)、PO_4^{3-}，含铁量 5 倍的 Co^{2+}、Cu^{2+} 等，均不干扰测定。

Fe^{2+} 与邻二氮菲在 pH＝2～9 范围内均能显色，但酸度高时，反应较慢，酸度太低时 Fe^{2+} 易水解，所以一般在 pH＝5～6 的微酸性溶液中显色较为适宜。

邻二氮菲与 Fe^{3+} 能生成 3∶1 的淡蓝色配合物（$\lg K=14.1$），因此在显色前应先用还原剂盐酸羟胺将 Fe^{3+} 全部还原为 Fe^{2+}。

$$2Fe^{3+}+2NH_2OH\cdot HCl = 2Fe^{2+}+N_2\uparrow+2H_2O+4H^{+}+2Cl^{-}$$

2. 实施条件

（1）场地　天平室，分光光度室。

（2）仪器、试剂　仪器设备及试剂材料见表 7-2-1 和表 7-2-2。

表 7-2-1　仪器设备

名称	规格	名称	规格
可见分光光度计		吸量管	5mL、10mL
比色皿	1cm	容量瓶	50mL、250mL、1000mL
烧杯	100mL、500mL	量杯	5mL
电子天平	万分之一		

表 7-2-2　试剂材料

名称	规格	名称	规格
$(NH_4)Fe(SO_4)_2\cdot 12H_2O$	500g	HAc-NaAc 缓冲溶液	pH＝4.6
盐酸羟胺	10％新配	邻二氮菲	0.15％新配
盐酸	1∶1		

注：水为国家规定的实验室三级用水规格。

四、工作计划

按照分析工作程序要求，对工作任务进行思考，梳理工作流程，并掌握工作任务内容、工作要求，完成工业循环冷却水中铁含量的测定任务工作计划表。

工业循环冷却水中铁含量的测定任务工作计划表

工作子任务	工作内容	工作要求	HSE 与安全防护措施

五、任务实施

1. 配制标准溶液

（1）100μg/mL 的铁标准溶液　准确称取 0.8634g$(NH_4)Fe(SO_4)_2\cdot 12H_2O$ 于烧杯中，加入 20mL 1∶1 的 HCl 和少量水溶解后，定量转移至 1L 容量瓶中，加水稀释至刻度，摇匀。所得溶液含 Fe^{3+} 100μg/mL。

（2）10μg/mL 的铁标准溶液　准确移取 25.00mL 100μg/mL 的铁标准溶液于 250mL

容量瓶中，加水稀释至刻度，摇匀。

2. 显色

用吸量管分别移取 0mL（空白）、1.00mL、2.00mL、4.00mL、6.00mL、8.00mL、10.00mL 铁标准溶液于 1～7 号 7 个 50mL 容量瓶中；再用吸量管分别吸取水样 10.00mL 于 8 号、9 号 2 个 50mL 容量瓶中。在以上 9 个容量瓶中依次分别加入 1mL 盐酸羟胺溶液、5mL HAc-NaAc 缓冲溶液、5mL 邻二氮菲溶液，用蒸馏水稀释至刻度，摇匀，放置 10min。

3. 吸收曲线的绘制

取标准系列中含 Fe^{3+} 标准溶液 4.00mL 测绘吸收曲线。用 1cm 比色皿，以空白为参比，从 450nm 测到 550nm，每隔 5nm 测定一次吸光度，吸收峰附近应多测几个点。绘制吸收曲线，根据吸收曲线选择最大吸收峰的波长。

4. 工作曲线的绘制

用 1cm 吸收池，以空白试验溶液作参比溶液，在波长为 510nm 处分别测量显色后的 1～7 号容量瓶中标准溶液的吸光度。以吸光度为纵坐标，相对应的铁含量为横坐标绘制工作曲线。

5. 水样中铁含量的测定

用 1cm 吸收池，以空白试验溶液作参比溶液，在波长为 510nm 处分别测量显色后的 8～9 号容量瓶水样的吸光度，记录读数。

6. 数据处理

① 水样中的铁含量 ρ，以 mg/L 计，按下式计算：

$$\rho=\frac{m}{10}\times 10^3$$

式中 m——从工作曲线上查出的铁的质量，mg。

② 按下式计算测定结果的相对平均偏差，以%计：

$$Rd=\frac{\sum_{i=1}^{n}|\rho_i-\bar{\rho}|}{n\times\bar{\rho}}\times 100\%$$

式中 Rd——相对平均偏差，%；

ρ_i——水样中铁含量的测定值，mg/L；

$\bar{\rho}$——水样中铁含量的平均值，mg/L；

n——测定次数。

7. 结果评价

完成数据处理，并对测定过程与结果进行评价总结。

8. 清场工作

实验操作完成后，做好清理清洁、整理整顿工作。填写实验室清场检查记录表。

六、方法提要

（1）实验过程中，一定按实验步骤顺序加试剂，切勿前后倒置。

（2）取放比色皿时，手指只能接触磨砂的一面，不可接触透光面。比色皿使用完毕，应立即用蒸馏水洗净，并用干净柔软的纱布或擦镜头纸擦净，晾干，放回比色皿盒，以保证光洁度。

（3）溶液应装至比色皿高度的 2/3 处，不宜过满。盛好溶液后，应用滤纸轻轻吸去比色皿外部的水分，再用擦镜纸轻轻擦拭透光面，直至洁净透明，另外，还应注意比色皿内部不得粘附细小气泡，否则影响测定。

（4）邻二氮菲法测定铁的灵敏度很高。由于在溶解试样时使用了盐，显色过程又加入了其他试剂，如果这些试剂中含有微量铁，势必造成测定结果偏高。因此，在测定试样溶液的同时，必须取相应体积的盐酸溶液，按同样步骤加入各种试剂做空白试验，并在试样的测定值中扣除空白测定值。

七、课后拓展

1. 目标检测

（1）用邻二氮菲法测微量铁时，在显色前加入盐酸羟胺的作用是什么？

（2）此法所测铁含量是试样中总铁含量还是 Fe^{2+} 含量？

（3）显色时，加入还原剂、显色剂的顺序可否颠倒？为什么？

（4）何谓标准曲线？何谓吸收曲线？各有何实际意义？

2. 技能提升

（1）已知铁标准溶液的浓度为 1.00mg/mL，若水中铁含量的浓度约为 12.00μg/mL，要求配制 6 个标准溶液。实验室现有 10mL、25mL、50mL、100mL、250mL 容量瓶以及 1mL、5mL、10mL 的刻度吸管。如何配制标准溶液？

（2）用磺基水杨酸法测定工业循环水中铁的含量。请你设计实验方案，完成测定，并将测定结果与邻二氮菲法测定结果进行比较。

任务三
对乙酰氨基酚含量的测定

一、任务导入

对乙酰氨基酚是一种有机化合物，化学名为 *N*-(4-羟基苯基）乙酰胺，又名扑热息痛，为芳酰胺类药物，是非那西丁的体内代谢产物。常用于普通感冒或流行性感冒引起的发热，也用于缓解轻至中度疼痛如头痛、关节痛、偏头痛、牙痛、肌肉痛、神经痛、痛经。在医药和化工工业中，对乙酰氨基酚的含量测定对于产品质量的控制至关重要。

某制药厂质检部，需要测定公司所生产的对乙酰氨基酚原料药的含量，是否符合国家标准。请你参照2025年版《中国药典》完成对乙酰氨基酚含量的测定任务，并作出判断。

二、任务目标

1. 知识技能

（1）能根据药品质量标准的规定独立完成药品的含量测定，准确记录、处理分析数据，评价药物质量。

（2）掌握紫外-可见分光光度法测定对乙酰氨基酚含量的原理及方法。

（3）熟悉紫外-可见分光光度计的使用。

2. 思政素养

（1）树立药品质量安全观念，具备强烈的职业责任感。

（2）树立环保意识、责任意识，培养互帮互助的团队精神。

三、任务分析

1. 方法原理

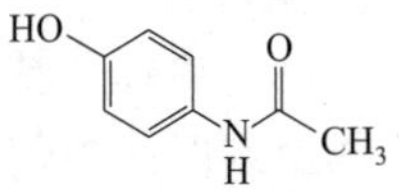

HO O N H CH_3

图7-3-1 对乙酰氨基酚的结构式

对乙酰氨基酚为白色结晶或结晶性粉末；无臭，味苦；在热水或乙醇中易溶，在丙酮中溶解，在水中略溶。其化学式为$C_8H_9NO_2$，结构如图7-3-1所示，对乙酰氨基酚中含有苯环，在0.4%氢氧化钠溶液中，于257nm波长处有最大吸收。在此波长处测定吸光度，可用于其原料药及制剂的含量测定。

2025年版《中国药典》采用紫外-可见分光光度法中的吸收系数法测定其原料、片剂、咀嚼片、栓剂、胶囊及颗粒剂的含量。该法灵敏度高，操作简便，不需要对照品，因此被国内外《药典》广泛收载。

2. 实施条件

（1）场地　天平室，分光光度室。

（2）仪器、试剂　所需仪器设备及试剂材料见表7-3-1和表7-3-2。

表7-3-1　仪器设备

名称	规格	名称	规格
紫外-可见分光光度计		试剂瓶	200mL
容量瓶	100mL，250mL	量杯	50mL
烧杯	100mL，250mL或500mL	吸量管	2mL，5mL
石英比色皿	1cm	洗涤用具	
电子天平	万分之一		

表7-3-2　试剂材料

名称	规格	名称	规格
氢氧化钠	A. R.	对乙酰氨基酚	A. R.

注：水为国家规定的实验室三级用水规格。

四、工作计划

按照分析工作程序要求，对工作任务进行思考，梳理工作流程，并掌握工作任务内容、工作要求，完成对乙酰氨基酚含量的测定任务工作计划表。

对乙酰氨基酚含量的测定任务工作计划表

工作子任务	工作内容	工作要求	HSE 与安全防护措施

五、任务实施

1. 样品称量与处理

（1）称样　用减量法精密称取对乙酰氨基酚约 100mg（注意：取样量在 90～110mg 之间）。

（2）定容　将称取的对乙酰氨基酚用 0.4% 氢氧化钠溶液 50mL 溶解后，转移至 250mL 容量瓶中，用适量水润洗小烧杯 3～5 次，将润洗液转移至容量瓶中，加水至刻度，摇匀。

（3）稀释　精密量取 2mL，置于 100mL 容量瓶中，加 0.4% 氢氧化钠溶液 10mL，加水稀释至刻度，摇匀；同时配制空白溶液。

2. 样品吸光度测定

用 1cm 吸收池，以空白溶液作参比溶液，在波长为 257nm 处测量溶液的吸光度。用紫外-可见分光光度计于 257nm 处，以空白调零测吸光度，记录读数。

对乙酰氨基酚含量测定

3. 数据处理

① 对乙酰氨基酚的含量 w，以%计，按下式计算：

$$w=\frac{\dfrac{(A-A_0)}{E_{1\mathrm{cm}}^{1\%}}\times\dfrac{1}{100}\times D\times V}{m}\times 100\%$$

式中　A——供试品溶液的吸光度；

A_0——比色皿校正的吸光度；

V——供试品初次配制的体积；

D——稀释倍数；

m——供试品的取样量；

$E_{1\mathrm{cm}}^{1\%}$——$C_8H_9NO_2$ 的吸收系数，$E_{1\mathrm{cm}}^{1\%}=715$。

2025 版《中国药典》规定本品含对乙酰氨基酚（$C_8H_9NO_2$）应为 98.0%～102.0%。

② 测定结果的相对平均偏差 Rd，以%计，按下式计算：

$$Rd=\frac{\sum_{i=1}^{n}|w_i-\overline{w}|}{n\times\overline{w}}\times 100\%$$

式中　w_i——对乙酰氨基酚的测定含量，%；

$\overline{w}$——对乙酰氨基酚含量的平均值，%；

n——测定次数。

4. 结果评价

完成数据处理，并对测定过程与结果进行评价总结。

5. 清场工作

实验操作完成后，做好清理清洁、整理整顿工作。填写实验室清场检查记录表。

六、方法提要

（1）样品的酸碱度可能会影响吸收峰的位置和强度，从而影响测定结果。因此，在进行测定之前需要对样品进行适当的调整，以确保其酸碱度适宜。

（2）不同的溶剂对吸收峰的位置和强度有不同的影响，可能会导致测定结果的偏差。因此，在进行测定之前需要选用适当的溶剂，并对其进行比较和校准。

（3）结果受测定条件影响较大，应注意仪器的校正和检定。

（4）测定的吸光度 A 最好控制在 0.2～0.8 之间，若超过 1.0，应将溶液适当进行稀释。

七、课后拓展

1. 目标检测

（1）用吸收系数法测定药物含量的特点及注意事项有哪些？

（2）本实验为什么要用 0.4%氢氧化钠溶液溶解对乙酰氨基酚？

2. 技能提升

除了吸收系数法外，还可以用哪些方法测定对乙酰氨基酚的含量？请你写出设计方案，并与吸收系数法进行比较。

赛证聚焦——紫外-可见分光光度法测定未知物

阅读材料

深耕氟硅磷，托起“中国芯”

实现国产化、缓解资源依赖、解决行业环保难题，对一项技术而言，若能匹配其中的任何一项描述都堪称卓越。而这些却被2023年度中国石油和化学工业联合会（简称石化联合会）科技进步奖一等奖成果——多氟多公司完成的磷肥副产氟硅资源高质利用成套技术开发及产业化项目一举囊括。“它突破了磷肥副产氟硅资源高质利用技术瓶颈，解决了磷肥产业环保难题，提升了集成电路关键材料保障能力，对产业可持续发展起到了积极的推动作用。”

这是石化联合会会长李寿生对该成果的评价。

“若有战，召必回，战必胜!”这一朴素的爱国主义精神体现在多氟多董事长李世江这个退伍老兵的行动上，就是迎难而上，坚定而果敢地为打造“中国芯”而战。在世界高端半导体市场长期被国外垄断、我国半导体产业危机重重的严峻时刻，怀着产业报国的理想，李世江带领多氟多毅然决然踏入半导体原材料研发领域。磷肥副产氟硅资源高质利用成套技术，就是他带领多氟多冲锋沙场的利器。凭借这一利器，多氟多十年磨一剑，电子级氢氟酸产品品质达到UP-SSS级，成功进入全球顶级半导体制造企业合格供应商体系，实现了14nm以下制程电子级氢氟酸的国产化突破。

“中国的半导体材料有可能成为下一个‘芯片’，这个技术如果不过关，对国家影响会非常大。中美贸易摩擦实际上‘卡脖子’卡的就是半导体材料。多氟多做电子级氢氟酸已经有十几年了，在开始的很多年都在打基础，进入这个领域是要讲家国情怀、讲担当的，否则很难坚持下去。而我最大的心愿，就是让中国的企业拥有自主核心技术，改变中国半导体行业的落后局面，让民族工业屹立在世界舞台上。”这就是李世江对家国情怀和产业报国理想的诠释。

模块八　电位分析技术

电位分析法是利用电极电位与化学电池电解质溶液中某种组分浓度的对应关系而实现定量测定的电化学分析法。

电位分析法具有以下特点：①准确度高，重现性和稳定性好；②灵敏度高，10^{-4}～10^{-8} mol/L；③选择性好（排除干扰）；④应用广泛，适用于常量、微量和痕量分析；⑤仪器设备简单，易于实现自动化。

电位分析法分为直接电位法和电位滴定法。

技能导图

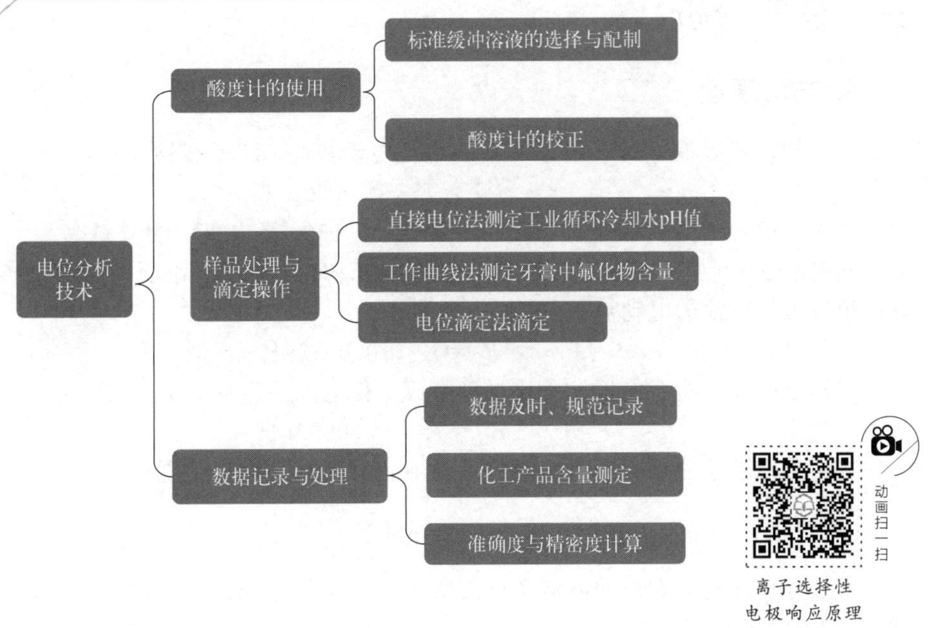

任务一
工业循环冷却水 pH 值的测定

一、任务导入

一般情况下，工业循环水是中性和弱碱性的，pH 值控制在 7.0～9.5 之间；与介质直接接触的循环冷却水有的会出现酸性或碱性（pH 值大于 10.0）的情况，但一般较少。

现某化工厂工业循环冷却水管道发现锈蚀渗漏问题，需要进行系统安全检测。请你根据所学知识，进行工业循环冷却水 pH 值的测定，并提交检验报告单。具体测定方法参照 GB/T 6904—2008《工业循环冷却水及锅炉用水中 pH 的测定》。

二、任务目标

1. 知识技能

（1）掌握直接电位法测定溶液 pH 的原理及方法。

（2）学会精密酸度计的使用方法。

（3）能熟练操作精密酸度计。

2. 思政素养

（1）培养安全意识，严守安全规则。

（2）培养环保意识、责任意识，养成互帮互助的团队精神。

三、任务分析

1. 方法原理

根据能斯特方程得出，在 25℃时，电池电动势与 pH 呈线性关系：

$$E=K+0.0592\text{pH}$$

式中，K 在一定实验条件下是一个常数；0.0592 是电极的响应斜率。

测定溶液 pH 时，先测定 pH 已知且与试液 pH 接近的标准缓冲溶液与指示电极、参比电极组成工作电池的电动势 E_s，则

$$E_s=K_s+0.0592\text{pH}_s$$

再测定试液与指示电极、参比电极组成工作电池的电动势 E_x，则有

$$E_x=K_x+0.0592\text{pH}_x$$

若测量标准缓冲溶液和试液时的条件不变，则 $K_s=K_x$，则有

$$\text{pH}_x=\text{pH}_s+\frac{E_x-E_s}{0.0592}$$

通过分别测定标准缓冲溶液和试液所组成的工作电池的电动势就可求出试液的 pH，这就是 pH 的实用定义。

实际测定时，是用标准缓冲溶液进行定位，即将电极插入标准缓冲溶液中，通过仪器定位旋钮将仪器读数调至标准缓冲溶液的 pH_s 值，然后再将电极插入待测液中，即可读出 pH_x 的值，而不是通过电池电动势来计算求出 pH_x。

在实际测量时，还要进行温度补偿和斜率校正。

2. 实施条件

（1）场地　天平室，电化学分析室。

（2）仪器、试剂　所需仪器设备及试剂材料见表 8-1-1 和表 8-1-2。

表 8-1-1 仪器设备

名称	规格	名称	规格
pH/mV 计		容量瓶	500mL
复合 pH 电极		烧杯	100mL
玻璃仪器洗涤用具		电子天平	万分之一

表 8-1-2 试剂材料

名称	规格	名称	规格
邻苯二甲酸氢钾	A. R.	氢氧化钙	A. R.
无水磷酸氢二钠	A. R.	水样 1	pH≤7
磷酸二氢钾	A. R.	水样 2	pH≥7
四硼酸钠	A. R.		

注：水为国家规定的实验室三级用水规格。

四、工作计划

按照电位分析的工作程序要求，对工作任务进行思考，梳理工作流程，并掌握工作任务内容、工作要求，完成工业循环冷却水 pH 值的测定任务工作计划表。

工业循环冷却水 pH 值的测定任务工作计划表

工作子任务	工作内容	工作要求	HSE 与安全防护措施

五、任务实施

1. 标准缓冲液的制备

（1）pH＝4.00 的邻苯二甲酸盐标准缓冲液 精密称取在 115℃±5℃干燥 2～3h 的邻苯二甲酸氢钾 5.11g 于小烧杯中，用适量去离子水溶解，将溶液转移至 500mL 容量瓶中，加去离子水至刻度，摇匀，即得。贴上标签。

（2）pH＝6.86 的磷酸盐标准缓冲液 分别精密称取在 115℃±5℃干燥 2～3h 的无水磷酸氢二钠 1.78g，磷酸二氢钾 1.70g，转移至小烧杯中，用适量去离子水溶解，将溶液转移至 500mL 容量瓶中，加去离子水至刻度，摇匀，即得。贴上标签。

（3）pH＝9.18 的硼酸盐标准缓冲液 精密称取 1.91g 四硼酸钠于小烧杯中，用适量去离子水溶解，将溶液转移至 500mL 容量瓶中，加去离子水至刻度，摇匀，即得。贴上标签。

2. 仪器校准

（1）使用前准备工作 连接仪器各部件。检查仪器相关部件连接是否正常，调整电极位置，使之便于开展测定。

（2）开机预热 接通电源，仪器开机，预热 30min 以上，选择测定挡位。

（3）设置温度 用温度计测量待测溶液的温度，利用仪器控制面板上的温度调节按钮，设置溶液的温度。

（4）校准仪器

① 调节挡位，选择 pH 挡。

② 用蒸馏水清洗复合电极，用滤纸吸干。

③ 测定前，按各品种项下的规定，选择两种 pH 值约相差 3 个 pH 单位的标准缓冲溶液对仪器进行校正，使供试品溶液的 pH 值处于它们之间。不同温度时各种标准缓冲液的 pH 值见表 8-1-3。

④ 取与供试品溶液 pH 值较接近的第一种标准缓冲液对仪器进行校正（定位）：将电极插入该标准缓冲液中，摇动烧杯使溶液均匀，调整校正值，使仪器示值与该温度下标准缓冲液的数值一致。

⑤ 清洗电极并吸干后用第二种标准缓冲液调节仪器斜率，仪器显示值与表 8-1-3 所列数值相差应不大于±0.02pH 单位。

若大于此差值，重复上述定位与斜率调节操作，至仪器示值与标准缓冲液的规定数值相差不大于±0.02pH 单位。否则，需检查仪器或更换电极后，再行校正至符合要求。

表 8-1-3 不同温度时各种标准缓冲液的 pH 值

温度/℃	草酸盐标准缓冲液	邻苯二甲酸盐标准缓冲液	磷酸盐标准缓冲液	硼砂标准缓冲液	氢氧化钙标准缓冲液（25℃饱和溶液）
0	1.67	4.01	6.98	9.46	13.43
5	1.67	4.00	6.95	9.40	13.21
10	1.67	4.00	6.92	9.33	13.00
15	1.67	4.00	6.90	9.27	12.81
20	1.68	4.00	6.88	9.22	12.63
25	1.68	4.01	6.86	9.18	12.45
30	1.68	4.01	6.85	9.14	12.30
35	1.69	4.02	6.84	9.10	12.14
40	1.69	4.04	6.84	9.06	11.98
45	1.70	4.05	6.83	9.04	11.84
50	1.71	4.06	6.83	9.01	11.71
55	1.72	4.08	6.83	8.99	11.57
60	1.72	4.09	6.84	8.96	11.45

3. 水样中的 pH 值测量

水中 pH 值的测定

① 将电极在去离子水中洗净并用滤纸吸干电极上的水珠。

② 将电极置于待测水样中，轻轻晃动，待数据稳定后记录数据，测量完毕。

4. 关机

① 测量完毕，取出电极，用去离子水充分洗涤，用滤纸将水吸干，将电极头套入盛有饱和氯化钾溶液的保护帽中，并将电极上橡胶塞塞紧。

② 关闭电源。

5. 结果评价

进行数据处理，并对测定过程与结果进行评价总结。

6. 清场工作

实验操作完成后，做好清理清洁、整理整顿工作。填写实验室清场检查记录表。

六、方法提要

（1）使用 pH 计前请仔细阅读操作手册，避免接线错误造成安全问题和仪器损坏。

（2）所有接线完成后，送电前需仔细检查，确认连接设备无误。

（3）标准缓冲溶液一般可使用 2～3 个月，如有浑浊、发霉等现象时，则不能继续使用。

（4）保持用电安全，合理处理实验废液、废渣。

七、课后拓展

1. 目标检测

（1）酸度计测 pH 时为什么要用标准缓冲溶液？

（2）温度补偿的原理及作用是什么？

（3）工业循环冷却水 pH 的测定在操作过程中，需要注意的安全措施有哪些？

2. 技能提升

大气治理与环境监测——在线测定溶液 pH 值（2023 年技能大赛项目）。

任务二 电位滴定法测定盐酸溶液的浓度

一、任务导入

盐酸溶液是在实验室中最常用的一种酸性试剂，常可作为标准溶液来测定某些碱性物质含量，也可用于校准仪器和装置，确保测量结果的准确性。此外，盐酸在实验室中还用于调节溶液的 pH 值，作为酸性试剂参与化学反应。

在进行实验室整理时，发现一批储存的盐酸溶液，但浓度未知。现请你对该盐酸溶液采用电位滴定法进行测定，并确定其准确浓度。

二、任务目标

1. 知识技能

（1）掌握电位滴定法测量盐酸溶液浓度的原理。

（2）掌握电位滴定法测量离子浓度的操作方法。

（3）掌握对测量数据进行微分近似处理的方法。

2. 思政素养

（1）树立良好的质量意识、安全意识和环保意识。
（2）养成标准规范、诚信务实、精益求精的职业习惯。

三、任务分析

1. 方法原理

电位滴定法是在滴定过程中通过测量电位变化以确定滴定终点的方法。电位滴定法以电极电位的突跃来指示滴定终点。普通滴定法中，待测溶液有颜色或浑浊时，终点的指示就比较困难，或者根本找不到合适的指示剂；而电位滴定法有效解决了这类问题。在电位滴定过程中，被测成分的含量仍然通过消耗滴定剂的量来计算。

使用不同的指示电极，电位滴定法可以进行酸碱滴定、氧化还原滴定、配合滴定和沉淀滴定。酸碱滴定时使用 pH 玻璃电极为指示电极。在滴定过程中，随着滴定剂的不断加入，反应液 pH 不断发生变化，pH 发生突跃时，说明滴定到达终点。

进行电位滴定时，被测溶液中插入复合 pH 玻璃电极，随着滴定剂的加入，由于发生化学反应，被测离子浓度不断变化，指示电极的电位（本实验为 pH）也相应地变化。在等当点附近发生电位（本实验为 pH）的突跃，可确定滴定终点。从图 8-2-1 和图 8-2-2 很容易看出，用微分曲线比普通滴定曲线更容易准确地确定滴定终点。这要求在临近滴定终点时数据比较密集，即临近滴定终点（*ep*）时应每加入少量滴定剂就记录一次 pH。

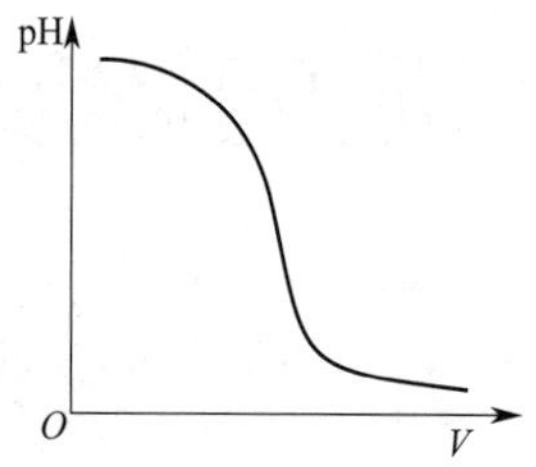

图 8-2-1 电位滴定曲线

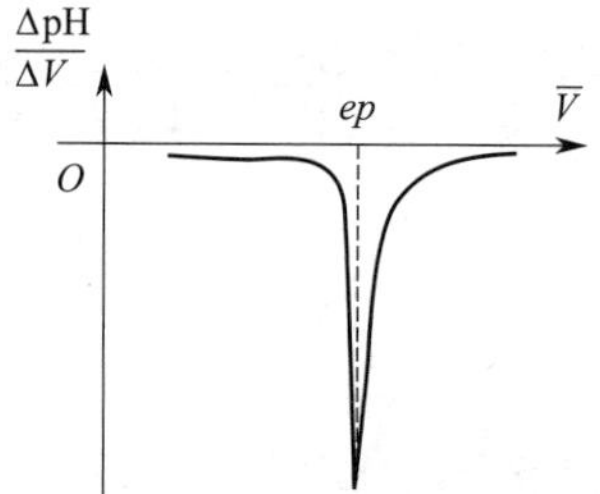

图 8-2-2 电位滴定曲线的一次微分曲线

图 8-2-2 一次微分曲线的横坐标为计算相应纵坐标的 ΔV 时的两个体积的算术平均值。

2. 实施条件

（1）场地 天平室，仪器分析检验室，电化学分析室。
（2）仪器、试剂 仪器设备及试剂材料见表 8-2-1 和表 8-2-2。

表 8-2-1 仪器设备

名称	规格	名称	规格
pH/mV 计	1 台/人	烧杯	100mL
复合 pH 玻璃电极	1 支/人	滴定管	50mL
电磁搅拌器	78-1 型	洗瓶	500mL
磁力搅拌子		废液杯	500mL
洗涤用具		电子天平	万分之一

表 8-2-2 试剂材料

名称	规格	名称	规格
盐酸样品溶液	0.1mol/L	碳酸钠	A. R.

注：水为国家规定的实验室三级用水规格。

四、工作计划

按照电位分析的工作程序要求，对工作任务进行思考，梳理工作流程，并掌握工作任务内容、工作要求，完成电位滴定法测定盐酸溶液的浓度任务工作计划表。

电位滴定法测定盐酸溶液的浓度任务工作计划表

工作子任务	工作内容	工作要求	HSE 与安全防护措施

五、任务实施

1. 搭建仪器

取洁净的酸式滴定管装以 0.1mol/L 盐酸溶液（注意润洗和排气泡）。先连接好 pH 计和清洗好的复合 pH 玻璃电极，再按照图 8-2-3 电位滴定装置以从下到上的顺序搭建好电位滴定所需仪器。

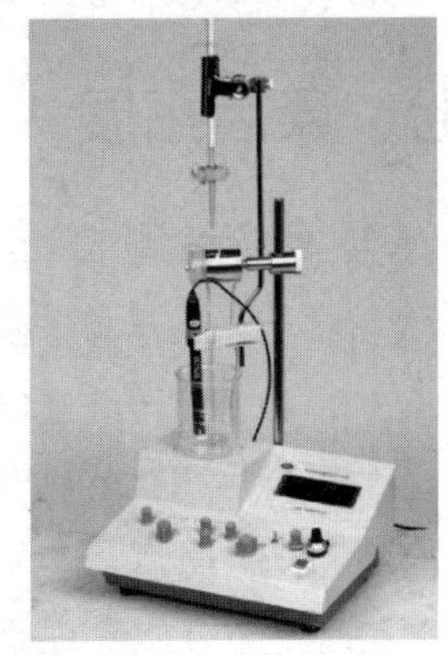

图 8-2-3 电位滴定装置

2. 制备样品

准确称取碳酸钠基准试剂 0.10～0.16g 于干净烧杯中，加适量水，放入磁力搅拌子并在电磁搅拌器上搅拌，溶解完全后停止搅拌。

3. 进行滴定

将复合 pH 玻璃电极插入烧杯中，开启搅拌。在滴加盐酸之前记录盐酸体积 $V=0.00$mL 时 pH，以后每滴加一定量盐酸后，均记录相应加入盐酸的体积 V 和对应的 pH（读取加入盐酸后的稳定值）。第一次可滴加 5.00mL，以后逐次减少盐酸滴加量。临近终点时每次滴加量 0.1mL 或更少，越过终点以后逐次增加盐酸滴加量。滴定至加入一个较大体积的盐酸（如 3.00mL）时对应的 pH 变化不大为止。

4. 数据处理

由一阶微分图获得 V_{ep}(mL)。根据下式计算盐酸浓度 c(HCl)。

$$c(\mathrm{HCl})=\frac{2m(\mathrm{Na_2CO_3})}{M(\mathrm{Na_2CO_3})V_{ep}\times 10^{-3}}$$

式中 $m(\mathrm{Na_2CO_3})$ ——碳酸钠质量，g；

$M(\mathrm{Na_2CO_3})$ ——碳酸钠摩尔质量，$M(\mathrm{Na_2CO_3})=105.99$，g/mol。

5. 结果评价

绘制一阶微分图 $\Delta pH/\Delta V$-$\bar{V}$。完成数据处理，并将测得盐酸浓度与标准样品的标准浓度进行对比，对测定过程与结果进行评价总结。

6. 清场工作

实验操作完成后，做好清理清洁、整理整顿工作。填写实验室清场检查记录表。

六、方法提要

（1）在进行电位滴定之前，必须对电极进行校准，以确保测量的准确性。

（2）电位滴定需要使用电极来测量溶液中的电位变化。常用的电极有玻璃电极、银电极和参比电极。选用电极时要考虑到待测物质的性质和滴定剂的反应。

（3）电极使用时应揭开电极加液口的盖子，用完后应用清水冲洗干净，并盖上盖子。

（4）电极短时不用可浸于清水中，长时不用（如过夜）应浸入 3mol/L KCl 保存液中。

七、课后拓展

1. 目标检测

（1）为何临近滴定终点时要慢速滴定？

（2）相对于传统滴定法，电位滴定法有何优势和劣势？

（3）电位滴定法对电极的响应时间有何要求？为什么？

2. 技能提升

完成电位滴定法测定某未知液中氢氧化钠含量的实验设计。

任务三
牙膏中氟化物含量的测定

一、任务导入

牙膏是以摩擦剂、保湿剂、增稠剂、发泡剂、芳香剂、水和其他添加剂（含用于改善口腔健康状况的功效成分）为主要原料混合组成的膏状物质，牙膏的基本功能是保护牙齿、清洁口腔。其产品质量标准见 GB/T 8372—2017《牙膏》。牙膏产品的理化指标应符合表 8-3-1 的要求。现对市售的一批儿童含氟牙膏进行游离氟含量测定，给予结果判定，并列出测定方法的相关依据。

表 8-3-1 牙膏产品的理化指标

理化指标	要求
pH	5.5～10.5
可溶氟或游离氟量[①](下限仅适用于含氟防龋牙膏)/%	0.05～0.15(适用于含氟牙膏) 0.05～0.11(适用于儿童含氟牙膏)
总氟量(下限仅适用于含氟防龋牙膏)/%	0.05～0.15(适用于含氟牙膏) 0.05～0.11(适用于儿童含氟牙膏)

①以单氟磷酸钠或单氟磷酸钠与氟化钠（氟化亚锡、氟化铵）复合使用的含氟牙膏适合可溶氟检测方法；以氟化钠（或氟化亚锡、氟化铵）为原料的含氟牙膏适合游离氟检测方法；若使用的氟化物超出单氟磷酸钠、氟化钠、氟化亚锡、氟化铵四种氟化物，探讨检测方法的适用性。

二、任务目标

1. 知识技能

（1）了解离子选择性电极法测定离子含量的原理和常用定量方法。

（2）掌握标准曲线法和标准加入法测定水中微量氟的操作方法。

（3）能对牙膏中氟化物含量是否符合国标要求进行准确判定。

2. 思政素养

（1）培养质量标准意识。

（2）培养环保意识、责任意识，养成互帮互助的团队精神。

三、任务分析

1. 方法原理

把离子选择性电极与参比电极插入待测溶液中组成电池，其电动势（E）与离子活度（a_i）之间的关系式为：$E=K\pm\frac{0.0592}{n}\lg a_i$（$n$ 为离子的电荷数）。如果离子选择性电极作正极，被测离子为阳离子时，式中 K 后面的符号取正号；被测离子为阴离子时取负号。

在实际分析工作中需要测定的是浓度而不是活度，为此将活度与浓度（c）的关系 $a=\gamma c$（γ 为活度系数）代入上式可得：$E=K\pm\frac{0.0592}{n}\lg\gamma_i\pm\frac{0.0592}{n}\lg c_i$。

如在溶液中加入总离子强度调节缓冲液（TISAB），维持溶液离子强度不变，则 γ_i 可认为是一个常数，可将上式的两个常数项合并，得：$E=K'\pm\frac{0.0592}{n}\lg c_i$。

由此绘制 E-$\lg c$（c 为浓度）标准曲线，采用标准曲线法进行定量分析。

2. 实施条件

（1）场地　天平室，电化学分析室。

（2）仪器、试剂　仪器设备及试剂材料见表 8-3-2 和表 8-3-3。

表 8-3-2 仪器设备

名称	规格	名称	规格
移液管	5mL	塑料烧杯	50mL
微型离心管	10mL	聚乙烯试剂瓶	500mL
塑料容量瓶	50mL、100mL	恒温水浴锅	
离心机	精度 1℃	烘箱	精度 2℃
复合氟电极	电势的分度测量值不大于 0.2mV	洗涤用具	
电子天平	万分之一		

表 8-3-3 试剂材料

名称	规格	名称	规格
浓盐酸	A. R.	柠檬酸盐缓冲液①	
氟化钠	基准	冰乙酸	A. R.
氯化钠	A. R.	牙膏	市售
氢氧化钠	A. R.		

注：水为国家规定的实验室三级用水规格。

① 100g 柠檬酸三钠，60mL 冰乙酸，60g 氯化钠，30g 氢氧化钠，用水溶解，并调节 pH＝5.0～5.5，用水稀释到 1000mL。

四、工作计划

按照电位分析的工作程序要求，对工作任务进行思考，梳理工作流程，并掌握工作任务内容、工作要求，完成牙膏中氟化物含量的测定任务工作计划表。

牙膏中氟化物含量的测定任务工作计划表

工作子任务	工作内容	工作要求	HSE 与安全防护措施

五、任务实施

1. 配制标准溶液

氟离子标准溶液：精确称取 0.1105g 基准氟化钠（105℃±2℃烘干，干燥 2h），用去离子水溶解并定容至 500mL，摇匀，贮存于聚乙烯塑料瓶内，备用。该溶液浓度为 100mg/kg。

2. 制备样品

任取试样牙膏 1 支，从中称取牙膏 10g，精确至 0.0001g，置于 50mL 塑料烧杯中，逐渐加入去离子水，搅拌使溶解，转移至 100mL 塑料容量瓶中，稀释至刻度，摇匀。将溶液分别倒入 2 个具有刻度的 10mL 离心管中，使其质量相等。在离心机（2000r/min）中离心 30min，冷却至室温，其上清液用于测定氟离子的含量。

3. 绘制标准曲线

精确吸取 0.50mL、1.00mL、1.50mL、2.00mL、2.50mL 氟离子标准溶液，并分别移入 5 个 50mL 塑料容量瓶中，各加入柠檬酸盐缓冲液 5mL。用去离子水稀释至刻度，然后逐个转入 50mL 塑料烧杯中，在磁力搅拌下测量电位值 E，记录并绘制 E-lg$c$（c 为浓度）标准曲线。

4. 测定氟含量

精确吸取样品制备的上清液 2.00mL，置于 50mL 塑料容量瓶中，加柠檬酸盐缓冲液 5mL。用去离子水稀释至刻度，转入 50mL 塑料烧杯中，在磁力搅拌下测量其电位值，在标准曲线上查出其相应的氟含量，从而计算出氟离子含量。如果样品中氟含量过高，可根据实际情况适当稀释或减少取样量。

5. 数据处理

样品中氟含量以 X 表示，按下式计算：

$$X = \text{antilog}c \times \frac{50}{2.0} \times \frac{100}{m}$$

式中 X——样品氟含量，mg/kg；

c——测试溶液中氟含量，mg/kg；

m——样品质量，g。

最后将上述计算结果 mg/kg 换算成百分浓度，并精确到小数点后两位数字。

两次平行测定结果的允许误差为±5%，取其算术平均值作为测定结果。

6. 结果评价

完成数据处理，并对测定过程与结果进行评价总结。

7. 清场工作

实验操作完成后，做好清理清洁、整理整顿工作。填写实验室清场检查记录表。

六、方法提要

（1）测量前，应按照溶液浓度从稀到浓的顺序进行，每次测定前要用待测溶液清洗电极和搅拌子，或将电极和搅拌子用蒸馏水清洗后，用滤纸擦干，再放入试液中。

（2）每测完一份试液后，都应用蒸馏水清洗至空白电位值，再测定下一份试液，以免影响测量的准确度。

（3）由于电极电位在搅拌和静止时读数不同，测定过程中应保持读数状态一致。

（4）测定过程中，溶液的搅拌速度应保持恒定。

七、课后拓展

1. 目标检测

（1）牙膏的成分有哪些？

（2）为什么牙膏里面要含氟？氟化物是怎样预防龋齿的？

2. 技能提升

（1）技能必修：完成电位滴定法测定硫酸亚铁铵含量的实验设计方案。

（2）实操选修：课余开放电位滴定法测定硫酸亚铁铵的含量实验。

阅读材料

彩虹造梦，世界上最小光谱仪的诞生——杨宗银

你知道世界上最小光谱仪吗？它可以被集成到手机上，用手机一扫就可以检测出食物的新鲜度、食品药品的成分，还可用于艺术品的鉴定，听上去是不是很“科幻”？实际上，这些在不久的未来将成为现实。这项发明的发明者是杨宗银，1988 年出生，浙江大学信息与电子工程学院智能传感和微纳集成系统所副所长，他以杰出的科研成就和创新能力赢得了 2023 年达摩院青橙奖。

牛顿通过三棱镜把太阳光分解成了七彩的光谱，数百年过去，基于相似原理的光谱仪，成为生产生活中鉴别物质成分的利器，但受限于尺寸庞大，难以进一步推广应用。杨宗银在午睡时灵光一现，用一种“彩虹纳米线”替代三棱镜，将光谱仪尺寸压缩至传统设备的千分之一，甚至比头发丝直径还小。历经 8 年和 150 次的失败之后，杨宗银才终于把这个“梦境”变成现实，成功研制出世界上最小的光谱仪，该光谱仪器件尺寸仅几十微米，仅为传统光谱仪的 1/1000。解决了在微米尺度上实现大光谱范围色散的科学难题，突破了传统光谱仪小尺寸与高性能无法兼具的限制。这一创新不仅推动了光谱仪的小型化，也为许多领域的研究提供了新的可能。这一成就被誉为光学领域的重大突破。

模块九　色谱分析技术

色谱分离的基本原理是：试样组分通过色谱柱时与填料之间发生相互作用，这种相互作用大小的差异使各组分互相分离而按先后次序从色谱柱后流出。其实质是一种物理化学分离方法，即利用不同物质在两相（固定相和流动相）中具有不同的分配系数（或吸附系数），当两相作相对运动时，这些物质在两相中反复多次分配（即组分在两相之间进行反复多次的吸附、脱附或溶解、挥发过程）从而使各物质得到完全分离。目前，应用最广泛的是气相色谱法和高效液相色谱法。

技能导图

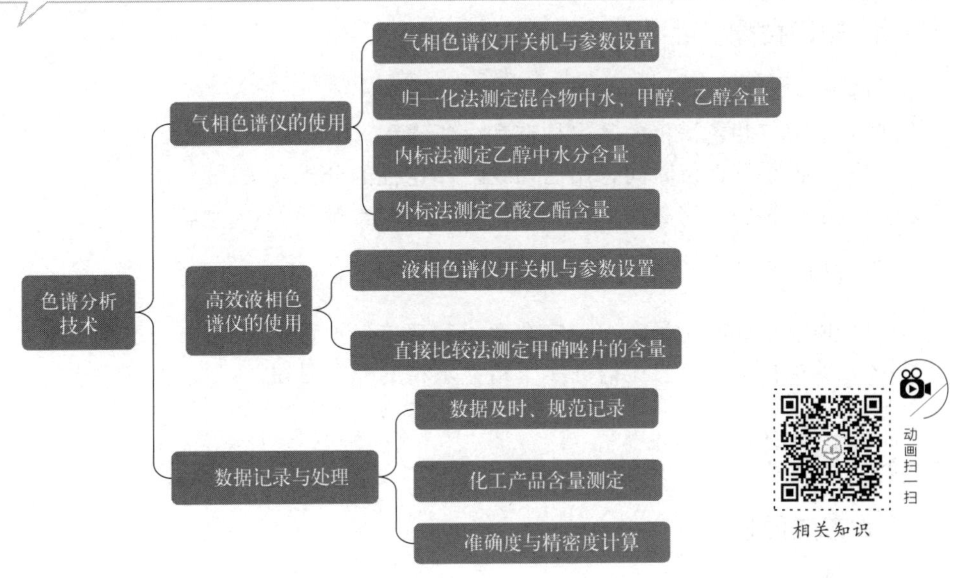

任务一
混合物中水、甲醇、乙醇含量的测定

一、任务导入

气相色谱法主要基于物质在气相中的物理性质差异而实现分离。这些物理性质包括吸附能力、溶解度、亲和力、阻滞作用等。当样品中的物质随流动相（通常是惰性气体，如氮气、氦气等）移动时，它们会在两相（流动相和固定相）之间进行多次分配，最终达到分离的目的。气相色谱分析广泛应用于石化分析、环境分析、食品分析、医药分析和物理化学研究中。其适用于易挥发有机化合物的定性、定量分析；对非挥发性的液体和固体物质，可通过高温裂解，汽化后进行分析。可以色谱法作为分离复杂样品的手段，与红外吸收光谱法或质谱法配合使用，达到较高的准确度。在石油化学工业中大部分的原料和产品都可采用气相色谱法来分析。

气相色谱仪主要由气路系统、进样系统、分离系统、温控系统、检测记录系统五大部分组成。其中，分离系统（色谱柱）和检测记录系统（检测器）是仪器的核心部分。气相色谱仪的操作步骤通常包括仪器准备与检查、温度设置、载气流速调整、检测器参数设置、样品处理、进样操作、启动运行、数据采集、监控仪器状态、色谱图处理以及定性与定量分析等。

请你根据所学知识，学习并采用气相色谱分析法，完成混合物中水、甲醇、乙醇含量的测定，提交分析检验报告单。

二、任务要求

1. 知识技能

（1）学习气相色谱法的基本术语及分离原理。

（2）了解气相色谱仪的基本构造和分析流程。

（3）掌握根据保留时间，用已知物对照定性的分析方法。

（4）掌握用归一化法测定混合物中各组分的含量。

2. 思政素养

（1）树立良好的质量意识、安全意识和环境保护意识。

（2）养成标准规范、诚信务实、精益求精的职业习惯。

三、任务分析

1. 方法原理

气相色谱定量分析的依据是被测组分的质量与其色谱峰面积成正比。气相色谱的定量方法有峰面积百分比法、归一化法、内标法和外标法等。本实验采用归一化法。第一步，先进行定性分析：在一定的色谱操作条件下，分别测量各组分峰的保留时间，从而确定混合物中各个色谱峰代表的组分。第二步，测定含量：若试样中含有 n 个组分，且各组分均能洗出色谱峰，则其中某个组分 i 的质量分数为 w_i，可按照下式计算：

$$w_i=\frac{m_i}{m}\times 100\%=\frac{m_i}{m_1+m_2+\cdots+m_i+\cdots+m_n}\times 100\%$$
$$=\frac{A_i f_i}{A_1 f_1+A_2 f_2+\cdots+A_i f_i+\cdots+A_n f_n}\times 100\%$$

高效液相色谱分析流程

式中，f_i 为相对校正因子。一般色谱手册中提供有许多物质的相对校正因子，可直接使用。归一化法的优点是简便、准确，定量结果与进样量无关，操作条件对结果影响较小；缺点是试样中所有组分必须全部出峰，某些不需要定量的组分也要测出其校正因子和峰面积。

2. 实施条件

（1）场地 天平室，色谱分析室。

（2）仪器、试剂 所需仪器设备及试剂材料见表 9-1-1 和表 9-1-2。

表 9-1-1 仪器设备

名称	规格	名称	规格
气相色谱仪	GC-2060[火焰离子化检测器(FID)]	样品瓶	5mL
微量进样器	1μL	滴瓶	60mL
洗涤用具		电子天平	万分之一

表 9-1-2 试剂材料

名称	规格	名称	规格
甲醇	A. R.	混合物试样	
乙醇	A. R.		

注：水为国家规定的实验室三级用水规格。

四、工作计划

按照色谱分析的工作程序要求，对工作任务进行思考，梳理工作流程，并掌握工作任务内容、工作要求，完成混合物中水、甲醇、乙醇测定任务工作计划表。

混合物中水、甲醇、乙醇测定任务工作计划表

工作子任务	工作内容	工作要求	HSE 与安全防护措施

五、任务实施

1. 色谱仪开机与参数设置

安装 GDX-102 色谱柱，通入载气（H_2），检查气密性是否完好，调节到合适的压力和流量。打开仪器电源，打开计算机，启动色谱工作站。设置色谱条件（根据不同仪器，可自行确定）：柱温 85℃，汽化室 150℃，热导池检测器 90℃。选择定量方法——归一化法。

2. 纯样保留时间测定

基于上述色谱条件控制有关操作条件，直到仪器稳定，基线平直方可实验。分别用微量进样器吸取水、甲醇、乙醇纯样 0.6μL，依次进样，分别测定出各个色谱峰的保留时间。

3. 混合物分析

在仪器基线平直情况下，用微量进样器，吸取混合试样 0.6μL 进样，分析测定，连续记录各组分的保留时间、峰高和峰面积。平行测定 3 次。

4. 关机结束

首先关闭氢气、空气，关闭主机电源，待分离柱温降至室温后再关闭载气，关闭计算机。

5. 数据处理

① 将混合物试样各组分色谱峰的调整保留时间与标准样品进行对照，对各色谱峰所代表的组分做出定性判断。

② 根据峰面积和校正因子，用归一化法计算混合物试样中各组分的质量分数。

③ 混合物试样中各组分的质量分数 w_i，以%计，用下式表示：

$$w_i = \frac{f_i A_i}{\sum_{i=1}^{n} f_i A_i} \times 100\%$$

式中 f_i——各组分的相对校正因子；

A_i——各组分的峰面积平均值，$\mu V \cdot s$。

6. 结果评价

完成数据处理，并对测定过程与结果进行评价总结。

7. 清场工作

实验操作完成后，做好清理清洁、整理整顿工作。填写实验室清场检查记录表。

六、方法提要

(1) 测定时，取样准确，进样要求迅速，瞬间快速取出注射器；注入试样溶液时，不应有气泡。

(2) 进样后根据混合物溶液中各组分出峰高低情况，调整进样量，使得出峰最高的约占记录纸宽度的80%。

(3) 测定时，严格控制实验条件恒定，这是实验成功的关键。

(4) 为了保护色谱柱，要求首先打开载气，然后开机，结束时先关机，后关载气；严格按照要求的顺序开启和关闭色谱仪。

七、课后拓展

1. 目标检测

(1) 进样操作应注意哪些事项？在一定的条件下进样量的大小是否会影响色谱峰的保留时间和半峰宽度？

(2) 色谱定量方法有哪几种，各有什么优缺点？

(3) 色谱归一化法有何特点，使用该方法应具备什么条件？

2. 技能提升

(1) 以方框流程图记录内标法气相分析操作过程。

（2）按照流程图实施水对甲醇的相对因子的测定。

任务二
乙醇中水分含量的测定

一、任务导入

乙醇是醇类化合物的一种，结构简式为 C_2H_5OH。乙醇在常温常压下是一种易挥发的无色透明液体，毒性较低，可以与水以任意比例互溶，溶液具有酒香味，略带刺激性，也可与多数有机溶剂混溶。乙醇可用于制造醋酸、饮料、香精、染料、燃料等，乙醇在化学工业、医疗卫生、食品工业、农业生产等领域都有广泛的用途。

现某化工厂出库一批乙醇，需要进行水分的测定。请你根据所学知识，进行乙醇中水分的测定，并提交检验报告单。

二、任务要求

1. 知识技能

（1）学会气相色谱仪的基本构造和分析流程。
（2）掌握内标法测定乙醇中水分的原理。
（3）掌握气相色谱仪的操作要点。

2. 思政素养

（1）树立良好的质量意识、安全意识和环境保护意识。
（2）养成标准规范、诚信务实、精益求精的职业习惯。

三、任务分析

1. 方法原理

有机物中微量水分的分离，选用有机高分子聚合物固定相（如 GDX 类）。其特点是具有憎水性，分离水峰在前，出峰很快，且峰形对称，而有机物出峰在后，主峰对水峰的测定无干扰。为了校准和减少由于操作条件的波动而对分析结果产生影响，实验采用内标法定量。

内标法是在试样中加入一定量的纯化物作为内标物来测定组分的含量。具体做法是首先准确量取 m_r(g) 待测组分的纯物质，加入内标物 m_s(g)，混合均匀后进样测定，根据待测组分和内标物的质量、峰面积，求出待测组分对内标物的相对校正因子 f_{rs}：

$$f_{rs}=\frac{f_r}{f_s}=\frac{m_rA_s}{m_sA_r}$$

式中，A_r 和 A_s 分别为待测组分和内标物的峰面积。然后准确称取试样 $m_{样}$(g)，加入内标物 m'_s(g)，根据试样和内标物的质量及相应的峰面积，由下式计算待测组分的含量：

$$w_i=\frac{m_i}{m_{样}}\times 100\%=f_{rs}\frac{m'_s A_i}{m_{样} A'_s}\times 100\%$$

式中，A_i 为试样中待测物的峰面积；A'_s为试样中内标物的峰面积。内标法的优点是定量准确。因为该法是用待测组分和内标物的峰面积的相对值进行计算，所以不要求严格控制进样量和操作条件，试样中含有不出峰组分时也能使用，但每次分析都要准确称取或量取试样和内标物的量，比较费事。

内标物应是样品中不存在的纯物质，能与试样互溶，色谱峰位于待测组分的色谱峰的中间，又能与其完全分开，内标物的加入量也要接近被测组分的含量。

本实验采用甲醇为内标物，其色谱峰在乙醇和水之间。质量标准参照 GB/T 679—2002《化学试剂 乙醇（95%）》或 GB/T 678—2023《化学试剂 乙醇（无水乙醇）》。

2. 实施条件

（1）场地 天平室，色谱分析室。

（2）仪器、试剂 所需仪器设备及试剂材料见表 9-2-1 和表 9-2-2。

表 9-2-1 仪器设备

名称	规格	名称	规格
气相色谱仪	GC-2060	采样瓶	5mL
微量进样器	1μL	滴瓶	60mL
洗涤用具		电子天平	万分之一
医用注射器	5mL		

表 9-2-2 试剂材料

名称	规格	名称	规格
甲醇	G. R.	乙醇试样	

注：水为国家规定的实验室三级用水规格。

四、工作计划

按照色谱分析的工作程序要求，对工作任务进行思考，梳理工作流程，并掌握工作任务内容、工作要求，完成乙醇中水分的测定任务工作计划表。

乙醇中水分的测定任务工作计划表

工作子任务	工作内容	工作要求	HSE 与安全防护措施

五、任务实施

1. 色谱仪开机与参数设置

安装 GDX-102 色谱柱，通入载气（H_2），检查气密性是否完好，调节到合适的压力和流量。打开仪器电源，设置色谱条件（根据不同仪器，可自行确定）：柱温 85℃，汽化室 150℃，热导池检测器 90℃。打开计算机，启动 N2010 色谱工作站，选择定量方法为内标法。

2. 配制标准溶液

取一个干燥洁净带胶塞的 5mL 采样瓶（编为 1 号），称其质量（准确至 0.0001g），用医用注射器吸取 2mL 蒸馏水注入小瓶内，称重，计算出水的质量；再用另一支注射器吸取 2mL 甲醇（内标物）注入小瓶内，称量，计算出甲醇的质量。摇匀备用。

3. 配制乙醇试样

另取一个干燥洁净带胶塞的采样瓶（编为 2 号），称出空瓶质量，注入 3mL 乙醇试样，称重，计算出乙醇试样质量。然后再加入 0.6mL 甲醇，称量后计算出加入甲醇的质量。摇匀备用。

4. 标准溶液分析

待基线稳定后，用 1μL 进样器吸取 1μL 1 号瓶标准溶液，分析测定，获得色谱图，记录数据。重复操作 3 次。

5. 试样分析

用 1μL 微量进样器，吸取 2 号瓶乙醇试样 1μL 进样，分析测定，获得色谱图，记录数据。平行测定 3 次。

6. 数据处理

① 水相对于甲醇的峰面积相对校正因子 $f_{水/甲醇}$，按下式计算：

$$f_{水/甲醇}=\frac{m_r A_s}{m_s A_r}$$

式中 m_r——标样中水分的质量；

A_r——标样中水分的峰面积；

m_s——标样中甲醇的质量；

A_s——标样中甲醇的峰面积。

② 乙醇中水的质量分数 $w_水$，以%计，按下式计算：

$$w_水=\frac{m'_s A_i}{m_样 A'_s} f_{水/甲醇}\times 100\%$$

式中 m'_s——试样中甲醇的质量；

A'_s——试样中甲醇的峰面积；

$m_样$——试样的质量；

A_i——试样中水分的峰面积。

③ 测定结果的相对平均偏差 Rd，以%计，按下式计算：

$$Rd=\frac{\sum_{i=1}^{n}|w_i-\overline{w}_i|}{n\overline{w}_i}\times 100\%$$

式中 w_i——乙醇中水的质量分数测定值；

$\overline{w}_i$——乙醇中水的质量分数平均值；

n——实验次数。

7. 结果评价

完成数据处理，并对测定过程与结果进行评价总结。

8. 清场工作

实验操作完成后，做好清理清洁、整理整顿工作。填写实验室清场检查记录表。

六、方法提要

（1）在不含内标物质的供试品溶液的色谱图中，与内标物质峰相应的位置处不得出现杂质峰。

（2）标准溶液和供试品溶液各连续3次注样所得各次校正因子和乙醇含量与其相应的平均值的相对平均偏差，均不得大于1.5%，否则应重新测定。

（3）实验中使用氢气做载气，氢气易燃易爆，注意实验室通风换气，不要动火。

（4）气相色谱仪开机原则：先开载气，后开电源。关机则相反。

七、课后拓展

1. 目标检测

（1）内标法有何优点？什么情况下采用内标法较方便？

（2）实验在什么条件下可以采用峰高进行定量？与面积法比较各有什么优点？

（3）用内标法定量时，内标物的选择有哪些要求？

（4）微量进样器的使用有哪些操作要点？

2. 技能提升

（1）练习微量进样针的使用。

（2）练习气相色谱仪的操作。

任务三
乙酸乙酯的含量测定

一、任务导入

乙酸乙酯产品是一种无色澄清的液体，具有水果香味，容易燃烧。具有官能团—COOR的脂类，能够与其他化合物如乙醇、乙醚、丙酮或二氯甲烷任意混合。乙酸乙酯是一种重要的有机化工原料，可用于制造乙酰胺、乙酰乙酸酯、甲基庚烯酮等，并在香精香料、油漆、医药、高级油墨、火胶棉、硝化纤维、人造革、染料等行业广泛应用，还可用作萃取剂和脱水剂，亦可用于食品包装彩印等。

现某公司出库一批乙酸乙酯，请你根据所学知识，进行乙酸乙酯含量的测定，并提交检验报告单。乙酸乙酯含量测定方法参照 QB/T 2244—2010《乙酸乙酯》。乙酸乙酯质量指标见表 9-3-1。

表 9-3-1 乙酸乙酯质量指标

项目	指标		
	优等品	一等品	合格品
乙酸乙酯的质量分数/%	≥99.7	≥99.5	≥99.0
乙醇的质量分数/%	≤0.10	≤0.20	≤0.50
水的质量分数/%	≤0.05	≤0.10	
酸的质量分数(以乙酸计)	<0.004	<0.005	
色度(铂-钴色号)/Hazen 单位	≤10		
密度/(g/cm^3)	≤0.897～0.902		
蒸发残渣的质量分数/%	<0.001	<0.005	
气味	符合特征气味,无异味,无残留气味		

二、任务要求

1. 知识技能

(1) 学习外标法测定乙酸乙酯含量的原理和方法。

(2) 能熟练操作气相色谱仪。

2. 思政素养

(1) 培养安全规范意识，严守安全规则。

(2) 增强环保意识、责任意识，养成互帮互助的团队合作精神。

(3) 养成标准规范、诚信务实、精益求精的职业素养。

三、任务分析

1. 方法原理

本实验色谱柱以聚己二酸乙二醇酯作固定相，选用热导检测器，在适当色谱条件下采用外标法定量测定乙酸乙酯的含量。测量标准溶液和待测溶液中待测物质的峰面积，按下式计算：

$$c_i = c_s \times \frac{A_i}{A_s}$$

式中 c_i——待测样品的浓度；

c_s——标准溶液的浓度；

A_i——待测溶液的峰面积；

A_s——标准溶液的峰面积。

2. 实施条件

(1) 场地 天平室，色谱分析室。

（2）仪器、试剂　所需仪器设备及试剂材料见表 9-3-2 和表 9-3-3。

表 9-3-2　仪器设备

名称	规格	名称	规格
微量注射器	5μL	锥形瓶	5mL
量筒	100mL	试剂瓶	500mL
塑料量筒	10mL	洗涤用具	
GC-2060 气相色谱仪①		电子天平	万分之一

①GC-2060 气相色谱仪：检测器为热导检测器，色谱柱为不锈钢柱，固定相为聚己二酸乙二醇酯，401 有机载体，柱长 2～3m。

表 9-3-3　试剂材料

名称	规格	名称	规格
乙酸乙酯试样		乙酸乙酯标样	G. R.

注：水为国家规定的实验室三级用水规格。

四、工作计划

按照色谱分析的工作程序要求，对工作任务进行思考，梳理工作流程，并掌握工作任务内容、工作要求，完成乙酸乙酯的含量测定工作任务计划表。

乙酸乙酯的含量测定工作任务计划表

工作子任务	工作内容	工作要求	HSE 与安全防护措施

五、任务实施

1. 溶液配制

（1）乙酸乙酯标样待测样　精确称取适量乙酸乙酯标准品，用色谱纯乙醇稀释。

（2）乙酸乙酯试样待测样　精确称取适量乙酸乙酯试样，用色谱纯乙醇稀释。

2. 乙酸乙酯的测定

（1）气相色谱测试条件　分析时，应根据气相色谱仪的型号和性能，制定能分析乙酸乙酯的最佳测试条件。使用 GC-2060 气相色谱仪，参考条件如下。汽化室温度：200℃；柱温：130℃；检测器温度：130℃；桥电流：120mA；载气：氢气；流量：20～30mL/min；衰减：自选。

（2）色谱仪的开机及参数设置　通入载气（H_2），检查气密性完好后，调节载气流量为 20～30mL/min。打开色谱仪电源，色谱工作站设置实验条件如下：柱温 130℃，汽化室温度 200℃，热导检测器温度 130℃，桥电流 120mA。

（3）乙酸乙酯标样分析　在上述工作条件下，用微量注射器吸取乙酸乙酯标样待测样 1μL，快速进样，待出峰后记录乙酸乙酯的峰面积。重复测定两次。

（4）试样分析　乙酸乙酯试样待测样：精确称取适量乙酸乙酯试样，用色谱纯乙醇稀释。

在上述工作条件下，用微量注射器吸取乙酸乙酯试样待测样 1μL，进样，待出峰后记录乙酸乙酯的峰面积。重复测定两次。

3. 数据处理

乙酸乙酯的质量分数 w(乙酸乙酯)，以%计，按下式计算：

$$w(\text{乙酸乙酯})=\frac{\rho_s A_i V}{A_s m}\times 100\%$$

式中 ρ_s——标准溶液中乙酸乙酯质量浓度，mg/L；

A_s——标准溶液乙酸乙酯的峰面积，mm^2；

A_i——试样乙酸乙酯的峰面积，mm^2；

V——样品初始溶液配制的体积，L；

m——试样的质量，mg。

4. 结果评价

完成数据处理，并对测定过程与结果进行评价总结。

5. 清场工作

实验操作完成后，做好清理清洁、整理整顿工作。填写实验室清场检查记录表。

六、方法提要

(1) 使用氢气做载气，氢气易燃易爆，注意实验室通风换气，不要动火。

(2) 气相色谱仪开机原则：先开载气，后开电源。关机则相反。

(3) 分析结果的准确度取决于进样量的重现性和操作条件的稳定性。在取样时准确移取，尽量保持进样速度一致。同时保持操作条件稳定。

(4) 外标法的优点是不需要测定校正因子，操作简便，适合于工厂控制分析和自动分析。

七、课后拓展

1. 目标检测

(1) 本实验用热导检测器测量乙酸乙酯含量，说明能否采用氢火焰离子化检测器。

(2) 外标法为什么要求仪器分析条件严格一致？

(3) 1μL 的 A 物质，在热导检测器上的响应值是否是恒定的？为什么？

2. 技能提升

(1) 练习气相色谱仪的操作。

(2) 用外标法分析某原料气中 H_2S 含量，以纯 H_2S 气体与氮气所配成 40%的标准气体，在选定的色谱条件下分析，进样 1mL，峰高为 8.0cm。分析试样时，同样进 1mL H_2S 的峰高为 9.2cm，求其质量分数（假定标准气体与试样气体密度相同）。

任务四
甲硝唑片的含量测定

一、任务导入

高效液相色谱是色谱法的一个重要分支，以液体为流动相，采用高压输液系统，将具有不同极性的单一溶剂或不同比例的混合溶剂、缓冲液等流动相泵入装有固定相的色谱柱，在柱内各成分被分离后，进入检测器进行检测，从而实现对试样的分析。高效液相色谱法具有“四高一广”（高压、高速、高效、高灵敏度、应用范围广）的特点。高效液相色谱的应用几乎遍及定量定性分析的各个领域，更适宜于分离、分析高沸点、热稳定性差、有生理活性及分子量比较大的物质，因而广泛应用于核酸、肽类、内酯、稠环芳烃、高聚物、药物、人体代谢产物、表面活性剂、抗氧化剂、杀虫剂、除锈剂等物质的分析。

高效液相色谱仪的组成可分为“高压输液泵”“色谱柱”“进样器”“检测器”“馏分收集器”以及“数据获取与处理系统”等部分。液相色谱仪的操作步骤通常包括仪器准备与检查、流动相流速调整、检测器参数设置、样品处理、进样操作、启动运行、数据采集、监控仪器状态、色谱图处理以及定性与定量分析等。

某化学制药公司刚生产一批甲硝唑片，质检部负责药品质量检验，需要进行甲硝唑片的含量指标的测定。请你学习高效液相色谱仪的工作原理，依据2025年版《中国药典》，进行甲硝唑片的测定，并提交检验报告单。

二、任务要求

1. 知识技能

（1）学习液相色谱法的基本术语及分离原理。
（2）了解液相色谱仪的基本构造和分析流程。
（3）学习单点校正法测定甲硝唑片含量的原理和方法。
（4）学会液相色谱仪的操作技术。

2. 思政素养

（1）树立安全意识、责任意识，严守安全规则。
（2）增强环保意识，培养互帮互助的团队合作精神。
（3）养成标准规范、诚信务实、精益求精的职业素养。

三、任务分析

1. 方法原理

本实验选用十八烷基硅烷键合硅胶色谱柱、紫外分光检测器，在适当色谱条件下采用单点校正法，即直接比较法定量测定甲硝唑片的含量。具体方法是：先配制一个和待测组分含量相近的已知浓度的标准溶液，在相同的色谱条件下，分别将待测试样溶液和标准试样溶液等体积进样，作出色谱图，测量待测组分和标准试样的峰面积或峰高，然后由下式直接计算试样溶液中待测组分的含量。

$$w_i' = w_s \frac{A_i}{A_s}$$

式中 w_s——标准试样溶液质量分数；

w_i——试样溶液中待测组分质量分数；

A_s——标准试样的峰面积；

A_i——试样中待测组分的峰面积。

2. 实施条件

（1）场地 天平室，液相色谱室。

（2）仪器、试剂 所需仪器设备及试剂材料见表 9-4-1 和表 9-4-2。

表 9-4-1 仪器设备

名称	规格	名称	规格
容量瓶	50mL,100mL	溶剂过滤器	
注射器	10mL	一次性针式过滤器	
量筒	100mL	超声波清洗器	
进样瓶	2mL	洗涤用具	
分析天平	0.1mg	电子天平	万分之一
液相色谱仪	岛津 LC-16,采用十八烷基硅烷键合硅胶色谱柱		

表 9-4-2 试剂材料

名称	规格	名称	规格
甲硝唑片	0.2g	甲硝唑片标样	G. R.
甲醇	色谱级		

注：水为国家规定的实验室三级用水规格。

四、工作计划

按照色谱分析的工作程序要求，对工作任务进行思考，梳理工作流程，并掌握工作任务内容、工作要求，完成甲硝唑片的含量测定工作任务计划表。

甲硝唑片的含量测定工作任务计划表

工作子任务	工作内容	工作要求	HSE 与安全防护措施

五、任务实施

实验的操作流程见图 9-4-1。

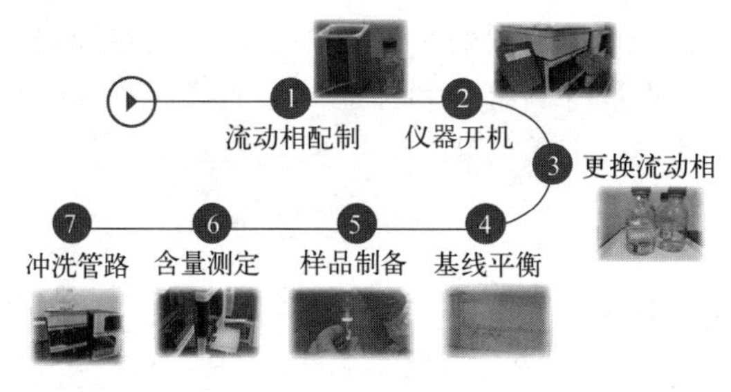

图 9-4-1 操作流程示意图

高效液相样品过滤

1. 确定色谱条件

分析时，应根据液相色谱仪的型号和性能，制定能分析甲硝唑片、水分的最佳测试条件。使用岛津 LC-16 液相色谱仪，色谱条件设定选择：十八烷基硅烷键合硅胶色谱柱；测定波长 320nm；流动相为甲醇-水（20∶80）；进样体积 10μL。

2. 流动相配制

以甲醇-水（20∶80）为流动相，配制 500mL，采用溶剂过滤器过滤，超声波清洗器赶气泡。

3. 对照品溶液配制

取两份甲硝唑标准品适量（约 12.5mg），精密称定，分别置 50mL 容量瓶中，加流动相甲醇-水（20∶80）使溶解并稀释至刻度，摇匀，即得对照品溶液。

取对照品溶液，经针式过滤器过滤，收集 1mL 左右续滤液至进样小瓶，准备进样。

4. 供试品溶液配制

取甲硝唑片剂 20 片，精密称定，研细，精密称取两份细粉适量（约相当于甲硝唑 0.25g）。分别置于 50mL 容量瓶中，加 50%甲醇溶液适量，振摇使甲硝唑溶解，用 50%甲醇溶液稀释至刻度，摇匀，过滤，精密量取续滤液 5mL，置 100mL 容量瓶中，用流动相稀释至刻度，摇匀，即得供试品溶液。

取供试品溶液，经针式过滤器过滤，收集 1mL 左右续滤液至进样小瓶，准备进样。

5. 对照品溶液与供试品溶液测定

分别精密吸取对照品溶液与供试品溶液各 10μL，注入液相色谱仪进行测定，记录数据。平行测定 2 次。

分析工作结束后，冲洗液相色谱系统。

6. 数据处理

甲硝唑片含量，以标示量（%）表示，按下式计算：

$$\text{标示量}=\frac{c_R\times\dfrac{A_X}{A_R}\times D\times V\times\bar{w}}{m\times m_s}\times100\%$$

式中 c_R——对照品的浓度，g/mL；

A_R——对照品的峰面积或者峰高，mm^2 或 mm；

A_X——供试品的峰面积或者峰高，mm^2 或 mm；

D——供试品的稀释倍数；

V——供试品初次配制的体积，mL；

$\bar{w}$——平均片重，g；

m——取样量，g；

m_s——标示量，g。

7. 结果评价

完成数据处理，并对测定过程与结果进行评价总结。

8. 清场工作

实验操作完成后，做好清理清洁、整理整顿工作。填写实验室清场检查记录表。

六、方法提要

(1) 进样前，色谱柱应用流动相充分冲洗平衡，如系统适用性不符合规定，或填充剂已损坏，则应更换新的同类色谱柱进行分析，由于同类填充剂的化学键合相的键合度及性能等存在一定差异，按既定方法操作达不到预定的分离时，可更换另一牌号的色谱柱进行试验。

(2) 以硅胶作载体的化学键合相填充剂的稳定性受流动相 pH 值的影响，使用时，应详细参阅该柱的说明书，在规定的 pH 值范围内选用流动相，一般的 pH 范围为 2.5～7.5。若需在较高的 pH 值下使用，应严格控制使用时间，用后立即冲洗。

(3) 在分析完毕后，必须对色谱流路系统（包括泵、进样器、色谱柱以及检测器流通池等部件）进行全面、充分的冲洗，特别是用过含盐流动相的，更应注意先用水，再用甲醇-水，充分冲洗。如发现泵漏液等较严重的情况，应请有经验或专业维修人员进行检修。

七、课后拓展

1. 目标检测

(1) 直接比较法与标准曲线法各自的优缺点是什么？操作上应注意什么？

(2) 液相色谱仪使用过程中要注意防止色谱柱的堵塞，操作上如何保障？

2. 技能提升

(1) 学习液相色谱仪的操作，并设计一份工作曲线法测甲硝唑片含量的测定方案，学会批处理分析。

(2) 请用工作曲线法测定甲硝唑片含量，并与直接法比较，总结评价两方法的结果与特点。

阅读材料

质谱仪——科学仪器皇冠上的明珠

质谱仪作为一种高端科研装备，被誉为“科学仪器皇冠上的明珠”。质谱测量技术以准确的定性和定量能力备受青睐，广泛应用在原子能、航空、航天、半导体、微电子、激光科技、医药、生物学、食品科学、法医学、刑侦学、材料学、金属学、地学等领域。比如就半导体领域而言，只有“二次离子质谱仪器”能精确检测纳米尺度上痕量杂质离子，以保证下一代半导体材料在掺杂、刻蚀、曝光等工艺制程中的良品率和一致性。在生命科学领域，质谱仪则可以实现百万种蛋白和代谢物形态的精确测定，临床诊疗质谱检测项目达400余项。高端科研仪器的创新、制造和应用水平，往往考验着国家科技实力和工业实力。质谱仪涉及精密电子、精密机械、高真空、软件工程、自动化控制、电子离子光学等多项技术及学科，研发难度大、周期长、投入大。而中国每年对质谱仪进口额达到上百亿元，这已成为制约我国自主创新能力提升的一个重要因素。

2004年，海归博士周振，怀抱着质谱强国梦，来到广州创办了中国第一家专业质谱仪器公司——禾信仪器。但禾信创立之时，基本没有人相信中国人能造出质谱仪。但是周振带领团队逐步攻克了单颗粒气溶胶在线电离源、双极飞行时间质谱技术、真空紫外光电离源、膜进样系统等核心技术，研发出单颗粒气溶胶飞行时间质谱仪、挥发性有机化合物（VOC）在线监测飞行时间质谱仪、微生物鉴定质谱仪等多款产品。禾信已经成为少数掌握高分辨飞行时间质谱核心技术的企业之一。2021年11月，在同一梦想与追求的驱动下，著名的放射化学和核分析研究专家柴之芳把院士专家工作站设立在禾信仪器，志在自主研发静电离子阱（EIT）质量分析器。目前，院士专家工作站已完成EIT质量分析器的原理研究、质谱整机各模块的设计与制造，已达到第一阶段技术指标考核要求，申请发明专利3项。如今，柴之芳院士和周振博士，两支有共同梦想的团队聚在一起，正在以共同步调向质谱强国梦继续进发。

模块十 化工产品综合检测技术

化工产品在人们的日常生活中扮演着重要角色，是工业生产中的重要原料，推动了科技进步与经济发展，改善了生活条件并推动了社会进步。其重要性不言而喻。然而，也需要注意其带来的环境挑战，并采取措施进行绿色转型和可持续发展。化工产品质量检测是确保产品质量、安全性和合规性的重要环节，广泛应用于科研、质量控制、环境监测和食品安全等领域。化工产品质量检测项目主要有：①理化性能检测：涵盖外观检查，包括颜色、光泽、异物等；还包括对产品物理化学性质的测定。②成分与纯度检测：包括确定样品中的化学成分、含量和结构，评估产品中主要成分的含量等。③安全性与环保检测：包括毒性测试、腐蚀性测试，检测重金属含量、VOC（挥发性有机化合物）等。④微生物与卫生检测。⑤特定产品专项检测。这些检测项目旨在全面评估产品的质量和安全性，为产品的质量控制和合规性提供有力支持。本模块主要针对工业碳酸钠、硫酸亚铁铵和液体洗涤剂三种化工产品开展质量分析。

技能导图

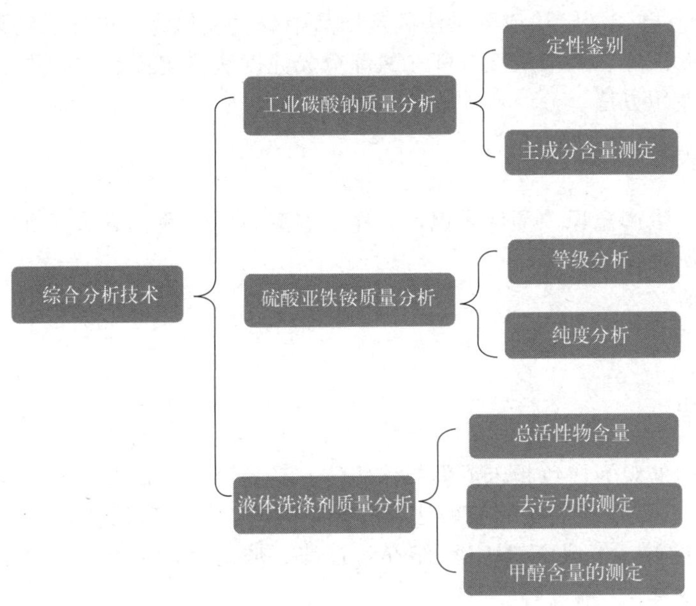

任务一
工业碳酸钠的质量分析

一、任务导入

工业碳酸钠是重要的化工原料之一，广泛应用于轻工日化、建材、化学工业、食品工业、冶金、纺织、石油、国防、医药等领域，用作制造其他化学品的原料、清洗剂、洗涤剂，也用于照相和分析领域。玻璃工业是纯碱的最大消费部门，每吨玻璃消耗纯碱 0.2t。在工业用纯碱的需求比重中，轻工、建材、化学工业占据主导地位，约占 2/3，其次是冶金、纺织、石油、国防、医药及其他工业。碳酸钠通常被视为对生态系统相对无害的物质。然而，大量排放仍可能影响水体的 pH 值和总碱度，因此在使用和处理时需要进行适当的管理和监管。如果你是一名化工生产企业的检验人员，公司生产了一批工业碳酸钠，你如何判定该批产品是否合格？

二、任务目标

1. 知识技能

(1) 掌握样品预处理和碳酸钠质量分析方法和操作技术。

(2) 掌握银量-电位滴定法或汞量法测定样品中少量氯化物的操作和结果计算。

(3) 掌握溶解试样、调节酸度及邻二氮菲分光光度法测定样品中杂质铁的操作过程和可见分光光度计的使用方法。

2. 思政素养

(1) 培养安全生产意识，环保意识，有序工作意识，整理、清洁等习惯。

(2) 培养团队精神。

三、任务分析

1. 认识产品

工业碳酸钠的外观为白色粉末或颗粒状固体。其易溶于水，微溶于无水乙醇，不溶于丙醇。熔点为 851℃。其生产方法有氨碱法、联合制碱法、天然碱法。常用的氨碱法是采用食盐水吸氨后通入 CO_2，生成 $NaHCO_3$ 结晶，过滤、煅烧得碳酸钠。采用含 NH_4Cl 的母液加石灰乳蒸馏回收氨。

$$NaCl + NH_3 + CO_2 + H_2O \longrightarrow NaHCO_3 + NH_4Cl$$

$$2NaHCO_3 \xrightarrow{\Delta} Na_2CO_3 + CO_2\uparrow + H_2O$$

$$2NH_4Cl + Ca(OH)_2 \longrightarrow CaCl_2 + 2H_2O + 2NH_3\uparrow$$

2. 质量指标

质量指标参考 GB/T 210—2022《工业碳酸钠》，详见表 3-3-1。

3. 检测项目

依据国标资料，完成工业碳酸钠质量分析相关项目的检测：①定性鉴别；②主成分含量测定；③其他成分含量测定；④其他指标测定。

四、工作计划

按照滴定分析的工作程序要求，对工作任务进行思考，梳理工作流程，并掌握工作任务内容、工作要求，完成工业碳酸钠的质量分析任务计划表。

工业碳酸钠的质量分析任务计划表

工作子任务	工作内容	工作要求	HSE与安全防护措施

五、任务实施

（一）工业碳酸钠的鉴别

1. 试剂

盐酸（36%）；氢氧化钙溶液（2g/L，取上层清液）；硫酸镁溶液（120g/L）。

2. 鉴定

① 将用盐酸润湿的铂丝先在无色火焰上灼烧至无色，再蘸取样品溶液少许，在无色火焰上灼烧，火焰呈现黄色。

② 样品溶液滴加盐酸即放出 CO_2，该气体通入氢氧化钙溶液中即生成白色沉淀（$CaCO_3$）。

③ 样品溶液滴加硫酸镁溶液，即生成白色沉淀（$MgCO_3$）。

3. 原始记录

工业碳酸钠的鉴别原始记录

物料名称		物料编码		检验单号	
批/编号		规格		检验目的	
来源		数量		检验日期	
检验依据		取样量		报告日期	
结论：					
复核人：		检验人：			

（二）总碱量的测定

碳酸钠为典型的水解性盐，其水溶液呈碱性，可用盐酸标准滴定溶液直接滴定。

$$Na_2CO_3 + 2HCl \longrightarrow 2NaCl + CO_2\uparrow + H_2O$$

由于碳酸钠在贮运过程中易吸收空气中的水分和二氧化碳，故样品需在250～270℃干燥后才能测定（干基）含量。若不经干燥，直接称样测定，则得到以湿基计的含量。

1. 试剂

盐酸标准滴定溶液 c(HCl) ＝1mol/L；溴甲酚绿-甲基红混合指示剂。

2. 操作

① 称取1.7g于250～270℃下加热至恒重的试样，精确至0.0002g。置于锥形瓶中，用50mL水溶解试样。

② 加10滴溴甲酚绿-甲基红混合指示剂，用盐酸标准滴定溶液滴定至溶液由绿色变为暗红色，煮沸2min，冷却后继续滴定至暗红色为终点。

③ 同时做空白试验。

3. 结果表述

以质量分数表示的总碱量（以 Na_2CO_3 干基计）$w(Na_2CO_3)$ 按下式计算：

$$w(Na_2CO_3) = \frac{(V - V_0)c \times 0.05300}{m}$$

式中，c 为盐酸标准滴定溶液的准确浓度，mol/L；V 为滴定样品耗用盐酸标准滴定溶液的体积，mL；V_0 为空白试验耗用盐酸标准滴定溶液的体积，mL；m 为样品质量，g；0.05300为$\frac{1}{2}Na_2CO_3$ 的摩尔质量，g/mmol。

平行测定结果的允许差不大于0.2%，取平均值报告结果。

4. 原始记录

工业碳酸钠中碳酸钠含量测定原始记录

物料名称		物料编码		检验单号	
批/编号		规格		检验目的	
来源		数量		检验日期	
检验依据		取样量		报告日期	
含量测定：					
结论：					
复核人：		检验人：			

（三）烧失量测定

1. 操作

称取2g样品（精确至0.0002g），置于已恒重的称量瓶或瓷坩埚内，移入烘箱或高温炉中，使温度逐渐升至250～270℃，灼烧至恒重。

2. 结果表述

$$w(\text{烧失}) = \frac{m_1}{m}$$

式中，m_1 为试样加热时失去的质量，g；m 为试样的质量，g；w(烧失) 为试样的烧失量。平行测定结果的允许差不大于 0.04%。

3. 原始记录

设计数据记录表格，及时记录原始数据。

（四）氯化物含量测定

测定少量氯化物的方法和操作步骤如下。

1. 银量-电位滴定法

（1）试剂　硝酸银标准滴定溶液 $c(AgNO_3)=0.05mol/L$，可用相应浓度 NaCl 基准溶液，按电位滴定法进行标定。

（2）操作　称取 1g 样品（精确至 0.01g），加 40mL 水溶解（不必加入醇）。用硝酸和氢氧化钠溶液调节 pH 后，用硝酸银标准溶液进行电位滴定。

（3）结果表述

$$w(\text{NaCl})=\frac{c(V-V_0)\times 0.05844}{m[1-w(\text{烧失})]}$$

式中，c 为硝酸银标准滴定溶液的准确浓度，mol/L；V 为滴定耗用硝酸银标准滴定溶液的体积，mL；V_0 为空白耗用硝酸银标准滴定溶液的体积，mL；m 为样品质量，g；0.05844 为 NaCl 的摩尔质量，g/mmol；w（NaCl）为（NaCl）的含量。

平行测定的允许差不大于 0.02%。

2. 汞量法

（1）试剂　硝酸汞标准滴定溶液 $c[1/2Hg(NO_3)_2]=0.05mol/L$，用相应浓度的 NaCl 基准溶液进行标定。

（2）操作　称取 2g 样品(精确至 0.01g)，加 40mL 水溶解(不必加入乙醇)。用硝酸和氢氧化钠溶液调节 pH 后，用硝酸汞标准滴定溶液滴定。要求滴定试样与滴定空白溶液终点颜色相同。

（3）结果表述　结果计算式和允许差要求与银量-电位滴定法相同，只是其中 c、V（V_0）表示硝酸汞标准滴定溶液的浓度和体积。

3. 原始记录

设计数据记录表格，及时记录原始数据。

（五）铁含量测定

邻二氮菲分光光度法测定杂质铁的原理、所需仪器和试剂见模块七任务二，下面补充说明测定工业碳酸钠中杂质铁的具体内容。

1. 试剂

铁标准溶液（0.020mg/mL）、盐酸（1+1）、氨水（1+1）、抗坏血酸溶液（100g/L）、乙酸-乙酸钠缓冲溶液（pH≈4.5）、邻二氮菲溶液（1g/L）。

2. 操作

（1）工作曲线溶液配制　在一组 100mL 的烧杯中，分别加入 0.00mL、1.00mL、2.00mL、4.00mL、6.00mL、8.00mL 铁标准溶液（0.020mg/mL），分别加水至约 40mL，用盐酸溶液或氨水溶液调节 pH 约为 2（用精密 pH 试纸检验），将溶液移入 100mL 容量瓶中。

（2）标准曲线的测绘　向上述容量瓶中各加入 1mL 抗坏血酸溶液（100g/L）、20mL 乙酸-乙酸钠缓冲溶液（pH≈4.5）、10mL 邻二氮菲溶液（1g/L），用水稀释至刻度，摇匀。放置 15min。在波长 510nm 处，用 2cm 或 4cm 比色皿，以水作参比测量各溶液的吸光度。从每个标准溶液的吸光度中减去试剂空白溶液的吸光度。以铁含量为横坐标，对应的吸光度为纵坐标，绘制标准曲线。

（3）样品测定　称取 10g 样品（精确至 0.01g）置于烧杯中，加少量水润湿，滴加 35mL 盐酸溶液（1+1），煮沸 3～5min，冷却（必要时过滤），移入 250mL 容量瓶中，加水至刻度，摇匀。吸取 50mL（或 25mL）上述溶液于 100mL 烧杯中；另取 7mL（或 3.5mL）盐酸溶液于另一烧杯中，用氨水中和后，与样品溶液一并用氨水和盐酸溶液调节 pH＝2（用精密 pH 试纸检验）。分别移入 100mL 容量瓶中。

后续操作按标准曲线的测绘后半部分进行。由样品溶液的吸光度和空白溶液的吸光度在标准曲线上查出相应的铁含量 $w_{(\mathrm{Fe})}$。

3. 结果表述

$$w_{(\mathrm{Fe})}=\frac{m_1-m_0}{m\times[1-w(\text{烧失})]\times10^3}$$

式中，m_1 为由样品溶液吸光度在标准曲线上查得的铁的质量，mg；m_0 为由空白溶液吸光度在标准曲线上查得的铁的质量，mg；m 为移取的样品溶液中所含样品的质量，g。

平行测定结果的允许差，优等品、一等品不大于 0.0005%，合格品不大于 0.001%。

4. 原始记录

设计数据记录表格，及时记录原始数据。

（六）硫酸盐含量测定

在样品的盐酸溶液中，加氯化钡使硫酸盐生成白色的硫酸钡沉淀，过滤后于（800±25）℃下灼烧至恒重，以称量法定量。在例行检验中，较简便的方法是利用硫酸钡悬浮液通过目视比浊法定量。

1. 试剂

盐酸溶液(1+1)；氨水；氯化钡溶液(100g/L)；硝酸银溶液(5g/L)；甲基橙指示剂(1g/L)。

2. 操作

① 称取 20g 样品（精确至 0.01g），置于烧杯中，加 50mL 水，搅拌，滴加 70mL 盐酸溶液（1+1）中和样品并酸化。用中速定量滤纸过滤，滤液和洗液收集于烧杯中，控制溶液体积约 250mL。加 3 滴甲基橙指示剂，用氨水中和后再加 6mL 盐酸溶液（1+1）酸化。

② 煮沸，在不断搅拌下加入 25mL 氯化钡溶液（100g/L），约 90s 加完。在不断搅拌下继续煮沸 2min。在沸水浴上放置 2h，停止加热，静置 4h。用慢速定量滤纸过滤。用热水洗涤沉淀直到取 10mL 滤液与 1mL 硝酸银溶液混合，5min 后仍保持透明为止。

③ 将滤纸连同沉淀移入预先在（800±25)℃下灼烧至恒重的瓷坩埚中，灰化后移入高温炉内，于（800±25)℃下灼烧至恒重。

3. 结果表述

$$w(SO_4^{2-})=\frac{m_1\times 0.4116}{m[1-w(烧失)]}$$

式中，m_1 为灼烧后硫酸钡的质量，g；m 为样品质量，g；0.4116 为硫酸钡换算为硫酸根的系数；$w(SO_4^{2-})$ 为样品中 SO_4^{2-} 的含量。

4. 原始记录

设计数据记录表格，及时记录原始数据。

（七）水不溶物含量测定

1. 操作

称取 20～40g 试样（精确至 0.01g），置于烧杯中，加入 200～400mL 约 40℃的水溶解，维持实验溶液温度在(50±5)℃，用已恒重的古氏坩埚过滤，以(50±5)℃的水洗涤不溶物，直至在 20mL 洗涤液与 20mL 水中加 2 滴酚酞指示剂后所呈现的颜色一致为止。将古氏坩埚连同不溶物一并移入干燥箱内，在(110±5)℃下干燥至恒重。

2. 结果表述

$$w(水不溶物)=\frac{m_1}{m[1-w(烧失)]}$$

式中，m_1 为水不溶物的质量，g；m 为试样的质量，g；w(水不溶物）为试样中水不溶物的含量。

平行测定的允许差，优等品、一等品不大于 0.006%；合格品不大于 0.008%。

3. 原始记录

设计数据记录表格，及时记录原始数据。

六、课后拓展

（1）汞量法测定氯化物时，样品溶解后为什么反复调节溶液的酸度？最终要求的 pH 是多少？

（2）测定工业碳酸钠的烧失量有什么意义？长期放置的产品烧失量会发生什么变化？

（3）测定某碳酸钠试样的总碱量时，称样 1.7524g，滴定耗用 1.0246 mol/L Cl^- 溶液 31.44mL。空白试验耗用该 HCl 标准溶液 0.02mL。求样品中碳酸钠质量分数是多少？

（4）测定纯碱中少量硫酸盐时，称取试样 20.00g，按硫酸钡称量法操作，灼烧后测得 $BaSO_4$ 质量为 0.0144g。已测出样品的烧失量为 1%。求试样中硫酸盐含量。

任务二
硫酸亚铁铵的质量分析

一、任务导入

硫酸亚铁铵,俗名为莫尔盐、摩尔盐,化学式为 $Fe(NH_4)_2 \cdot (SO_4)_2 \cdot 6H_2O$,是一种蓝绿色的无机复盐。硫酸亚铁铵是一种重要的化工原料,用途十分广泛。它可以作净水剂;在无机化学工业中,它是制取其它铁化合物的原料,如用于制造氧化铁系颜料、磁性材料、黄血盐和其他铁盐等;它还有许多方面的直接应用,如可用作印染工业的媒染剂,制革工业中用于鞣革,木材工业中用作防腐剂,医药中用于治疗缺铁性贫血,农业中施用于缺铁性土壤,畜牧业中用作饲料添加剂等。现有某检测室接到化学实验技术竞赛项目合成的一批硫酸亚铁铵产品,根据赛项要求,作为分析检验人员,请针对该产品进行检测并判定该批硫酸亚铁铵的纯度。

二、任务目标

1. 知识技能

(1) 掌握硫酸亚铁铵的等级和纯度的检测方法。
(2) 能评判硫酸亚铁铵的产品等级。
(3) 能测定硫酸亚铁铵的产品纯度。

2. 思政素养

(1) 树立良好的质量意识、安全防范意识和环境保护意识。
(2) 树立科学探究精神,弘扬追求卓越的工匠精神。

三、任务分析

1. 认识产品

硫酸亚铁铵,分子量为 392.14,是一种蓝绿色的无机复盐。易溶于水,不溶于乙醇,在 100~110℃时分解。

铁能溶于稀硫酸生成硫酸亚铁,但亚铁盐通常不稳定,在空气中易被氧化。若往硫酸亚铁溶液中加入与硫酸亚铁等物质的量(以 mol 计)的硫酸铵,可生成一种含有结晶水、不易被氧化、易于存储的复盐——硫酸亚铁铵晶体。

$$Fe + H_2SO_4 = FeSO_4 + H_2\uparrow$$

$$FeSO_4 + (NH_4)_2SO_4 + 6H_2O = FeSO_4 \cdot (NH_4)_2SO_4 \cdot 6H_2O$$

2. 质量指标

硫酸亚铁铵的质量指标见 GB/T 661—2011《化学试剂 六水合硫酸铁(Ⅱ)铵(硫酸亚铁铵)》。

3. 检测项目

依据国标资料,完成硫酸亚铁铵质量分析相关项目的检测:① 等级分析;② 纯度分析。

四、工作计划

按照色谱分析的工作程序要求，对工作任务进行思考，梳理工作流程，并掌握工作任务内容、工作要求，完成硫酸亚铁铵质量分析任务计划表。

硫酸亚铁铵质量分析任务计划表

工作子任务	工作内容	工作要求	HSE与安全防护措施

五、任务实施

（一）等级分析

产品等级分析可采用限量分析——目测比色法,该方法基于酸性条件下,三价铁离子可以与硫氰酸根离子生成红色配合物,将产品溶液与标准色阶进行比较,可以评判产品溶液中三价铁离子的含量范围,以确定产品等级。

1. 试剂

硫氰化钾溶液（25%）；盐酸溶液（20%）；除氧水。

2. 操作

称取 0.50g（精确到 0.01g）硫酸亚铁铵产品，置于 25mL 比色管中，加入一定体积的除氧水溶解晶体，然后加入 1mL20%盐酸溶液和 2mL25%硫氰化钾溶液，最后用除氧水定容，摇匀。同法平行配制三份。

将产品溶液与标准色阶进行比较，可以评判产品溶液中三价铁离子的含量范围，以确定产品等级。

产品等级分析标准见表 10-2-1。

10-2-1 产品等级分析标准

规格	一级	二级	三级
Fe^{3+} 含量/(mg/g)	＜0.1	0.1～0.2	0.2～0.4

3. 原始记录

设计数据记录表格，及时记录原始数据。

（二）纯度分析

产品纯度分析可采用邻二氮菲分光光度法，该方法基于特定 pH 条件下，二价铁离子可以与邻二氮菲生成有色配合物。依据朗伯-比尔定律，可以通过测定该配合物最大吸收波长处的吸光度，计算二价铁离子含量，判定产品纯度。

1. 试剂

铁(Ⅱ)离子储备溶液(2.000g/L)、硫酸(3.0mol/L)、缓冲试剂混合溶液(0.025mol/L 盐酸邻二氮菲、0.5mol/L 氨基乙酸、0.1mol/L 氨三乙酸按体积比 5∶5∶1 混合)、除氧水。

2. 操作

（1）0.020mg/mL 铁(Ⅱ)离子标准溶液准备　准确移取一定体积的铁(Ⅱ)离子储备溶液(2.000g/L)注入一定规格的容量瓶中，加入一定体积的硫酸溶液，用除氧水稀释至刻度，摇匀。

（2）配制标准溶液系列　用吸量管准确移取不同体积的铁(Ⅱ)离子标准溶液至一组(7 个)100mL 容量瓶中，然后加入 20mL 的缓冲试剂混合溶液，用除氧水稀释至刻度，摇匀、静置。

（3）测定最大吸收波长　以相同方式制备不含铁(Ⅱ)离子的溶液为空白溶液，任取一份已显色的铁(Ⅱ)离子标准系列溶液转移到比色皿中，选择一定的波长范围进行测量，确定最大吸收波长。

（4）绘制标准曲线　在最大吸收波长处，测定各铁（Ⅱ）离子标准系列溶液的吸光度。以浓度为横坐标，以相应的吸光度为纵坐标绘制标准曲线。

（5）纯度测定　准确称取 1g（精确到 0.0001g）硫酸亚铁铵产品，加入一定体积的硫酸溶液，搅拌、溶解，然后定量转移至 100mL 容量瓶中，用除氧水稀释至刻度，摇匀。

确定产品溶液的稀释倍数，配制待测溶液于所选用的容量瓶中，按照工作曲线绘制时的溶液显色方法和测定方法，在最大吸收波长处进行吸光度测定。

由测得的吸光度从工作曲线查出待测溶液中铁（Ⅱ）离子的浓度，计算得出产品纯度。产品纯度分析须完成 3 次平行实验。

3. 结果表述

按下式计算出产品纯度，取 3 次测定结果的算术平均值作为最终结果，结果保留 4 位有效数字。

$$\text{纯度}=\frac{\rho_x nVM_2}{mM_1}\times 100\%$$

式中　ρ_x 为从工作曲线查得的待测溶液中铁浓度，mg/L；n 为产品溶液的稀释倍数；V 为产品溶液定容后的体积，mL；m 为准确称取的产品质量，g；M_1 为铁元素的摩尔质量，55.84 g/mol；M_2 为六水合硫酸亚铁铵的摩尔质量，391.97 g/mol。

4. 原始记录

设计数据记录表格，及时记录原始数据。

文档扫一扫

赛证聚焦——硫酸亚铁铵的制备及质量评价

六、课后拓展

（1）产物的纯度分析还可以采用滴定分析法，如 $KMnO_4$ 法、$K_2Cr_2O_7$ 法，请问 $KMnO_4$ 法采用何种指示剂？$K_2Cr_2O_7$ 法的缺点是什么？

（2）在采用紫外-可见分光光度法进行产品纯度分析的过程中，参比为“以相同方式制备的不含铁（Ⅱ）离子的空白溶液”，为什么？“完成 3 次平行实验”的目的是什么？

任务三
液体洗涤剂的质量分析

一、任务导入

液体洗涤剂是日常生活中广泛使用的清洁产品，专门用于洗涤衣物、餐具等物品，具有去污、除菌等多种功能。液体洗涤剂的主要成分包括表面活性剂、助洗剂、香精、水等。其中，表面活性剂是去除污垢的主要活性成分，常由阴离子表面活性剂和非离子表面活性剂组成。这些成分能够降低油水的界面张力，发生乳化作用，将待清洗的油分散和增溶在洗涤液中。此外，液体洗涤剂中还可能加入酶制剂、抗污垢再沉积剂、pH 调节剂、螯合剂、功能性助剂、色素、防腐剂、消泡剂、无机盐、溶剂与助溶剂等成分，以增强洗涤效果或满足特定需求。随着全球低碳时代的到来和消费者对环保、安全、健康需求的提升，液体洗涤剂行业正朝着浓缩化、低温节水、安全环保、绿色天然的方向发展。如果你是一名洗涤剂生产企业的检验人员，你公司生产了一批洗洁精，你如何判定该批洗洁精是否合格？

二、任务目标

1. 知识技能

（1）掌握液体洗涤剂理化检验项目的常规检验方法。
（2）能进行检验样品的制备。
（3）能根据洗涤剂检验项目选择合适的分析方法。
（4）能按照标准方法对洗涤剂相关项目进行检验，进行正确判定。

2. 思政素养

（1）树立良好的质量意识、安全防范意识和环境保护意识。
（2）树立科学探究精神，弘扬追求卓越的工匠精神。

三、任务分析

1. 认识产品

液体洗涤剂是以水或其他有机溶剂作为基料的洗涤用品，它具有表面活性剂溶液的特性，按照用途或功能分为餐具液体洗涤剂、织物液体洗涤剂、洗发香波和皮肤清洁剂以及硬表面清洗剂。洗洁精是常用的餐具液体洗涤剂，其主要成分是烷基磺酸钠、脂肪醇醚硫酸钠、泡沫剂、增溶剂、香精、水、色素、防腐剂等。

2. 质量指标

洗洁精产品的感官、理化、性能指标应符合 GB 14930.1—2022《食品安全国家标准　洗涤剂》、GB/T 9985—2022《手洗餐具用洗涤剂》的规定，详见表 10-3-1。

表 10-3-1 手洗餐具用洗涤剂的感官、理化、性能指标

项目		指标
外观		液体状、膏状产品：不分层，无明显悬浮物或沉淀的均匀体（加入均匀悬浮颗粒组分的产品除外） 固体产品：产品色泽均匀、无明显机械杂质和污迹
气味		无异味[①]
稳定性[②]	耐热：(40±2)℃，24h	恢复至室温后观察，不分层，无沉淀，无异味和变色现象，透明产品不浑浊
	耐寒：(−5±2)℃，24h	恢复至室温后观察，不分层，无沉淀，无变色现象，透明产品不浑浊
总有效物含量/%		≥15
pH(25℃，1%溶液)		4.0～10.5
去污力		≥标准餐具洗涤剂

① 异味指除了产品所用原料的气味以外，所产生的腐败或腐臭气味。

② 仅液体、膏状产品需检测稳定性，产品恢复至室温后与试验前无明显变化。

3. 检测项目

依据国标资料，完成洗洁精质量分析的相关项目的检测：①总活性物含量；②去污力的测定；③甲醇含量的测定。

四、工作计划

按照滴定分析的工作程序要求，对工作任务进行思考，梳理工作流程，并掌握工作任务内容、工作要求，完成液体洗涤剂质量分析的测定任务计划表。

液体洗涤剂质量分析的测定任务计划表

工作子任务	工作内容	工作要求	HSE 与安全防护措施

五、任务实施

（一）液体洗涤剂总活性物含量的测定

在一般情况下，餐具洗涤剂产品的总活性物含量按“乙醇萃取法”测定。液体洗涤剂总活性物含量的测定则按粉状洗涤剂活性物含量测定，参照 GB/T 13173—2021 来进行。

用乙醇萃取试样，过滤分离，定量乙醇溶解物及乙醇溶解物中的氯化钠，产品中总活性物含量用乙醇溶解物含量减去乙醇溶解物中的氯化钠含量算得。

1. 试剂与仪器

试剂：①95%乙醇，新煮沸后冷却，用碱中和至对酚酞呈中性；②无水乙醇，新煮沸后冷却；③硝酸银标准滴定溶液，$c(AgNO_3)=0.1mol/L$；④铬酸钾溶液，50g/L；⑤酚酞溶液，10g/L；⑥硝酸溶液，0.5mol/L；⑦氢氧化钠溶液，0.5mol/L；⑧10%硝酸钙水溶液。

仪器：①吸滤瓶，250mL、500mL 或 1L。②沸水浴。③烘箱。④古氏坩埚，25～30mL，铺中速滤纸或石棉滤层。铺滤纸圆片时，先在坩埚底与多孔瓷板之间铺双层滤纸圆片，然后再在多孔瓷板上面铺双层滤纸圆片,滤纸圆片的直径要尽量与坩埚底部直径相吻合。铺石棉滤层时,先在坩埚底与多孔瓷板之间铺一层快速定性滤纸圆片,然后倒满已在水中浸泡 24h 并浮选分出的较粗的酸洗石棉稀淤浆,沉降后抽滤干,如此再铺两层较细酸洗石棉,于(105±2)℃ 烘箱内干燥后使用。

2. 操作

(1) 乙醇溶解物的萃取　准确称取液体洗涤剂试样约 5g,置于 150mL 烧杯中,加入 100mL 无水乙醇,加热,使样品溶解,静置片刻至溶液澄清,用倾泻法通过古氏坩埚或玻璃坩埚进行过滤,用吸滤瓶收集滤液(对于某些难以过滤的样品,称样后可预先在烘箱或电热板上干燥至黏稠状,再用乙醇进行溶解萃取试验)。将清液尽量排干,不溶物尽可能留在烧杯中,再以同样方法,每次用 95%热乙醇 25mL 重复萃取、过滤,操作四次。将吸滤瓶中的乙醇萃取液小心地转移至已称重的 300mL 烧杯(m_0) 中,用 95%热乙醇冲洗吸滤瓶三次,滤液和洗液合并于 300mL 烧杯中(此为乙醇萃取液)。

将盛有乙醇萃取液的烧杯置于沸腾水浴中,使乙醇蒸发至尽,再将烧杯外壁擦干,置于(105±2)℃烘箱内干燥 1h,移入干燥器中,冷却 30min 并称重 m_1,扣除烧杯质量 m_0 得乙醇溶解物的质量(m_2)。

(2) 乙醇溶解物中氯化钠含量的测定　将已称重的烧杯中的乙醇萃取物分别用 100mL 水、95%乙醇 20mL 溶解洗涤至 250mL 三角烧瓶中,加入 20mL 硝酸钙溶液,再加入酚酞溶液 3 滴,如呈红色,则以 0.5mol/L 硝酸溶液中和至红色刚好褪去;如不呈红色,则以 0.5mol/L 氢氧化钠溶液中和至微红色,再以 0.5mol/L 硝酸溶液回滴至微红色刚好褪去。然后加入 1mL 铬酸钾指示剂 ,用 0.1mol/L 硝酸银标准滴定溶液滴定至溶液由黄色变为橙色为止。

3. 结果计算

① 乙醇溶解物中氯化钠的质量 m_3,以 g 计,按下式计算:

$$m_3=0.0585\times cV$$

式中　0.0585——氯化钠的摩尔质量,g/mmol;

V——滴定耗用硝酸银标准滴定溶液的体积,mL;

c——硝酸银标准滴定溶液的浓度,mol/L。

② 样品中总活性物含量,以质量分数 x (%) 表示,按下式计算:

$$x=\frac{m_2-m_3}{m}\times 100\%$$

式中　m_2——乙醇溶解物的质量,g;

m_3——乙醇溶解物中氯化钠质量,g;

m——试样的质量,g。

在重复性条件下获得的两次独立测定结果的绝对差值不大于 0.3%,以大于 0.3%的情况不超过 5%为前提。

4. 原始记录

设计数据记录表格,及时记录原始数据。

(二) 餐具液体洗涤剂去污力测定

餐具液体洗涤剂去污力测定通常采用去油率法 (仲裁法),即使标准人工污垢均匀附着于载玻片上，用规定浓度的餐具洗涤剂溶液在规定条件下洗涤后，测定污垢的去除百分率。

1. 试剂材料与仪器

试剂材料：①盐酸水溶液(体积比为 1∶6)。②氢氧化钠水溶液[ρ (NaOH) =50g/L]。③硬水(2500mg/L)：称取 16.7g 无水氯化钙和 24.7g 硫酸镁溶于水后定容至 10L，制得硬水。使用时取 1L 稀释至 10L 即为 250mg/L 硬水。硬水标定按 GB/T 6367—2012 进行。④单硬脂酸甘油酯。⑤牛油。⑥猪油。⑦精制植物油。⑧乙氧基化烷基硫酸钠 $C_{12}\sim C_{15}$。⑨烷基苯磺酸钠。⑩其他：无水氯化钙、无水乙醇、尿素、硫酸镁。

仪器：①架盘天平；②分析天平；③电磁加热搅拌器、镊子、高型烧杯；④RHLQ-Ⅱ型立式去污测定机及相应全套设备；⑤温度计：0～100℃，0～200℃；⑥显微镜用载玻片：2mm×76mm×26mm；⑦搪瓷盘：300mm×400mm。

2. 操作

（1）人工污垢的制备　混合油配方：以牛油、猪油、植物油质量比为 0.5∶0.5∶1 配制，并加入其总质量 5%的单硬脂酸甘油酯，此即为人工污垢(置冰箱冷藏室中保质期 6 个月)。

将人工污垢置电炉上加热至 180℃，搅拌保持此温度 10min，将烧杯移至电磁搅拌器搅拌，自然冷却至所需温度备用。涂污温度推荐参考：当室温为 20℃时，需油温 80℃；室温为 25℃时，需油温 45℃；当室温低于 17℃或高于 27℃时，实验不宜进行，需要在空调间进行。必要时应使用附冷冻装置的立式去污测定机。

（2）污片的制备　在载玻片上沿下方 10mm 处画一条线，以示涂污限制在此线以下；在载玻片下沿 5mm 处画一条线，以示擦拭多余油污限制在此线以下。

新购载玻片需要在洗涤剂溶液中煮沸 15min 后，用清水洗涤至不挂水珠再置酸性洗液中浸泡 1h 后，用清水漂洗及蒸馏水冲洗，置干燥箱干燥后备用。

（3）标准餐具洗涤剂的配制　称取烷基苯磺酸钠 14 份，乙氧基化烷基硫酸钠 1 份，无水乙醇 5 份，尿素 5 份，加水至 100 份，混匀，用(1∶6)盐酸或 50g/L 氢氧化钠调节 pH 至 7～8，备用。

（4）涂污　将洁净的载玻片以四片为一组置称量架上，用分析天平精确称重（准确至 1mg）为 m_0，将称重后的载玻片逐一夹于晾片架上，夹子应夹在载玻片上沿线以上，将晾片架置于搪瓷盘内准备涂污。

待油污保持在确定的温度时，逐一将载玻片连同夹子从晾片架上取下，手持夹子将载玻片浸入油污中至 10mm 上沿线以下 1～2s 后缓缓取出，待油污下滴速度变慢后，挂回原来晾片架上，依次制备污片。油污凝固后，将污片取下用滤纸或脱脂棉将污片下沿 5mm 内底边及两侧多余的油污擦掉，再用镊子夹沾有石油醚的脱脂棉将其擦拭干净。室温下晾置 4h 后，在称量架上用分析天平精确称量为 m_1。此时每组污片上涂污量应保证为 0.5g±0.05g。

（5）去污　将已知涂污量的载玻片插入对应的洗涤架内准备洗涤。

将去污机接通电源，洗涤温度设置为 30℃，回转速度设置为 160r/min，洗涤时间设置为 3min。称取 5.00g 待测试样于 2500mL 的 250mg/L 硬水中，摇匀后，分别量取 800mL 试液于立式去污机的 3 个洗涤桶中，待试液温度升至 30℃时，迅速将已知质量的污片连同洗涤架对应地放入洗涤桶内，当最后一个洗涤架放入洗涤桶后开始计浸泡时间，同时迅速将搅拌器装好，浸泡 1min 时，启动去污机，开始洗涤，3min 时，机器自动停机，迅速将搅拌器取下，取出洗涤架，将洗后污片逐一夹挂在原来的晾片架上，挂晾 3h 后将污片置相应称量架称量，记为 m_2。

注：①每批实验应为标准餐具洗涤剂准备三组污片，为每一个待测试样各准备三组污片。②由于涂污条件不同会对去油率测定结果带来影响，故同一批涂污的载玻片无论能够设

置多少待测试样，必须配备三组标准餐具洗涤剂测定组加以对照。

3. 结果表示

① 去油率 ω，以%计，按下式计算：

$$去油率=\frac{m_1-m_2}{m_1-m_0}\times 100\%$$

式中 m_0——涂污前载玻片质量，g；

m_1——涂污后载玻片质量，g；

m_2——洗涤后污片的质量，g。

② 去污力判断。若被测餐具洗涤剂的去油率不小于标准餐具洗涤剂的去油率，则该餐具洗涤剂的去污力判为合格，否则为不合格。三组结果的相对平均偏差≤5%。

4. 原始记录

设计数据记录表格，及时记录原始数据。

（三）液体洗涤剂甲醇含量的测定

1. 试剂与仪器

试剂：①异丙醇、无水乙醇。②甲醇标准溶液：称取无水甲醇 10.0g（精确至 0.001g）于 50mL 烧杯中，加水 20～30mL 并转移至 1000mL 容量瓶中，用水稀释到刻度，混匀。用移液管取上述溶液 10.0mL 于 100mL 容量瓶中，加水稀释至刻度，混匀。再用移液管取此稀释液 10.0mL 于 50mL 烧杯中，用移液管准确加入 2.0mL 异丙醇，充分搅匀后，将此溶液储备于一具塞容器中，作为本实验的标准溶液。③实验溶液：称取餐具洗涤剂 10.0g，用移液管准确加入 2.0mL 异丙醇，充分搅匀。

仪器：（1）气相色谱仪 ①柱管：内径 3～4mm，长 2～3m 的不锈钢柱或玻璃柱。②固定相：180～315 pm 的高分子多孔微球，如 PoraPak Q、GDX 103 等。③检测器：氢火焰离子化检测器。④记录仪：满量程 10mV 以下，记录纸有效幅宽 150mm 以上，记录笔速度满量程 2s 以内，记录纸速度 10mm/min 以上。⑤载气：氮气。

（2）进样品用微型注射器 容量为 10μL。

（3）皂膜流量计

（4）容量瓶 100mL、1L。

（5）移液管 2mL、10mL。

（6）烧杯 50mL。

2. 操作

（1）气相色谱仪设定 进样口温度：150℃；柱温：110～130℃；检测器温度：150℃；载气流速：约 40 mL/min。

（2）气相色谱仪性能调整 注射 1～2μL 甲醇标准溶液于色谱仪中，并记录其图谱。适当调整柱温及载气流速，并注意改变色谱仪记录衰减，使甲醇及异丙醇的色谱峰能充分分开（见图 10-3-1），异丙醇峰高在记录纸幅宽的 50%～90%之间，半峰宽在 10mm 以上。

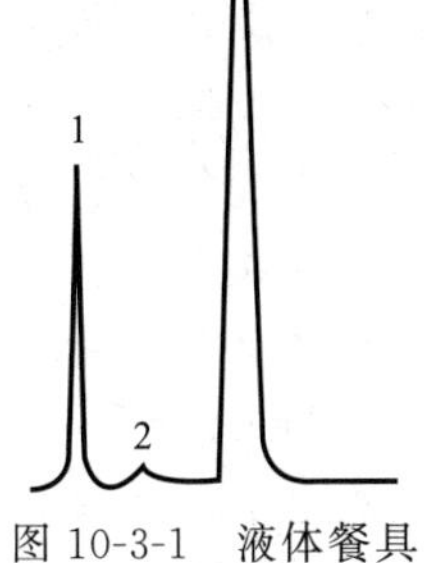

图 10-3-1 液体餐具用洗涤剂甲醇含量测定的气相色谱图例
1—甲醇；2—乙醇；3—异丙醇（6mm 处衰减由 1 变为 32）

（3）甲醇标准溶液的分析 按色谱仪设定的条件注射甲醇标准溶液，

记录色谱图。分析中要记录衰减的切换(一般甲醇出峰的记录衰减为异丙醇出峰时记录衰减的 1/32)。

(4) 实验溶液的分析　分析方法及条件与甲醇标准溶液完全相同。

3. 结果评判

分析完毕后，测量甲醇及异丙醇的峰面积，并将两者换算至相同衰减。将实验溶液得到的甲醇/异丙醇峰面积比，与甲醇标准溶液所得到的比值进行比较，如样品之比值小于或等于后者，则认为合格。

注：①本方法只适用于不含异丙醇的液体餐具洗涤剂，对其他餐具洗涤剂应根据本方法的原理进行必要的变更。②不含异丙醇的粉状餐具洗涤剂可用一定量的水溶解后，参照此法进行测定，但要记录稀释倍数。③含异丙醇的液体餐具洗涤剂应选用其他参照物进行测定。

4. 原始记录

设计数据记录表格，及时记录原始数据。

六、课后拓展

(1) 什么是洗涤剂中总活性物含量？测定原理是什么？

(2) 怎样评价洗衣粉和餐具洗涤剂的去污力？

(3) 餐具洗涤剂国家标准中哪些是强制性指标？

阅读材料

失误和偶然铸就的诺贝尔化学奖

自分析化学诞生以来，其理论和技术就不断发展革新，该学科在尖端科研领域发挥着重大的推动作用。据统计，1901 年至 2019 年，至少有 24 位科学家因分析化学的研究成果获得了诺贝尔化学奖。在众多获奖者中，田中耕一算得上是较特殊的一位，他因发明“对生物大分子的质谱分析法”而获得了 2002 年诺贝尔化学奖。

“既非教授”“亦非博士”“沉默寡言”“普通职员”，这是田中耕一的主要标签。他的得奖是源于一次实验的失误和偶然。1985 年，在检测维生素 B12(以下简称 VB12)的分子量实验中，他不小心把甘油当作丙酮与测定材料混合。为了让误加的甘油快速汽化，他采用激光频繁地对样品进行照射，结果惊讶地发现：检测到了VB12 的分子量。尽管激光照射并不是新鲜手段，但难点在于不能破坏 VB12 的分子结构。在此之前，田中的每次实验均以失败告终，但是他依然坚持没有放弃这一研究课题。这次偶然的实验发现，VB12 的结构没有分裂，说明甘油缓冲剂的加入，对分子量大、热稳定性差的有机化合物激光电离具有促进作用。田中耕一的这项发现奠定了科学家对生物大分子进行深入分析的基础。

“失误”“意外”“巧合”，田中的研究工作好像与这些词汇联系在一起。他的发现确实有偶然因素，但更是坚韧意志的必然结果。当实验结果与预测不一致时，田中没有选择退却或放弃，而是选择再尝试一把，再坚持一下。我们要学习诺贝尔奖得主这种坚韧的科研毅力，从偶然中创造出必然的勇气，当代大学生要敢于从事具有挑战性的科研工作，争取通过自己的努力为国家创造出顶尖的科研成果。

附录

附录一 常用酸碱的密度和浓度

试剂名称	密度/(kg/m^3)	含量/%	c/(mol/L)
盐酸	1.18～1.19	36～38	11.6～12.4
硝酸	1.39～1.40	65.0～68.0	14.4～15.2
硫酸	1.83～1.84	95～98	17.8～18.4
磷酸	1.69	85	14.6
高氯酸	1.68	70.0～72.0	11.7～12.0
冰醋酸	1.05	99.8(优级纯)	17.4
氢氟酸	1.13	40	22.5
氢溴酸	1.49	47.0	8.6
氨水	0.88～0.90	25.0～28.0	13.3～14.8

附录二 常用缓冲溶液的配制

缓冲溶液组成	pK_a	缓冲溶液 pH	缓冲溶液配制方法
氨基乙酸-HCl	2.35(pK_{a1})	2.3	取氨基乙酸 150g 溶于 500mL 水中后,加浓 HCl 80mL,再用水稀释至 1L
H_3PO_4-柠檬酸盐		2.5	取 $Na_2HPO_4 \cdot 12H_2O$ 113g 溶于 200mL 水中,加柠檬酸 387g,溶解,过滤后,稀释至 1L

续表

缓冲溶液组成	pK_a	缓冲溶液 pH	缓冲溶液配制方法
一氯乙酸-NaOH	2.86	2.8	取 200g 一氯乙酸溶于 200mL 水中，加 NaOH 40g，溶解后，稀释至 1L
邻苯二甲酸氢钾-HCl	2.95(pK_{a1})	2.9	取 500g 邻苯二甲酸氢钾溶于 500mL 水中，加浓 HCl80mL，稀释至 1L
甲酸-NaOH	3.76	3.7	取 95g 甲酸和 NaOH 40g 于 500mL 水中，溶解，稀释至 1L
NH_4Ac-HAc		4.5	取 NH_4Ac 77g 溶于 200mL 水中，加冰醋酸 59mL，稀释至 1L
NaAc-HAc	4.74	4.7	取无水 NaAc 83g 溶于水中，加冰醋酸 60mL，稀释至 1L
NH_4Ac-HAc		5.0	取 NH_4Ac 250g 溶于水中，加冰醋酸 25mL，稀释至 1L
六亚甲基四胺-HCl	5.15	5.4	取六亚甲基四胺 40g 溶于 200mL 水中，加浓 HCl 10mL，稀释至 1L
NH_4Ac-HAc		6.0	取 NH_4Ac 600g 溶于水中，加冰醋酸 20mL，稀释至 1L
NaAc-Na_2HPO_4		8.0	取无水 NaAc 50g 和 $Na_2HPO_4 \cdot 12H_2O$ 50g，溶于水中，稀释至 1L
Tris[三羟甲基氨基甲烷 $H_2NC(HOCH_3)_3$]-HCl	8.21	8.2	取 25g Tris 试剂溶于水中，加浓 HCl 8mL，稀释至 1L
NH_3-NH_4Cl	9.26	9.2	取 NH_4Cl 54g 溶于水中，加浓氨水 63mL，稀释至 1L
NH_3-NH_4Cl	9.26	9.5	取 NH_4Cl 54g 溶于水中，加浓氨水 126mL，稀释至 1L
NH_3-NH_4Cl	9.29	10.0	取 NH_4Cl 54g 溶于水中，加浓氨水 350mL，稀释至 1L

注：1. 缓冲液配制后可用 pH 试纸检查。如 pH 不对，可用共轭酸或碱调节。pH 欲调节精确时，可用 pH 计调节。
2. 若需增加或减少缓冲液的缓冲容量时，可相应增加或减少共轭酸碱对的物质的量，然后按上述调节。

附录三 常用基准物质的干燥条件和应用

基准物质		干燥后组成	干燥条件/℃	标定对象
名称	分子式			
碳酸氢钠	$NaHCO_3$	Na_2CO_3	270～300	酸
碳酸钠	$Na_2CO_3 \cdot 10H_2O$	Na_2CO_3	270～300	酸
硼砂	$Na_2B_4O_7 \cdot 10H_2O$	$Na_2B_4O_7 \cdot 10H_2O$	放在含 NaCl 和蔗糖饱和液的干燥器中	酸
碳酸氢钾	$KHCO_3$	K_2CO_3	270～300	酸
草酸	$H_2C_2O_4 \cdot 2H_2O$	$H_2C_2O_4 \cdot 2H_2O$	室温空气干燥	碱或 $KMnO_4$

续表

基准物质		干燥后组成	干燥条件/℃	标定对象
名称	分子式			
邻苯二甲酸氢钾	$KHC_8H_4O_4$	$KHC_8H_4O_4$	110～120	碱
重铬酸钾	$K_2Cr_2O_7$	$K_2Cr_2O_7$	140～150	还原剂
溴酸钾	$KBrO_3$	$KBrO_3$	130	还原剂
碘酸钾 铜 三氧化二砷	KIO_3 Cu As_2O_3	KIO_3 Cu As_2O_3	130 室温干燥器中保存 室温干燥器中保存	还原剂 还原剂 还原剂
草酸钠	$Na_2C_2O_4$	$Na_2C_2O_4$	130	氧化剂
碳酸钙	$CaCO_3$	$CaCO_3$	110	EDTA
锌	Zn	Zn	室温干燥器中保存	EDTA
氧化锌	ZnO	ZnO	900～1000	EDTA
氯化钠	NaCl	NaCl	500～600	$AgNO_3$
氯化钾	KCl	KCl	500～600	$AgNO_3$
硝酸银	$AgNO_3$	$AgNO_3$	280～290	氯化物
氨基磺酸	$HOSO_2NH_2$	$HOSO_2NH_2$	在真空 H_2SO_4 干燥器中保存 48h	碱

附录四 常用指示剂

1. 酸碱指示剂

名 称	变色范围(pH)	颜色变化	溶液配制方法
百里酚蓝	1.2～2.8(第一次变色)	红色～黄色	1g/L 乙醇溶液
甲酚红	0.12～1.8(第一次变色)	红色～黄色	1g/L 乙醇溶液
甲基黄	2.9～4.0	红色～黄色	1g/L 乙醇溶液
甲基橙	3.1～4.4	红色～黄色	1g/L 水溶液
溴酚蓝	3.0～4.6	黄色～紫色	0.4g/L 乙醇溶液
刚果红	3.0～5.2	蓝紫色～红色	1g/L 水溶液
溴甲酚绿	3.8～5.4	黄色～蓝色	1g/L 乙醇溶液
甲基红	4.4～6.2	红色～黄色	1g/L 乙醇溶液
溴酚红	5.0～6.8	黄色～红色	1g/L 乙醇溶液

续表

名称	变色范围(pH)	颜色变化	溶液配制方法
溴甲酚紫	5.2～6.8	黄色～紫色	1g/L 乙醇溶液
溴百里酚蓝	6.0～7.6	黄色～蓝色	1g/L 乙醇[50%(体积分数)]溶液
中性红	6.8～8.0	红色～亮黄色	1g/L 乙醇溶液
酚红	6.4～8.2	黄色～红色	1g/L 乙醇溶液
甲酚红	7.0～8.8(第二次变色)	黄色～紫红色	1g/L 乙醇溶液
百里酚蓝	8.0～9.6(第二次变色)	黄色～蓝色	1g/L 乙醇溶液
酚酞	8.2～10.0	无色～红色	10g/L 乙醇溶液
百里酚酞	9.4～10.6	无色～蓝色	1g/L 乙醇溶液

2. 酸碱混合指示剂

名称	变色点	颜色		配制方法	备注
		酸色	碱色		
甲基橙-靛蓝(二磺酸)	4.1	紫色	绿色	1 份 1g/L 甲基橙水溶液 1 份 2.5g/L 靛蓝(二磺酸)水溶液	
溴百里酚绿-甲基橙	4.3	黄色	蓝绿色	1 份 1g/L 溴百里酚绿钠盐水溶液 1 份 2g/L 甲基橙水溶液	pH=3.5 黄色 pH=4.05 绿黄色 pH=4.3 浅绿色
溴甲酚绿-甲基红	5.1	酒红色	绿色	3 份 1g/L 溴甲酚绿乙醇溶液 1 份 2g/L 甲基红乙醇溶液	
甲基红-亚甲基蓝	5.4	红紫色	绿色	2 份 1g/L 甲基红乙醇溶液 1 份 1g/L 亚甲基蓝乙醇溶液	pH=5.2 红紫色 pH=5.4 暗蓝色 pH=5.6 绿色
溴甲酚绿-氯酚红	6.1	黄绿色	蓝紫色	1 份 1g/L 溴甲酚绿钠盐水溶液 1 份 1g/L 氯酚红钠盐水溶液	pH=5.8 蓝色 pH=6.2 蓝紫色
溴甲酚紫-溴百里酚蓝	6.7	黄色	蓝紫色	1 份 1g/L 溴甲酚紫钠盐水溶液 1 份 1g/L 溴百里酚蓝钠盐水溶液	
中性红-亚甲基蓝	7.0	紫蓝色	绿色	1 份 1g/L 中性红乙醇溶液 1 份 1g/L 亚甲基蓝乙醇溶液	pH=7.0 蓝紫色
溴百里酚蓝-酚红	7.5	黄色	紫色	1 份 1g/L 溴百里酚蓝钠盐水溶液 1 份 1g/L 酚红钠盐水溶液	pH=7.2 暗绿色 pH=7.4 淡紫色 pH=7.6 深紫色
甲酚红-百里酚蓝	8.3	黄色	紫色	1 份 1g/L 甲酚红钠盐水溶液 3 份 1g/L 百里酚蓝钠盐水溶液	pH=8.2 玫瑰色 pH=8.4 紫色

续表

名 称	变色点	颜色		配制方法	备 注
		酸色	碱色		
百里酚蓝-酚酞	9.0	黄色	紫色	1份1g/L百里酚蓝乙醇溶液 3份1g/L酚酞乙醇溶液	
酚酞-百里酚酞	9.9	无色	紫色	1份1g/L酚酞乙醇溶液 1份1g/L百里酚酞乙醇溶液	pH=9.6 玫瑰色 pH=10 紫色

3. 金属离子指示剂

名 称	颜色		配制方法
	化合物	游离态	
铬黑T(EBT)	红色	蓝色	1. 称取0.50g铬黑T和2.0g盐酸羟胺，溶于乙醇，用乙醇稀释至100mL。使用前制备 2. 将1.0g铬黑T与100.0g NaCl研细，混匀
二甲酚橙(XO)	红色	黄色	2g/L水溶液(去离子水)
钙指示剂	酒红色	蓝色	0.50g钙指示剂与100.0g NaCl研细，混匀
紫脲酸铵	黄色	紫色	1.0g紫脲酸铵与200.0g NaCl研细，混匀
K-B指示剂	红色	蓝色	0.50g酸性铬蓝K加1.250g萘酚绿，再加25.0g K_2SO_4研细，混匀
磺基水杨酸	红色	无色	10g/L水溶液
PAN	红色	黄色	2g/L乙醇溶液
Cu-PAN(CuY+PAN)	Cu-PAN 红色	CuY-PAN 浅绿色	0.05mol/L Cu^{2+}溶液10mL，加pH=5～6的HAc缓冲溶液5mL，1滴PAN指示剂，加热至60℃左右，用EDTA滴至绿色，得到约0.025mol/L的CuY溶液。使用时取2～3mL于试液中，再加数滴PAN溶液

4. 氧化还原指示剂

名 称	变色点/V	颜色		配制方法
		氧化态	还原态	
二苯胺	0.76	紫色	无色	1g二苯胺在搅拌下溶于100mL浓硫酸中
二苯胺磺酸钠	0.85	紫色	无色	5g/L水溶液
邻二氮菲-Fe(Ⅱ)	1.06	淡蓝色	红色	0.5g $FeSO_4 \cdot 7H_2O$溶于100mL水中，加2滴硫酸，再加0.5g邻二氮菲
邻苯氨基苯甲酸	1.08	紫红色	无色	0.2g邻苯氨基苯甲酸，加热溶解在100mL 0.2% Na_2CO_3溶液中，必要时过滤
硝基邻二氮菲-Fe(Ⅱ)	1.25	淡蓝色	紫红色	1.7g硝基邻二氮菲溶于100mL 0.025mol/L Fe^{2+}溶液中
淀粉				1g可溶性淀粉加少许水调成糊状，在搅拌下注入100mL沸水中，微沸2min，放置，取上层清液使用(若要保持稳定，可在研磨淀粉时加1mg HgI_2)

5. 沉淀滴定法指示剂

名称	颜色变化		配制方法
铬酸钾	黄色	砖红色	5g K_2CrO_4 溶于水，稀释至 100mL
硫酸铁铵	无色	血红色	40g $NH_4Fe(SO_4)_2 \cdot 12H_2O$ 溶于水，加几滴硫酸，用水稀释至 100mL
荧光黄	绿色荧光	玫瑰红色	0.5g 荧光黄溶于乙醇，用乙醇稀释至 100mL
二氯荧光黄	绿色荧光	玫瑰红色	0.1g 二氯荧光黄溶于乙醇，用乙醇稀释至 100mL
曙红	黄色	玫瑰红色	0.5g 曙红钠盐溶于水，稀释至 100mL

附录五 化合物分子量表

化合物	分子量	化合物	分子量
Ag_3AsO_4	462.52	$BaCrO_4$	253.32
AgBr	187.77	BaO	153.33
AgCl	143.32	$Ba(OH)_2$	171.34
AgCN	133.89	$BaSO_4$	233.39
AgSCN	165.95	$BiCl_3$	315.34
Ag_2CrO_4	331.73	BiOCl	260.43
AgI	234.77	CO_2	44.01
$AgNO_3$	169.87	CaO	56.08
$AlCl_3$	133.34	$CaCO_3$	100.09
$AlCl_3 \cdot 6H_2O$	241.43	CaC_2O_4	128.10
$Al(NO_3)_3$	213.00	$CaCl_2$	110.99
$Al(NO_3)_3 \cdot 9H_2O$	375.13	$CaCl_2 \cdot 6H_2O$	219.08
Al_2O_3	101.96	$Ca(NO_3)_2 \cdot 4H_2O$	236.15
$Al(OH)_3$	78.00	$Ca(OH)_2$	74.10
$Al_2(SO_4)_3$	342.14	$Ca_3(PO_4)_2$	310.18
$Al_2(SO_4)_3 \cdot 18H_2O$	666.41	$CaSO_4$	136.14
As_2O_3	197.84	$CdCO_3$	172.42
As_2O_5	229.84	$CdCl_2$	183.32
As_2S_3	246.02	CdS	144.47
$BaCO_3$	197.34	$Ce(SO_4)_2$	332.24
BaC_2O_4	225.35	$Ce(SO_4)_2 \cdot 4H_2O$	404.30
$BaCl_2$	208.42	$CoCl_2$	129.84
$BaCl_2 \cdot 2H_2O$	244.27	$CoCl_2 \cdot 6H_2O$	237.93

续表

化合物	分子量	化合物	分子量
$Co(NO_3)_2 \cdot 6H_2O$	291.03	HI	127.91
CoS	90.99	HIO_3	175.91
$CoSO_4$	154.99	HNO_3	63.01
$CoSO_4 \cdot 7H_2O$	281.10	HNO_2	47.01
$CO(NH_2)_2$	60.06	H_2O	18.015
$CrCl_3$	158.36	H_2O_2	34.02
$CrCl_3 \cdot 6H_2O$	266.45	H_3PO_4	98.00
$Cr(NO_3)_3$	238.01	H_2S	34.08
Cr_2O_3	151.99	H_2SO_3	82.07
$CuCl$	99.00	H_2SO_4	98.07
$CuCl_2$	134.45	$Hg(CN)_2$	252.63
$CuCl_2 \cdot 2H_2O$	170.48	$HgCl_2$	271.50
$CuSCN$	121.62	Hg_2Cl_2	472.09
CuI	190.45	HgI_2	454.40
$Cu(NO_3)_2$	187.56	$Hg_2(NO_3)_2$	525.19
$Cu(NO_3)_2 \cdot 3H_2O$	241.60	$Hg_2(NO_3)_2 \cdot 2H_2O$	561.22
CuO	79.55	$Hg(NO_3)_2$	324.60
Cu_2O	143.09	HgO	216.59
CuS	95.61	HgS	232.65
$CuSO_4$	159.06	$HgSO_4$	296.65
$CuSO_4 \cdot 5H_2O$	249.68	Hg_2SO_4	497.24
$FeCl_2$	126.75	$KAl(SO_4)_2 \cdot 12H_2O$	474.38
$FeCl_2 \cdot 4H_2O$	198.81	KBr	119.00
$FeCl_3$	162.21	$KBrO_3$	167.00
$FeCl_3 \cdot 6H_2O$	270.30	KCl	74.55
$FeNH_4(SO_4)_2 \cdot 12H_2O$	482.18	$KClO_3$	122.55
$Fe(NO_3)_3$	241.86	$KClO_4$	138.55
$Fe(NO_3)_3 \cdot 9H_2O$	404.00	KCN	65.12
FeO	71.85	$KSCN$	97.18
Fe_2O_3	159.69	K_2CO_3	138.21
Fe_3O_4	231.54	K_2CrO_4	194.19
$Fe(OH)_3$	106.87	$K_2Cr_2O_7$	294.18
FeS	87.91	$K_3Fe(CN)_6$	329.25
Fe_2S_3	207.87	$K_4Fe(CN)_6$	368.35
$FeSO_4$	151.91	$KFe(SO_4)_2 \cdot 12H_2O$	503.24
$FeSO_4 \cdot 7H_2O$	278.01	$KHC_2O_4 \cdot H_2O$	146.14
$Fe(NH_4)_2(SO_4)_2 \cdot 6H_2O$	392.13	$KHC_2O_4 \cdot H_2C_2O_4 \cdot 2H_2O$	254.19
H_3AsO_3	125.94	$KHC_4H_4O_6$	188.18
H_3AsO_4	141.94	$KHSO_4$	136.16
H_3BO_3	61.83	KI	166.00
HBr	80.91	KIO_3	214.00
HCN	27.03	$KIO_3 \cdot HIO_3$	389.91
$HCOOH$	46.03	$KMnO_4$	158.03
CH_3COOH	60.05	$KNaC_4H_4O_6 \cdot 4H_2O$	282.22
H_2CO_3	62.03	KNO_3	101.10
$H_2C_2O_4$	90.04	KNO_2	85.10
$H_2C_2O_4 \cdot 2H_2O$	126.07	K_2O	94.20
HCl	36.46	KOH	56.11

续表

化　合　物	分子量	化　合　物	分子量
K_2SO_4	174.25	$Na_2H_2Y\cdot 2H_2O$	372.24
$MgCO_3$	84.31	$NaNO_2$	69.00
$MgCl_2$	95.21	$NaNO_3$	85.00
$MgCl_2\cdot 6H_2O$	203.30	Na_2O	61.98
MgC_2O_4	112.33	Na_2O_2	77.98
$Mg(NO_3)_2\cdot 6H_2O$	256.41	$NaOH$	40.00
$MgNH_4PO_4$	137.32	Na_3PO_4	163.94
MgO	40.30	Na_2S	78.04
$Mg(OH)_2$	58.32	$Na_2S\cdot 9H_2O$	240.18
$Mg_2P_2O_7$	222.55	Na_2SO_3	126.04
$MgSO_4\cdot 7H_2O$	246.47	Na_2SO_4	142.04
$MnCO_3$	114.95	$Na_2S_2O_3$	158.10
$MnCl_2\cdot 4H_2O$	197.91	$Na_2S_2O_3\cdot 5H_2O$	248.17
$Mn(NO_3)_2\cdot 6H_2O$	287.04	$NiCl_2\cdot 6H_2O$	237.70
MnO	70.94	NiO	74.70
MnO_2	86.94	$Ni(NO_3)_2\cdot 6H_2O$	290.80
MnS	87.00	Ni	90.76
$MnSO_4$	151.00	$NiSO_4\cdot 7H_2O$	280.86
$MnSO_4\cdot 4H_2O$	223.06	P_2O_5	141.95
NO	30.01	$PbCO_3$	267.21
NO_2	46.01	PbC_2O_4	295.22
NH_3	17.03	$PbCl_2$	278.11
CH_3COONH_4	77.08	$PbCrO_4$	323.19
NH_4Cl	53.49	$Pb(CH_3COO)_2$	325.29
$(NH_4)_2CO_3$	96.09	$Pb(CH_3COO)_2\cdot 3H_2O$	379.34
$(NH_4)_2C_2O_4$	124.10	PbI_2	461.01
$(NH_4)_2C_2O_4\cdot H_2O$	142.11	$Pb(NO_3)_2$	331.21
NH_4SCN	76.12	PbO	223.20
NH_4HCO_3	79.06	PbO_2	239.20
$(NH_4)_2MoO_4$	196.01	$Pb_3(PO_4)_2$	811.54
NH_4NO_3	80.04	PbS	239.26
$(NH_4)_2HPO_4$	132.06	$PbSO_4$	303.26
$(NH_4)_2S$	68.14	SO_3	80.06
$(NH_4)_2SO_4$	132.13	SO_2	64.06
NH_4VO_3	116.98	$SbCl_3$	228.11
Na_3AsO_3	191.89	$SbCl_5$	299.02
$Na_2B_4O_7$	201.22	Sb_2O_3	291.50
$Na_2B_4O_7\cdot 10H_2O$	381.37	Sb_2S_3	339.68
$NaBiO_3$	279.97	SiF_4	104.08
$NaCN$	49.01	SiO_2	60.08
$NaSCN$	81.07	$SnCl_2$	189.60
Na_2CO_3	105.99	$SnCl_2\cdot 2H_2O$	225.63
$Na_2CO_3\cdot 10H_2O$	286.14	$SnCl_4$	260.50
$Na_2C_2O_4$	134.00	$SnCl_4\cdot 5H_2O$	350.58
CH_3COONa	82.03	SnO_2	150.69
$CH_3COONa\cdot 3H_2O$	136.08	SnS_2	150.75
$NaCl$	58.44	$SrCO_3$	147.63
$NaClO$	74.44	SrC_2O_4	175.64
$NaHCO_3$	84.01	$SrCrO_4$	203.61
$Na_2HPO_4\cdot 12H_2O$	358.14	$Sr(NO_3)_2$	211.63

续表

化合物	分子量	化合物	分子量
$Sr(NO_3)_2 \cdot 4H_2O$	283.69	$Zn(CH_3COO)_2 \cdot 2H_2O$	219.50
$SrSO_4$	183.69	$Zn(NO_3)_2$	189.39
$UO_2(CH_3COO)_2 \cdot 2H_2O$	424.15	$Zn(NO_3)_2 \cdot 6H_2O$	297.48
$ZnCO_3$	125.39	ZnO	81.38
ZnC_2O_4	153.40	ZnS	97.44
$ZnCl_2$	136.29	$ZnSO_4$	161.44
$Zn(CH_3COO)_2$	183.47	$ZnSO_4 \cdot 7H_2O$	287.55

附录六
不同温度下标准滴定溶液的体积的补正值

温度/℃	水和0.05mol/L以下的各种水溶液	0.1mol/L和0.2mol/L以下的各种水溶液	盐酸溶液[c(HCl)=0.5mol/L]	盐酸溶液[c(HCl)=1mol/L]	硫酸溶液[c(1/2 H_2SO_4)=0.5mol/L],氢氧化钠溶液[c(NaOH)=0.5mol/L]	硫酸溶液[c(1/2 H_2SO_4)=1mol/L],氢氧化钠溶液[c(NaOH)=1mol/L]	碳酸钠溶液[c(1/2Na_2CO_3)=1mol/L]	氢氧化钾-乙醇溶液[c(KOH)=0.1mol/L]
5	+1.38	+1.7	+1.9	+2.3	+2.4	+3.6	+3.3	
6	+1.38	+1.7	+1.9	+2.2	+2.3	+3.4	+3.2	
7	+1.36	+1.6	+1.8	+2.2	+2.2	+3.2	+3.0	
8	+1.33	+1.6	+1.8	+2.1	+2.2	+3.0	+2.8	
9	+1.29	+1.5	+1.7	+2.0	+2.1	+2.7	+2.6	
10	+1.23	+1.5	+16	+1.9	+2.0	+2.5	+2.4	+10.8
11	+1.17	+1.4	+1.5	+1.8	+1.8	+2.3	+2.2	+9.6
12	+1.10	+1.3	+1.4	+1.6	+1.7	+2.0	+2.0	+8.5
13	+0.99	+1.1	+1.2	+1.4	+1.5	+1.8	+1.8	+7.4
14	+0.88	+1.0	+1.1	+1.2	+1.3	+1.6	+1.5	+6.5
15	+0.77	+0.9	+0.9	+1.0	+1.1	+1.3	+1.3	+5.2
16	+0.64	+0.7	+0.8	+0.8	+0.9	+1.1	+1.1	+4.2
17	+0.50	+0.6	+0.6	+0.6	+0.7	+0.8	+0.8	+3.1
18	+0.34	0.4	+0.4	+0.4	+0.5	+0.6	+0.6	+2.1
19	+0.18	+0.2	+0.2	+0.2	+0.2	+0.3	+0.3	+1.0
20	0.00	0.00	0.00	0.0	0.0	0.0	0.0	0.0
21	−0.18	−0.2	−0.2	−0.2	−0.2	−0.3	−0.3	−1.1
22	−0.38	−0.4	−0.4	−0.5	−0.5	−0.6	−0.6	−2.2
23	−0.58	−0.6	−0.7	−0.7	−0.8	−0.9	−0.9	−3.3

续表

温度/℃	水和0.05 mol/L以下的各种水溶液	0.1mol/L和0.2mol/L以下的各种水溶液	盐酸溶液[c(HCl)=0.5mol/L]	盐酸溶液[c(HCl)=1mol/L]	硫酸溶液[$c(1/2H_2SO_4)$=0.5 mol/L],氢氧化钠溶液[c(NaOH)=0.5mol/L]	硫酸溶液[$c(1/2H_2SO_4)$=1 mol/L],氢氧化钠溶液[c(NaOH)=1mol/L]	碳酸钠溶液[$c(1/2Na_2CO_3)$=1 mol/L]	氢氧化钾-乙醇溶液[c(KOH)=0.1mol/L]
24	−0.80	−0.9	−0.9	−1.0	−1.0	−1.2	−1.2	−4.2
25	−1.03	−1.1	−1.1	−1.2	−1.3	−1.5	−1.5	−5.3
26	−1.26	−1.4	−1.4	−1.4	−1.5	−1.8	−1.8	−6.4
27	−1.51	−1.7	−1.7	−1.7	−1.8	−2.1	−2.1	−7.5
28	−1.76	−2.0	−2.0	−2.0	−2.1	−2.4	−2.4	−8.5
29	−2.01	−2.3	−2.3	−2.3	−2.4	−2.8	−2.8	−9.6
30	−2.30	−2.5	−2.5	−2.6	−2.8	−3.2	−3.1	−10.6
31	−2.58	−2.7	−2.7	−2.9	−3.1	−3.5		−11.6
32	−2.86	−3.0	−3.0	−3.2	−3.4	−3.9		−12.6
33	−3.04	−3.2	−3.3	−3.5	−3.7	−4.2		−13.7
34	−3.47	−3.7	−3.6	−3.8	−4.1	−4.6		−14.8
35	−3.78	−4.0	−4.0	−4.1	−4.4	−5.0		−16.0
36	−4.10	−4.3	−4.3	−4.4	−4.7	−5.3		−17.0

资料来源:GB/T 601—2016。

注:1.本表数值是以20℃为标准温度以实测法测出。

2.表中带有“+”“−”号的数值是以20℃为分界。室温低于20℃的补正值为“+”,高于20℃的补正值为“−”。

3.本表的用法如下:

1L硫酸溶液[$c(1/2H_2SO_4)$=1mol/L]由25℃换算为20℃时,其体积补正值为−1.5mL,故40.00mL换算为20℃时的体积为:

$$40.00-\frac{1.5}{1000}\times 40.00=39.94(\text{mL})$$

参考文献

[1] 李继睿，李赞忠. 化工分析 [M]. 2版. 北京：化学工业出版社，2017.

[2] 黄一石，黄一波，乔子荣. 定量化学分析 [M]. 4版. 北京：化学工业出版社，2020.

[3] 胡伟光，张文英. 定量化学分析实验 [M]. 4版. 北京：化学工业出版社，2020.

[4] 孙莹，刘燕. 药物分析 [M]. 3版. 北京：人民卫生出版社，2018.

[5] 刘宏伟. 药物检验技术 [M]. 西安：西安交通大学出版社，2017.

[6] 黄一石，吴朝华. 仪器分析 [M]. 4版. 北京：化学工业出版社，2020.

[7] 王秀萍，刘世纯，常平. 实用分析化验工读本 [M]. 4版. 北京：化学工业出版社，2018.

[8] 徐科，李亚秋. 化学检验工　高级 [M]. 北京：化学工业出版社，2009.

[9] 聂英斌. 化工产品检验技术 [M]. 3版. 北京：化学工业出版社，2019.

[10] 李继睿，杨迅，静宝元. 仪器分析 [M]. 北京：化学工业出版社，2010.

[11] 王艳红，刘福胜. 仪器分析 [M]. 北京：化学工业出版社，2021.

[12] 龚盛昭，邵庆辉，李丰，等. 化妆品质量检验技术 [M]. 北京：化学工业出版社，2021.

高等职业教育教材

化工产品检测技术

工作页

（活页式）

姜玉梅　肖　洁◎主编
肖怀秋◎主审

化学工业出版社
·北京·

目 录

任务 2-1　分析天平的称量操作

任务报告单

1. 直接称量法

称量表面皿、称量瓶、小烧杯质量，完成数据记录。

直接称量法

项目	1	2	3	4
表面皿质量/g				
称量瓶质量/g				
小烧杯质量/g				

2. 固定质量称量法

称量某一固定质量的试样，如称量 0.3125g 基准 $CaCO_3$ 固体 3 份，完成数据记录。

固定质量称量法

项目	1	2	3
烧杯质量/g			
烧杯＋$CaCO_3$ 质量/g			
$CaCO_3$ 质量/g			

3. 差减称量法

称量 0.2g 无水 Na_2CO_3 固体，完成数据记录。

差减称量法

项目	1	2	3
倾样前称量瓶及 Na_2CO_3 质量 m_1/g			
倾样后称量瓶及 Na_2CO_3 质量 m_2/g			
Na_2CO_3 试样质量 m/g			

4. 液体样品的称量

称量 2.0g NaCl 液体样品，完成数据记录。

液体样品的称量

项目	1	2	3
倾样前滴瓶及 NaCl 质量 m_1/g			
倾样后滴瓶及 NaCl 质量 m_2/g			
NaCl 试样质量 m/g			

任务评价表

差减法天平称量操作技术考核任务评价表

<table>
<tr><td colspan="3">操作者姓名：</td><td colspan="2">任务总评分：</td></tr>
<tr><td colspan="3">评价人员：</td><td colspan="2">日期：</td></tr>
<tr><td colspan="2">考核内容及配分</td><td>考核点及评分细则</td><td>互评</td><td>师评</td></tr>
<tr><td rowspan="7">职业素养
（20 分）</td><td rowspan="3">“HSE”（健康、安全与环境）（10 分）</td><td>风险识别：列出实验过程中可能存在的风险，如有毒有害化学试剂的危害性及可能引发的安全事故，如化学灼伤、溶液溅出、仪器破裂等。内容正确全面得 3 分</td><td></td><td></td></tr>
<tr><td>安全措施与应急处理：针对识别出的风险，提出相应的安全措施。佩戴适当的个人防护装备（如实验服、手套、护目镜等）；确保实验室通风良好；使用正确的仪器操作技巧等。措施正确到位得 4 分</td><td></td><td></td></tr>
<tr><td>环境保护：描述实验过程中如何减少对环境的影响，如合理使用化学试剂、正确处理实验三废等得 3 分</td><td></td><td></td></tr>
<tr><td rowspan="4">“7S”（整理、整顿、清扫、清洁、素养、安全和节约）（10 分）</td><td>清点实验仪器与试剂，摆放有序，取用方便。保持工作现场的清洁整理等得 3 分</td><td></td><td></td></tr>
<tr><td>爱护仪器，不浪费药品、试剂得 2 分</td><td></td><td></td></tr>
<tr><td>检测完毕后按要求将仪器、药品、试剂等清理清洁复位得 3 分</td><td></td><td></td></tr>
<tr><td>科学公正、诚信务实、热爱劳动、团结互助等得 2 分</td><td></td><td></td></tr>
<tr><td rowspan="15">操作规范
（80 分）</td><td rowspan="3">准备工作
（10 分）</td><td>清扫天平得 3 分</td><td></td><td></td></tr>
<tr><td>检查天平水平得 4 分</td><td></td><td></td></tr>
<tr><td>调零点得 3 分</td><td></td><td></td></tr>
<tr><td rowspan="5">差减称量法操作
（40 分）</td><td>称量瓶在天平称量盘中央得 5 分</td><td></td><td></td></tr>
<tr><td>敲样动作正确得 10 分</td><td></td><td></td></tr>
<tr><td>试样无撒落得 5 分</td><td></td><td></td></tr>
<tr><td>称样量范围≤±10%得 10 分</td><td></td><td></td></tr>
<tr><td>称量一份试样敲样次数不超过 3 次得 10 分</td><td></td><td></td></tr>
<tr><td rowspan="3">结束工作（10 分）</td><td>复原天平得 4 分</td><td></td><td></td></tr>
<tr><td>放回凳子得 3 分</td><td></td><td></td></tr>
<tr><td>进行登记得 3 分</td><td></td><td></td></tr>
<tr><td rowspan="4">数据记录与处理
（20 分）</td><td>数据记录及时、真实、准确、清晰、整洁得 5 分</td><td></td><td></td></tr>
<tr><td>有效数字正确及修约正确得 5 分</td><td></td><td></td></tr>
<tr><td>计算正确得 5 分</td><td></td><td></td></tr>
<tr><td>未经允许涂改每处扣 0.5 分，扣完 5 分为止</td><td></td><td></td></tr>
</table>

收获与总结

今后改进、提高的情况

班级: 学号: 姓名: 日期:

任务 2-2 滴定分析仪器的操作

任务报告单

0.1mol/L HCl 溶液滴定 0.1mol/L NaOH 测定任务报告单 指示剂: 甲基橙

项目	1	2	3
移取 V(NaOH)/mL			
滴定消耗 V(HCl)/mL			
滴定体积比 V(HCl)/V(NaOH)			
滴定体积比平均值			

0.1mol/L NaOH 溶液滴定 0.1mol/L HCl 测定任务报告单 指示剂: 酚酞

项目	1	2	3
移取 V(HCl)/mL			
滴定消耗 V(NaOH)/mL			
滴定体积比 V(HCl)/V(NaOH)			
滴定体积比平均值			

计算过程:

任务评价表

滴定基本操作练习任务评价表

<table>
<tr><td colspan="5">操作者姓名：</td><td colspan="5">任务总评分：</td></tr>
<tr><td colspan="5">评价人员：</td><td colspan="5">日期：</td></tr>
<tr><td colspan="2">考核内容及配分</td><td colspan="6">考核点及评分细则</td><td>互评</td><td>师评</td></tr>
<tr><td rowspan="7">职业素养（20 分）</td><td rowspan="3">“HSE”(健康、安全与环境)（10 分）</td><td colspan="6">风险识别：列出实验过程中可能存在的风险，如有毒有害化学试剂的危害性及可能引发的安全事故，如化学灼伤、溶液溅出、仪器破裂等。内容正确全面得 3 分</td><td></td><td></td></tr>
<tr><td colspan="6">安全措施与应急处理：针对识别出的风险，提出相应的安全措施。佩戴适当的个人防护装备(如实验服、手套、护目镜等)；确保实验室通风良好；使用正确的仪器操作技巧等。措施正确到位得 4 分</td><td></td><td></td></tr>
<tr><td colspan="6">环境保护：描述实验过程中如何减少对环境的影响，如合理使用化学试剂、正确处理实验三废等得 3 分</td><td></td><td></td></tr>
<tr><td rowspan="4">“7S”(整理、整顿、清扫、清洁、素养、安全和节约)（10 分）</td><td colspan="6">清点实验仪器与试剂，摆放有序，取用方便。保持工作现场的清洁整理等得 3 分</td><td></td><td></td></tr>
<tr><td colspan="6">爱护仪器，不浪费药品、试剂得 2 分</td><td></td><td></td></tr>
<tr><td colspan="6">检测完毕后按要求将仪器、药品、试剂等清理清洁复位得 3 分</td><td></td><td></td></tr>
<tr><td colspan="6">科学公正、诚信务实、热爱劳动、团结互助等得 2 分</td><td></td><td></td></tr>
<tr><td rowspan="11">操作规范（70 分）</td><td rowspan="3">移液管的使用（20 分）</td><td colspan="6">移液管的准备：洗涤、润洗得 5 分</td><td></td><td></td></tr>
<tr><td colspan="6">吸液操作：持握姿势正确得 3 分，吸液插入深度与吸液高度适宜得 2 分，调液面操作正确得 4 分</td><td></td><td></td></tr>
<tr><td colspan="6">放液操作：移液管垂直、接收器倾斜得 2 分，管尖靠壁、停留 15s 得 2 分，最后管尖靠壁旋转得 2 分</td><td></td><td></td></tr>
<tr><td rowspan="2">滴定管的使用（25 分）</td><td colspan="6">滴定管准备：正确润洗滴定管得 2 分，装滴定液正确得 1 分，赶气泡、调零得 2 分</td><td></td><td></td></tr>
<tr><td colspan="6">滴定操作：滴定时左手控制滴定管阀门规范得 5 分，滴定过程中右手均匀振摇锥形瓶、左右手配合得 5 分，控制滴定速度逐滴、一滴、半滴得 10 分</td><td></td><td></td></tr>
<tr><td rowspan="2">容量瓶的使用（10 分）</td><td colspan="6">容量瓶的准备：检漏、洗涤得 2 分</td><td></td><td></td></tr>
<tr><td colspan="6">操作：稀释、平摇正确得 2 分，定容正确占 5 分，摇匀占 1 分</td><td></td><td></td></tr>
<tr><td>终点与读数（5 分）</td><td colspan="6">正确判断滴定终点得 2 分，终点读数准确得 3 分</td><td></td><td></td></tr>
<tr><td rowspan="2">记录计算（10 分）</td><td colspan="6">规范及时记录原始数据得 5 分，未经允许涂改每处扣 0.5 分，扣完为止，有效数字与修约正确得 3 分</td><td></td><td></td></tr>
<tr><td colspan="6">代入公式正确得 1 分，结果计算准确得 1 分</td><td></td><td></td></tr>
<tr><td rowspan="2">测定结果（10 分）</td><td rowspan="2">精密度（10 分）</td><td>相对平均偏差/%</td><td>≤0.2</td><td>≤0.4</td><td>≤0.6</td><td>≤0.8</td><td>>0.8</td><td rowspan="2"></td><td rowspan="2"></td></tr>
<tr><td>得分</td><td>10</td><td>8</td><td>4</td><td>2</td><td>0</td></tr>
<tr><td colspan="10">收获与总结

</td></tr>
<tr><td colspan="10">今后改进、提高的情况

</td></tr>
</table>

班级:　　　　　　学号:　　　　　　姓名:　　　　　　日期:

任务 2-3　滴定分析仪器的校准

任务报告单

滴定管校准任务报告单

水的温度＝　℃　　　　　　　水的密度＝　g/mL

校准分段/mL	称量记录/g				纯水的质量/g			实际体积 V/mL	校准值 ΔV ($\Delta V=V_{20}-V$)/mL	
	瓶	瓶＋水	瓶	瓶＋水	1	2	平均			
0.00～10.00										
0.00～20.00										
0.00～30.00										
0.00～40.00										
0.00～50.00										

移液管与容量瓶相对校准任务报告单

项目	1	2
液面与刻线相切情况		
标记完成情况		

计算过程：

任务评价表

滴定分析仪器的校准任务评价表

操作者姓名：	任务总评分：
评价人员：	日期：

考核内容及配分		考核点及评分细则	互评	师评
职业素养（20 分）	“HSE”（健康、安全与环境）（10 分）	风险识别：列出实验过程中可能存在的风险，如有毒有害化学试剂的危害性及可能引发的安全事故，如化学灼伤、溶液溅出、仪器破裂等。内容正确全面得 3 分		
		安全措施与应急处理：针对识别出的风险，提出相应的安全措施。佩戴适当的个人防护装备（如实验服、手套、护目镜等）；确保实验室通风良好；使用正确的仪器操作技巧等。措施正确到位得 4 分		
		环境保护：描述实验过程中如何减少对环境的影响，如合理使用化学试剂、正确处理实验三废等得 3 分		
	“7S”（整理、整顿、清扫、清洁、素养、安全和节约）（10 分）	清点实验仪器与试剂，摆放有序，取用方便。保持工作现场的清洁整理等得 3 分		
		爱护仪器，不浪费药品、试剂得 2 分		
		检测完毕后按要求将仪器、药品、试剂等清理清洁复位得 3 分		
		科学公正、诚信务实、热爱劳动、团结互助等得 2 分		
操作规范（80 分）	滴定管的校准（30 分）	天平操作规范得 10 分，其中天平调水平得 2 分，天平清零得 2 分，称量时及时关闭天平侧门得 2 分，读数稳定后记录数据得 2 分，称量结束后及时清扫并复位得 2 分		
		滴定管洗净与晾干正确得 5 分		7
		滴定管装液得 2 分，正确调零得 3 分		
		滴定管正确放液得 10 分		
	移液管与容量瓶的相对校准（30 分）	移液管洗净与晾干正确得 2 分		
		洗耳球、移液管持握姿势正确得 3 分		
		移液管插入液面深度（1～2cm）、吸液高度（1～2cm）适宜，10 次共计得 5 分		
		移液管调整液面动作规范 10 次共计得 10 分，每次不规范扣 1 分，扣完为止		
		移液管放液动作规范 10 次共计得 10 分，每次不规范扣 1 分，扣完为止		
	数据记录与处理（20 分）	规范及时记录原始数据得 5 分，未经允许涂改每处扣 0.5 分，扣完为止。有效数字位数及修约正确得 5 分		
		代入公式正确得 5 分，结果计算准确得 5 分		

总结与收获

今后改进、提高的情况

班级:　　　　　　　　学号:　　　　　　　　姓名:　　　　　　　　日期:

任务 3-1　HCl 标准溶液的配制与标定

任务报告单

HCl 标准溶液的配制与标定任务报告单

项目	1	2	3
倾样前(称量瓶+基准碳酸钠)的质量 m_1/g			
倾样后(称量瓶+基准碳酸钠)的质量 m_2/g			
基准碳酸钠的质量 m/g			
盐酸标准溶液的滴定体积 $V_{滴}$/mL			
滴定管校正值/mL			
温度/℃			
溶液温度补正值/(mL/L)			
溶液温度校正值/mL			
盐酸实际消耗体积 V/mL			
空白试验盐酸实际消耗体积 V_0/mL			
盐酸标准溶液浓度 c_i/(mol/L)			
盐酸标准溶液平均浓度$\overline{c}$/(mol/L)			
相对平均偏差 Rd/%			

计算过程:

任务评价表

HCl 标准溶液的配制与标定任务评价表

操作者姓名：		任务总评分：						
评价人员：		日期：						
考核内容及配分		考核点及评分细则					互评	师评
职业素养（20 分）	“HSE”（健康、安全与环境）（10 分）	风险识别：列出实验过程中可能存在的风险，如有毒有害化学试剂的危害性及可能引发的安全事故，如化学灼伤、溶液溅出、仪器破裂等。内容正确全面得 3 分						
		安全措施与应急处理：针对识别出的风险，提出相应的安全措施。佩戴适当的个人防护装备（如实验服、手套、护目镜等）；确保实验室通风良好；使用正确的仪器操作技巧等。措施正确到位得 4 分						
		环境保护：描述实验过程中如何减少对环境的影响，如合理使用化学试剂、正确处理实验三废等得 3 分						
	“7S”（整理、整顿、清扫、清洁、素养、安全和节约）（10 分）	清点实验仪器与试剂，摆放有序，取用方便。保持工作现场的清洁整理等得 3 分						
		爱护仪器，不浪费药品、试剂得 2 分						
		检测完毕后按要求将仪器、药品、试剂等清理清洁复位得 3 分						
		科学公正、诚信务实、热爱劳动、团结互助等得 2 分						
操作规范（60 分）	标准溶液配制（5 分）	化学试剂的安全规范取用得 4 分，标准溶液配制正确得 1 分						
	试样取量与处理（15 分）	天平的正确使用得 5 分，减量法的规范操作得 5 分，称样范围正确得 2 分						
		溶解试样得 2 分，指示剂加入正确得 1 分						
	滴定操作（25 分）	正确洗涤滴定管得 2 分，装滴定液得 2 分，赶气泡、调零得 2 分						
		滴定时左手控制滴定管阀门规范得 1 分，滴定过程中右手均匀振摇锥形瓶得 2 分，控制滴定速度得 5 分						
		正确判断滴定终点得 6 分，终点读数准确得 5 分						
	记录计算（15 分）	规范及时记录原始数据得 5 分，未经允许涂改每处扣 0.5 分，扣完为止，有效数字与修约正确得 3 分						
		代入公式正确得 4 分，结果计算准确得 3 分						
结果评价（20 分）	准确度（10 分）	相对误差/%	≤0.2	≤0.4	≤0.6	≤1.0	>1.0		
		得分	10	8	4	2	0		
	精密度（10 分）	相对平均偏差/%	≤0.2	≤0.4	≤0.6	≤0.8	>0.8		
		得分	10	8	4	2	0		

收获与总结

今后改进、提高的情况

任务 3-2　NaOH 标准溶液的配制与标定

任务报告单

NaOH 标准溶液的配制与标定任务报告单

项目	1	2	3
倾样前(称量瓶＋基准碳酸钠)的质量 m_1/g			
倾样后(称量瓶＋基准碳酸钠)的质量 m_2/g			
基准邻苯二甲酸氢钾的质量 m/g			
NaOH 标准溶液的滴定体积 $V_{滴}$/mL			
滴定管校正值/mL			
温度/℃			
溶液温度补正值/(mL/L)			
溶液温度校正值/mL			
NaOH 实际消耗体积 V/mL			
空白试验 NaOH 消耗体积 V_0/mL			
NaOH 标准溶液浓度 c_i/(mol/L)			
NaOH 标准溶液平均浓度 $\bar{c}$/(mol/L)			
相对平均偏差 Rd/%			

计算过程：

任务评价表

NaOH 标准溶液的配制与标定任务评价表

<table>
<tr><td colspan="3">操作者姓名：</td><td colspan="7">任务总评分：</td></tr>
<tr><td colspan="3">评价人员：</td><td colspan="7">日期：</td></tr>
<tr><td colspan="2">考核内容及配分</td><td colspan="6">考核点及评分细则</td><td>互评</td><td>师评</td></tr>
<tr><td rowspan="7">职业素养
(20 分)</td><td rowspan="3">“HSE”(健康、安全与环境)
(10 分)</td><td colspan="6">风险识别：列出实验过程中可能存在的风险，如有毒有害化学试剂的危害性及可能引发的安全事故，如化学灼伤、溶液溅出、仪器破裂等。内容正确全面得 3 分</td><td></td><td></td></tr>
<tr><td colspan="6">安全措施与应急处理：针对识别出的风险，提出相应的安全措施。佩戴适当的个人防护装备(如实验服、手套、护目镜等)；确保实验室通风良好；使用正确的仪器操作技巧等。措施正确到位得 4 分</td><td></td><td></td></tr>
<tr><td colspan="6">环境保护：描述实验过程中如何减少对环境的影响，如合理使用化学试剂、正确处理实验三废等得 3 分</td><td></td><td></td></tr>
<tr><td rowspan="4">“7S”(整理、整顿、清扫、清洁、素养、安全和节约)(10 分)</td><td colspan="6">清点实验仪器与试剂，摆放有序，取用方便。保持工作现场的清洁整理等得 3 分</td><td></td><td></td></tr>
<tr><td colspan="6">爱护仪器，不浪费药品、试剂得 2 分</td><td></td><td></td></tr>
<tr><td colspan="6">检测完毕后按要求将仪器、药品、试剂等清理清洁复位得 3 分</td><td></td><td></td></tr>
<tr><td colspan="6">科学公正、诚信务实、热爱劳动、团结互助等得 2 分</td><td></td><td></td></tr>
<tr><td rowspan="8">操作规范
(60 分)</td><td>标准溶液配制(5 分)</td><td colspan="6">化学试剂的安全规范使用得 2 分，标准溶液配制正确得 3 分</td><td></td><td></td></tr>
<tr><td rowspan="2">称量操作与样品准备(15 分)</td><td colspan="6">天平的正确使用得 2 分，减量法的规范操作得 10 分</td><td></td><td></td></tr>
<tr><td colspan="6">溶解试样得 2 分，加入指示剂得 1 分</td><td></td><td></td></tr>
<tr><td rowspan="3">滴定操作
(25 分)</td><td colspan="6">正确润洗滴定管得 2 分，装滴定液得 2 分，赶气泡、调零得 2 分</td><td></td><td></td></tr>
<tr><td colspan="6">滴定时左手控制滴定管阀门规范得 1 分，滴定过程中右手均匀振摇锥形瓶得 2 分，控制滴定速度得 5 分</td><td></td><td></td></tr>
<tr><td colspan="6">正确判断滴定终点得 6 分，终点读数准确得 5 分</td><td></td><td></td></tr>
<tr><td rowspan="2">记录计算
(15 分)</td><td colspan="6">原始记录规范及时得 5 分，未经允许涂改每处扣 0.5 分，扣完为止，有效数字与修约正确得 3 分</td><td></td><td></td></tr>
<tr><td colspan="6">代入公式正确得 4 分，结果计算准确得 3 分</td><td></td><td></td></tr>
<tr><td rowspan="4">结果评价
(20 分)</td><td rowspan="2">准确度
(10 分)</td><td>相对误差/%</td><td>≤0.2</td><td>≤0.4</td><td>≤0.6</td><td>≤1.0</td><td>>1.0</td><td rowspan="2"></td><td rowspan="2"></td></tr>
<tr><td>得分</td><td>10</td><td>8</td><td>4</td><td>2</td><td>0</td></tr>
<tr><td rowspan="2">精密度
(10 分)</td><td>相对平均偏差/%</td><td>≤0.2</td><td>≤0.4</td><td>≤0.6</td><td>≤0.8</td><td>>0.8</td><td rowspan="2"></td><td rowspan="2"></td></tr>
<tr><td>得分</td><td>10</td><td>8</td><td>4</td><td>2</td><td>0</td></tr>
</table>

收获与总结

今后改进、提高的情况

班级:　　　　　　　　学号:　　　　　　　　姓名:　　　　　　　　日期:

任务 3-3　纯碱中总碱量的测定

任务报告单

HCl 标准溶液的标定任务报告单

项目	1	2	3
倾样前(称量瓶＋基准碳酸钠)的质量 m_1/g			
倾样后(称量瓶＋基准碳酸钠)的质量 m_2/g			
基准碳酸钠的质量 m/g			
盐酸标准溶液的滴定体积 $V_{滴}$/mL			
滴定管校正值/mL			
温度/℃			
溶液温度补正值/(mL/L)			
溶液温度校正值/mL			
盐酸实际消耗体积 V/mL			
空白试验盐酸实际消耗体积 V_0/mL			
盐酸标准溶液浓度 c_i/(mol/L)			
盐酸标准溶液平均浓度 $\bar{c}$/(mol/L)			
相对平均偏差 Rd%			

纯碱中总碱量的测定任务报告单

内容	1	2	3
称量瓶和样品的质量(第一次读数)/g			
称量瓶和样品的质量(第二次读数)/g			
纯碱样品的质量 m/g			
盐酸标准溶液滴定体积/mL			
溶液温度校正值/mL			
盐酸实际消耗体积 V/mL			
盐酸标准溶液的浓度 c/(mol/L)			
样品中碳酸钠的含量 w_i/%			
样品中碳酸钠的平均含量 $\overline{w}$/%			
测定结果的相对平均偏差 Rd/%			
结果判定			

计算过程：

任务评价表

纯碱中总碱量的测定任务评价表

<table>
<tr><td colspan="5">操作者姓名：</td><td colspan="5">任务总评分：</td></tr>
<tr><td colspan="5">评价人员：</td><td colspan="5">日期：</td></tr>
<tr><td colspan="2">考核内容及配分</td><td colspan="6">考核点及评分细则</td><td>互评</td><td>师评</td></tr>
<tr><td rowspan="7">职业素养（20分）</td><td rowspan="3">“HSE”（健康、安全与环境）（10分）</td><td colspan="6">风险识别：列出实验过程中可能存在的风险，如有毒有害化学试剂的危害性及可能引发的安全事故，如化学灼伤、溶液溅出、仪器破裂等。内容正确全面得3分</td><td></td><td></td></tr>
<tr><td colspan="6">安全措施与应急处理：针对识别出的风险，提出相应的安全措施。佩戴适当的个人防护装备（如实验服、手套、护目镜等）；确保实验室通风良好；使用正确的仪器操作技巧等。措施正确到位得4分</td><td></td><td></td></tr>
<tr><td colspan="6">环境保护：描述实验过程中如何减少对环境的影响，如合理使用化学试剂、正确处理实验三废等得3分</td><td></td><td></td></tr>
<tr><td rowspan="4">“7S”（整理、整顿、清扫、清洁、素养、安全和节约）（10分）</td><td colspan="6">清点实验仪器与试剂，摆放有序，取用方便。保持工作现场的清洁整理等得3分</td><td></td><td></td></tr>
<tr><td colspan="6">爱护仪器，不浪费药品、试剂得2分</td><td></td><td></td></tr>
<tr><td colspan="6">检测完毕后按要求将仪器、药品、试剂等清理清洁复位得3分</td><td></td><td></td></tr>
<tr><td colspan="6">科学公正、诚信务实、热爱劳动、团结互助等得2分</td><td></td><td></td></tr>
<tr><td rowspan="8">操作规范（60分）</td><td>标准溶液配制（5分）</td><td colspan="6">化学试剂的安全规范取用得2分，标准溶液配制正确得3分</td><td></td><td></td></tr>
<tr><td rowspan="2">称量操作与样品准备（15分）</td><td colspan="6">天平的正确使用得2分，减量法的规范操作得10分</td><td></td><td></td></tr>
<tr><td colspan="6">溶解试样得2分，加入指示剂得1分</td><td></td><td></td></tr>
<tr><td rowspan="3">滴定操作（25分）</td><td colspan="6">正确润洗滴定管得2分，装滴定液得2分，赶气泡、调零得2分</td><td></td><td></td></tr>
<tr><td colspan="6">滴定时左手控制滴定管阀门规范得1分，滴定过程中右手均匀振摇锥形瓶得2分，控制滴定速度得5分</td><td></td><td></td></tr>
<tr><td colspan="6">正确判断滴定终点得6分，终点读数准确得5分</td><td></td><td></td></tr>
<tr><td rowspan="2">记录计算（15分）</td><td colspan="6">原始记录规范及时得5分，未经允许涂改每处扣0.5分，扣完为止，有效数字与修约正确得3分</td><td></td><td></td></tr>
<tr><td colspan="6">代入公式正确得4分，结果计算准确得3分</td><td></td><td></td></tr>
<tr><td rowspan="4">结果评价（20分）</td><td rowspan="2">准确度（10分）</td><td>相对误差/%</td><td>≤0.2</td><td>≤0.4</td><td>≤0.6</td><td>≤1.0</td><td>>1.0</td><td></td><td></td></tr>
<tr><td>得分</td><td>10</td><td>8</td><td>4</td><td>2</td><td>0</td><td></td><td></td></tr>
<tr><td rowspan="2">精密度（10分）</td><td>相对平均偏差/%</td><td>≤0.2</td><td>≤0.4</td><td>≤0.6</td><td>≤0.8</td><td>>0.8</td><td></td><td></td></tr>
<tr><td>得分</td><td>10</td><td>8</td><td>4</td><td>2</td><td>0</td><td></td><td></td></tr>
</table>

收获与总结

今后改进、提高的情况

任务 3-4　食醋中总酸度的测定

任务报告单

NaOH 标准溶液的标定任务报告单

项目	1	2	3
倾样前(称量瓶+基准碳酸钠)的质量 m_1/g			
倾样后(称量瓶+基准碳酸钠)的质量 m_2/g			
基准邻苯二甲酸氢钾的质量 m/g			
NaOH 标准溶液的滴定体积 $V_{滴}$/mL			
滴定管校正值/mL			
温度/℃			
溶液温度补正值/(mL/L)			
溶液温度校正值/mL			
NaOH 实际消耗体积 V/mL			
空白试验 NaOH 实际消耗体积 V_0/mL			
NaOH 标准溶液浓度 c(NaOH)/(mol/L)			
NaOH 标准溶液平均浓度 $\bar{c}$(NaOH)/(mol/L)			
相对平均偏差 Rd/%			

食醋中总酸度的测定任务报告单

项目	1	2	3
吸取食醋的体积 V_s/mL			
氢氧化钠标准溶液的浓度/(mol/L)			
氢氧化钠标准溶液的滴定体积 $V_{滴}$/mL			
滴定管校正值/mL			
温度/℃			
溶液温度补正值/(mL/L)			
溶液温度校正值/mL			
氢氧化钠实际消耗体积 V/mL			
空白试验氢氧化钠实际消耗体积 V_0/mL			
食醋中醋酸的含量 ρ_i/(g/L)			
食醋中醋酸的平均含量 $\bar{\rho}$/(g/L)			
测定结果的相对平均偏差 Rd/%			
结果判定			

计算过程：

任务评价表

食醋中总酸度的测定任务评价表

操作者姓名：					任务总评分：				
评价人员：					日期：				
考核内容及配分		考核点及评分细则						互评	师评
职业素养（20 分）	“HSE”（健康、安全与环境）（10 分）	风险识别：列出实验过程中可能存在的风险，如有毒有害化学试剂的危害性及可能引发的安全事故，如化学灼伤、溶液溅出、仪器破裂等。内容正确全面得 3 分							
		安全措施与应急处理：针对识别出的风险，提出相应的安全措施。佩戴适当的个人防护装备（如实验服、手套、护目镜等）；确保实验室通风良好；使用正确的仪器操作技巧等。措施正确到位得 4 分							
		环境保护：描述实验过程中如何减少对环境的影响，如合理使用化学试剂、正确处理实验三废等得 3 分							
	“7S”（整理、整顿、清扫、清洁、素养、安全和节约）（10 分）	清点实验仪器与试剂，摆放有序，取用方便。保持工作现场的清洁整理等得 3 分							
		爱护仪器，不浪费药品、试剂得 2 分							
		检测完毕后按要求将仪器、药品、试剂等清理清洁复位得 3 分							
		科学公正、诚信务实、热爱劳动、团结互助等得 2 分							
操作规范（60 分）	标准溶液配制（5 分）	化学试剂的安全规范使用得 2 分，标准溶液配制正确得 3 分							
	称量操作与样品准备（15 分）	天平的正确使用得 2 分，减量法的规范操作得 5 分							
		移液管规范使用得 4 分，容量瓶规范使用得 2 分，加入指示剂得 2 分							
	滴定操作（25 分）	正确润洗滴定管得 2 分，装滴定液得 2 分，赶气泡、调零得 2 分							
		滴定时左手控制滴定管阀门规范得 1 分，滴定过程中右手均匀振摇锥形瓶得 2 分，控制滴定速度得 5 分							
		正确判断滴定终点得 6 分，终点读数准确得 5 分							
	记录计算（15 分）	原始记录规范及时得 5 分，未经允许涂改每处扣 0.5 分，扣完为止，有效数字与修约正确得 3 分							
		代入公式正确得 4 分，结果计算准确得 3 分							
结果评价（20 分）	准确度（10 分）	相对误差/%	≤0.2	≤0.4	≤0.6	≤1.0	>1.0		
		得分	10	8	4	2	0		
	精密度（10 分）	相对平均偏差/%	≤0.2	≤0.4	≤0.6	≤0.8	>0.8		
		得分	10	8	4	2	0		

收获与总结

今后改进、提高的情况

任务 3-5　工业硝酸中硝酸含量的测定

任务报告单

NaOH 标准溶液配制与标定任务报告单

项目	1	2	3
倾样前(称量瓶+基准 KHP)的质量 m_1/g			
倾样后(称量瓶+基准 KHP)的质量 m_2/g			
基准 KHP 的质量 m/g			
NaOH 标准溶液的滴定体积 V/mL			
空白试验 NaOH 标准溶液的滴定体积 V_0/mL			
NaOH 标准溶液浓度 c(NaOH)/(mol/L)			
NaOH 标准溶液平均浓度 $\bar{c}$(NaOH)/(mol/L)			
相对平均偏差 Rd/%			

H_2SO_4 标准溶液的配制与标定任务报告单

项目	1	2	3
NaOH 标准溶液取用体积 V(NaOH)/mL	25.00	25.00	25.00
H_2SO_4 标准溶液的滴定体积 $V(H_2SO_4)$/mL			
空白试验 H_2SO_4 标准溶液的滴定体积 V_0/mL			
H_2SO_4 标准溶液浓度 $c(H_2SO_4)$/(mol/L)			
H_2SO_4 标准溶液平均浓度 $\bar{c}(H_2SO_4)$/(mol/L)			
相对平均偏差 Rd/%			

工业硝酸中硝酸含量测定任务报告单

项目	1	2	3
安瓿球质量 m_1/g			
安瓿球+硝酸的质量 m_2/g			
硝酸的质量 m/g			
NaOH 标准溶液的滴定体积 V(NaOH)/mL			
H_2SO_4 标准溶液的滴定体积 $V(H_2SO_4)$/mL			
空白试验 H_2SO_4 标准溶液的滴定体积 V_0/mL			
硝酸含量 w_i/%			
硝酸平均含量 $\bar{w}$/%			
相对平均偏差 Rd/%			

计算过程：

任务评价表

工业硝酸中硝酸含量的测定任务评价表

<table>
<tr><td colspan="4">操作者姓名：</td><td colspan="6">任务总评分：</td></tr>
<tr><td colspan="4">评价人员：</td><td colspan="6">日期：</td></tr>
<tr><th colspan="2">考核内容及配分</th><th colspan="6">考核点及评分细则</th><th>互评</th><th>师评</th></tr>
<tr><td rowspan="7">职业素养
(20 分)</td><td rowspan="3">“HSE”(健康、安全与环境)(10 分)</td><td colspan="6">风险识别：列出实验过程中可能存在的风险，如有毒有害化学试剂的危害性及可能引发的安全事故，如化学灼伤、溶液溅出、仪器破裂等。内容正确全面得 3 分</td><td></td><td></td></tr>
<tr><td colspan="6">安全措施与应急处理：针对识别出的风险，提出相应的安全措施。佩戴适当的个人防护装备(如实验服、手套、护目镜等)；确保实验室通风良好；使用正确的仪器操作技巧等。措施正确到位得 4 分</td><td></td><td></td></tr>
<tr><td colspan="6">环境保护：描述实验过程中如何减少对环境的影响，如合理使用化学试剂、正确处理实验三废等得 3 分</td><td></td><td></td></tr>
<tr><td rowspan="4">“7S”(整理、整顿、清扫、清洁、素养、安全和节约)(10 分)</td><td colspan="6">清点实验仪器与试剂，摆放有序，取用方便。保持工作现场的清洁整理等得 3 分</td><td></td><td></td></tr>
<tr><td colspan="6">爱护仪器，不浪费药品、试剂得 2 分</td><td></td><td></td></tr>
<tr><td colspan="6">检测完毕后按要求将仪器、药品、试剂等清理清洁复位得 3 分</td><td></td><td></td></tr>
<tr><td colspan="6">科学公正、诚信务实、热爱劳动、团结互助等得 2 分</td><td></td><td></td></tr>
<tr><td rowspan="8">操作规范
(60 分)</td><td>溶液配制(5 分)</td><td colspan="6">硫酸、硝酸安全规范使用得 2 分，标准溶液配制正确得 3 分</td><td></td><td></td></tr>
<tr><td rowspan="2">称量操作与样品准备(15 分)</td><td colspan="6">天平的正确使用得 2 分，减量法的规范操作得 2 分。安瓿球的规范操作得 5 分</td><td></td><td></td></tr>
<tr><td colspan="6">移液管规范使用得 5 分，加入指示剂得 1 分</td><td></td><td></td></tr>
<tr><td rowspan="3">滴定操作
(25 分)</td><td colspan="6">正确润洗滴定管得 2 分，装滴定液得 2 分，赶气泡、调零得 2 分</td><td></td><td></td></tr>
<tr><td colspan="6">滴定时左手控制滴定管阀门规范得 1 分，滴定过程中右手均匀振摇锥形瓶得 2 分，控制滴定速度得 5 分</td><td></td><td></td></tr>
<tr><td colspan="6">正确判断滴定终点得 6 分，终点读数准确得 5 分</td><td></td><td></td></tr>
<tr><td rowspan="2">记录计算
(15 分)</td><td colspan="6">原始记录规范及时得 5 分，未经允许涂改每处扣 0.5 分，扣完为止，有效数字与修约正确得 3 分</td><td></td><td></td></tr>
<tr><td colspan="6">代入公式正确得 4 分，结果计算准确得 3 分</td><td></td><td></td></tr>
<tr><td rowspan="4">结果评价
(20 分)</td><td rowspan="2">准确度
(10 分)</td><td>相对误差/%</td><td>≤0.2</td><td>≤0.4</td><td>≤0.6</td><td>≤1.0</td><td>>1.0</td><td></td><td></td></tr>
<tr><td>得分</td><td>10</td><td>8</td><td>4</td><td>2</td><td>0</td><td></td><td></td></tr>
<tr><td rowspan="2">精密度
(10 分)</td><td>相对平均偏差/%</td><td>≤0.2</td><td>≤0.4</td><td>≤0.6</td><td>≤0.8</td><td>>0.8</td><td></td><td></td></tr>
<tr><td>得分</td><td>10</td><td>8</td><td>4</td><td>2</td><td>0</td><td></td><td></td></tr>
</table>

收获与总结

今后改进、提高的情况

班级:　　　　　　学号:　　　　　　姓名:　　　　　　日期:

任务 4-1　EDTA 标准溶液的配制与标定

任务报告单

EDTA 标准溶液的配制与标定任务报告单

项目	1	2	3
倾样前(称量瓶+基准氧化锌)的质量 m_1/g			
倾样后(称量瓶+基准氧化锌)的质量 m_2/g			
基准氧化锌的质量 m/g			
EDTA 标准溶液的滴定体积 $V_{滴}$/mL			
滴定管校正值/mL			
温度/℃			
溶液温度补正值/(mL/L)			
溶液温度校正值/mL			
EDTA 实际消耗体积 V/mL			
空白试验 EDTA 实际消耗体积 V_0/mL			
EDTA 标准溶液浓度 c(EDTA)/(mol/L)			
EDTA 标准溶液平均浓度 $\bar{c}$(EDTA)/(mol/L)			
相对平均偏差 Rd/%			

计算过程：

任务评价表

EDTA 标准溶液的配制与标定任务评价表

<table>
<tr><td colspan="4">操作者姓名：</td><td colspan="6">任务总评分：</td></tr>
<tr><td colspan="4">评价人员：</td><td colspan="6">日期：</td></tr>
<tr><td colspan="2">考核内容及配分</td><td colspan="6">考核点及评分细则</td><td>互评</td><td>师评</td></tr>
<tr><td rowspan="7">职业素养
（20 分）</td><td rowspan="3">“HSE”（健康、安全与环境）
（10 分）</td><td colspan="6">风险识别：列出实验过程中可能存在的风险，如有毒有害化学试剂的危害性及可能引发的安全事故，如化学灼伤、溶液溅出、仪器破裂等。内容正确全面得 3 分</td><td></td><td></td></tr>
<tr><td colspan="6">安全措施与应急处理：针对识别出的风险，提出相应的安全措施。佩戴适当的个人防护装备（如实验服、手套、护目镜等）；确保实验室通风良好；使用正确的仪器操作技巧等。措施正确到位得 4 分</td><td></td><td></td></tr>
<tr><td colspan="6">环境保护：描述实验过程中如何减少对环境的影响，如合理使用化学试剂、正确处理实验三废等得 3 分</td><td></td><td></td></tr>
<tr><td rowspan="4">“7S”（整理、整顿、清扫、清洁、素养、安全和节约）
（10 分）</td><td colspan="6">清点实验仪器与试剂，摆放有序，取用方便。保持工作现场的清洁整理等得 3 分</td><td></td><td></td></tr>
<tr><td colspan="6">爱护仪器，不浪费药品、试剂得 2 分</td><td></td><td></td></tr>
<tr><td colspan="6">检测完毕后按要求将仪器、药品、试剂等清理清洁复位得 3 分</td><td></td><td></td></tr>
<tr><td colspan="6">科学公正、诚信务实、热爱劳动、团结互助等得 2 分</td><td></td><td></td></tr>
<tr><td rowspan="8">操作规范
（60 分）</td><td>溶液配制（5 分）</td><td colspan="6">EDTA 的称量与配制正确得 5 分</td><td></td><td></td></tr>
<tr><td rowspan="2">称量操作与样品准备（15 分）</td><td colspan="6">天平的正确使用得 2 分，减量法的规范操作得 10 分</td><td></td><td></td></tr>
<tr><td colspan="6">溶解试样得 2 分，加入指示剂得 1 分</td><td></td><td></td></tr>
<tr><td rowspan="3">滴定操作
（25 分）</td><td colspan="6">正确润洗滴定管得 2 分，装滴定液得 2 分，赶气泡、调零得 2 分</td><td></td><td></td></tr>
<tr><td colspan="6">滴定时左手控制滴定管阀门规范得 1 分，滴定过程中右手均匀振摇锥形瓶得 2 分，控制滴定速度得 5 分</td><td></td><td></td></tr>
<tr><td colspan="6">正确判断滴定终点得 6 分，终点读数准确得 5 分</td><td></td><td></td></tr>
<tr><td rowspan="2">记录计算
（15 分）</td><td colspan="6">规范记录得 5 分，未经允许涂改每处扣 0.5 分，扣完为止，有效数字与修约正确得 3 分</td><td></td><td></td></tr>
<tr><td colspan="6">代入公式正确得 4 分，结果计算准确得 3 分</td><td></td><td></td></tr>
<tr><td rowspan="4">结果评价
（20 分）</td><td rowspan="2">准确度
（10 分）</td><td>相对误差/%</td><td>≤0.2</td><td>≤0.4</td><td>≤0.6</td><td>≤1.0</td><td>>1.0</td><td></td><td></td></tr>
<tr><td>得分</td><td>10</td><td>8</td><td>4</td><td>2</td><td>0</td><td></td><td></td></tr>
<tr><td rowspan="2">精密度
（10 分）</td><td>相对平均偏差/%</td><td>≤0.2</td><td>≤0.4</td><td>≤0.6</td><td>≤0.8</td><td>>0.8</td><td></td><td></td></tr>
<tr><td>得分</td><td>10</td><td>8</td><td>4</td><td>2</td><td>0</td><td></td><td></td></tr>
</table>

收获与总结

今后改进、提高的情况

班级:　　　　　　　　　学号:　　　　　　　　　姓名:　　　　　　　　　日期:

任务 4-2　工业循环冷却水钙镁离子的测定

任务报告单

EDTA 标准溶液标定任务报告单

项目	1	2	3
倾样前(称量瓶+基准氧化锌)的质量 m_1/g			
倾样后(称量瓶+基准氧化锌)的质量 m_2/g			
基准氧化锌的质量 m/g			
EDTA 标准溶液的滴定体积 $V_{滴}$/mL			
滴定管校正值/mL			
温度/℃			
溶液温度补正值/(mL/L)			
溶液温度校正值/mL			
EDTA 实际消耗体积 V/mL			
空白试验 EDTA 实际消耗体积 V_0/mL			
EDTA 标准溶液浓度 c(NaOH)/(mol/L)			
EDTA 标准溶液平均浓度$\bar{c}$(NaOH)/(mol/L)			
相对平均偏差 Rd/%			

工业循环冷却水钙镁离子测定任务报告单

项目	1	2	3
EDTA 标准溶液的浓度 c/(mol/L)			
移取水样的体积 V/mL			
测定钙镁离子总含量消耗 EDTA 标准溶液的体积 V_1/mL			
钙镁离子的总含量 $\rho_{总}$(以 $CaCO_3$ 计)/(mg/L)			
钙镁离子的总含量的平均值/(mg/L)			
测定结果的相对平均偏差/%			
测定钙离子消耗 EDTA 标准溶液的体积 V_2/mL			
钙离子的含量 $\rho_{钙}$(以 Ca 计)/(mg/L)			
钙离子的含量的平均值/(mg/L)			
镁离子含量 $\rho_{镁}$(以镁计)/(mg/L)			
结果判定			

计算过程:

任务评价表

工业循环冷却水钙镁离子的测定任务评价表

<table>
<tr><td colspan="4">操作者姓名：</td><td colspan="6">任务总评分：</td></tr>
<tr><td colspan="4">评价人员：</td><td colspan="6">日期：</td></tr>
<tr><td colspan="2">考核内容及配分</td><td colspan="6">考核点及评分细则</td><td>互评</td><td>师评</td></tr>
<tr><td rowspan="7">职业素养
(20 分)</td><td rowspan="3">“HSE”
(健康、安全与环境)
(10 分)</td><td colspan="6">风险识别：列出实验过程中可能存在的风险，如有毒有害化学试剂的危害性及可能引发的安全事故，如化学灼伤、溶液溅出、仪器破裂等。内容正确全面得 3 分</td><td></td><td></td></tr>
<tr><td colspan="6">安全措施与应急处理：针对识别出的风险，提出相应的安全措施。佩戴适当的个人防护装备(如实验服、手套、护目镜等)；确保实验室通风良好；使用正确的仪器操作技巧等。措施正确到位得 4 分</td><td></td><td></td></tr>
<tr><td colspan="6">环境保护：描述实验过程中如何减少对环境的影响，如合理使用化学试剂、正确处理实验三废等得 3 分</td><td></td><td></td></tr>
<tr><td rowspan="4">“7S”(整理、整顿、清扫、清洁、素养、安全和节约)
(10 分)</td><td colspan="6">清点实验仪器与试剂，摆放有序，取用方便。保持工作现场的清洁整理等得 3 分</td><td></td><td></td></tr>
<tr><td colspan="6">爱护仪器，不浪费药品、试剂得 2 分</td><td></td><td></td></tr>
<tr><td colspan="6">检测完毕后按要求将仪器、药品、试剂等清理清洁复位得 3 分</td><td></td><td></td></tr>
<tr><td colspan="6">科学公正、诚信务实、热爱劳动、团结互助等得 2 分</td><td></td><td></td></tr>
<tr><td rowspan="11">操作规范
(60 分)</td><td rowspan="3">标准溶液标定
(20 分)</td><td colspan="6">EDTA 标准溶液配制正确得 5 分</td><td></td><td></td></tr>
<tr><td colspan="6">基准氧化锌称量配制正确得 5 分</td><td></td><td></td></tr>
<tr><td colspan="6">EDTA 标准溶液标定正确得 10 分</td><td></td><td></td></tr>
<tr><td rowspan="3">钙镁总离子测定滴定操作(15 分)</td><td colspan="6">取样与处理正确得 3 分，正确润洗滴定管得 1 分，赶气泡、调零得 1 分</td><td></td><td></td></tr>
<tr><td colspan="6">滴定时左手控制滴定管阀门规范得 2 分，滴定过程中控制滴定速度得 2 分</td><td></td><td></td></tr>
<tr><td colspan="6">正确判断滴定终点得 3 分，终点读数准确得 3 分</td><td></td><td></td></tr>
<tr><td rowspan="3">钙离子测定滴定操作(15 分)</td><td colspan="6">取样与处理正确得 3 分，正确润洗滴定管得 1 分，赶气泡、调零得 1 分</td><td></td><td></td></tr>
<tr><td colspan="6">滴定时左手控制滴定管阀门规范得 2 分，滴定过程中控制滴定速度得 2 分</td><td></td><td></td></tr>
<tr><td colspan="6">正确判断滴定终点得 3 分，终点读数准确得 3 分</td><td></td><td></td></tr>
<tr><td rowspan="2">记录计算
(10 分)</td><td colspan="6">规范记录得 4 分，未经允许涂改每处扣 0.5 分，扣完为止，有效数字与修约正确得 3 分</td><td></td><td></td></tr>
<tr><td colspan="6">结果计算准确得 3 分</td><td></td><td></td></tr>
<tr><td rowspan="4">结果评价
(20 分)</td><td rowspan="2">准确度
(10 分)</td><td>相对误差/%</td><td>≤0.2</td><td>≤0.4</td><td>≤0.6</td><td>≤1.0</td><td>>1.0</td><td></td><td></td></tr>
<tr><td>得分</td><td>10</td><td>8</td><td>4</td><td>2</td><td>0</td><td></td><td></td></tr>
<tr><td rowspan="2">精密度
(10 分)</td><td>相对平均偏差/%</td><td>≤0.2</td><td>≤0.4</td><td>≤0.6</td><td>≤0.8</td><td>>0.8</td><td></td><td></td></tr>
<tr><td>得分</td><td>10</td><td>8</td><td>4</td><td>2</td><td>0</td><td></td><td></td></tr>
</table>

收获与总结

今后改进、提高的情况

班级： 学号： 姓名： 日期：

任务 4-3 铝盐中铝含量的测定

任务报告单

铝盐中铝含量的测定任务报告单

项目	1	2	3
倾样前(称量瓶＋基准氧化锌)的质量 $m_1(ZnO)/g$			
倾样后(称量瓶＋基准氧化锌)的质量 $m_2(ZnO)/g$			
基准氧化锌的质量 $m(ZnO)/g$			
Zn^{2+}标准溶液的浓度 $c(Zn^{2+})/(mol/L)$			
倾样前(称量瓶＋铝盐)的质量 m_1/g			
倾样后(称量瓶＋铝盐)的质量 m_2/g			
铝盐试样的质量 m/g			
测定消耗 Zn^{2+}标准溶液的体积 $V_{滴}/mL$			
滴定管校正值/mL			
温度/℃			
溶液温度补正值/(mL/L)			
溶液温度校正值/mL			
Zn^{2+}标准溶液实际消耗体积 $V(Zn^{2+})/mL$			
铝盐的铝含量 $w_i/\%$			
铝盐中的平均铝含量 $\overline{w}/\%$			
相对平均偏差 $Rd/\%$			
结果判定			

计算过程：

任务评价表

铝盐中铝含量的测定任务评价表

<table>
<tr><td colspan="5">操作者姓名：</td><td colspan="5">任务总评分：</td></tr>
<tr><td colspan="5">评价人员：</td><td colspan="5">日期：</td></tr>
<tr><th colspan="2">考核内容及配分</th><th colspan="6">考核点及评分细则</th><th>互评</th><th>师评</th></tr>
<tr><td rowspan="7">职业素养
（20 分）</td><td rowspan="3">“HSE”
（健康、安全与环境）
（10 分）</td><td colspan="6">风险识别：列出实验过程中可能存在的风险，如有毒有害化学试剂的危害性及可能引发的安全事故，如化学灼伤、溶液溅出、仪器破裂等。内容正确全面得 3 分</td><td></td><td></td></tr>
<tr><td colspan="6">安全措施与应急处理：针对识别出的风险，提出相应的安全措施。佩戴适当的个人防护装备（如实验服、手套、护目镜等）；确保实验室通风良好；使用正确的仪器操作技巧等。措施正确到位得 4 分</td><td></td><td></td></tr>
<tr><td colspan="6">环境保护：描述实验过程中如何减少对环境的影响，如合理使用化学试剂、正确处理实验三废等得 3 分</td><td></td><td></td></tr>
<tr><td rowspan="4">“7S”（整理、整顿、清扫、清洁、素养、安全和节约）
（10 分）</td><td colspan="6">清点实验仪器与试剂，摆放有序，取用方便。保持工作现场的清洁整理等得 3 分</td><td></td><td></td></tr>
<tr><td colspan="6">爱护仪器，不浪费药品、试剂得 2 分</td><td></td><td></td></tr>
<tr><td colspan="6">检测完毕后按要求将仪器、药品、试剂等清理清洁复位得 3 分</td><td></td><td></td></tr>
<tr><td colspan="6">科学公正、诚信务实、热爱劳动、团结互助等得 2 分</td><td></td><td></td></tr>
<tr><td rowspan="8">操作规范
（60 分）</td><td rowspan="2">溶液的配制
（12 分）</td><td colspan="6">EDTA 标准溶液的配制：称量操作与溶解正确得 4 分</td><td></td><td></td></tr>
<tr><td colspan="6">Zn^{2+} 标准溶液的配制：减量法的规范操作与溶解得 3 分，容量瓶使用正确得 2 分，移液管使用正确得 3 分</td><td></td><td></td></tr>
<tr><td>样品准备（8 分）</td><td colspan="6">铝盐称量的规范操作与溶解得 3 分，容量瓶使用正确得 2 分，移液管使用正确得 3 分</td><td></td><td></td></tr>
<tr><td rowspan="3">滴定操作
（25 分）</td><td colspan="6">正确润洗滴定管得 2 分，装滴定液得 2 分，赶气泡、调零得 2 分</td><td></td><td></td></tr>
<tr><td colspan="6">滴定时左手控制滴定管阀门规范得 1 分，滴定过程中右手均匀振摇锥形瓶得 2 分，控制滴定速度得 5 分</td><td></td><td></td></tr>
<tr><td colspan="6">正确判断滴定终点得 6 分，终点读数准确得 5 分</td><td></td><td></td></tr>
<tr><td rowspan="2">记录计算
（15 分）</td><td colspan="6">规范记录得 5 分，未经允许涂改每处扣 0.5 分，扣完为止，有效数字与修约正确得 3 分</td><td></td><td></td></tr>
<tr><td colspan="6">代入公式正确得 4 分，结果计算准确得 3 分</td><td></td><td></td></tr>
<tr><td rowspan="4">结果评价
（20 分）</td><td rowspan="2">准确度
（10 分）</td><td>相对误差/%</td><td>≤0.2</td><td>≤0.4</td><td>≤0.6</td><td>≤1.0</td><td>>1.0</td><td rowspan="2"></td><td rowspan="2"></td></tr>
<tr><td>得分</td><td>10</td><td>8</td><td>4</td><td>2</td><td>0</td></tr>
<tr><td rowspan="2">精密度
（10 分）</td><td>相对平均偏差/%</td><td>≤0.2</td><td>≤0.4</td><td>≤0.6</td><td>≤0.8</td><td>>0.8</td><td rowspan="2"></td><td rowspan="2"></td></tr>
<tr><td>得分</td><td>10</td><td>8</td><td>4</td><td>2</td><td>0</td></tr>
</table>

收获与总结

今后改进、提高的情况

任务 4-4　镍盐中镍含量的测定

任务报告单

$CuSO_4$ 标准滴定溶液的标定任务报告单

项目	1	2	3
EDTA 标准溶液的浓度/(mol/L)			
取用 EDTA 标准溶液的体积/mL			
标定时消耗 $CuSO_4$ 标准滴定溶液的体积/mL			
$CuSO_4$ 标准滴定溶液的浓度/(mol/L)			
$CuSO_4$ 标准滴定溶液的平均浓度/(mol/L)			
相对平均偏差 Rd/%			

镍盐中镍含量的测定任务报告单

项目	1	2	3
倾样前(称量瓶+镍盐试样)的质量 m_1/g			
倾样后(称量瓶+镍盐试样)的质量 m_2/g			
镍盐试样的质量 m/g			
EDTA 标准溶液的浓度/(mol/L)			
测定时加入 EDTA 标准溶液的体积/mL			
$CuSO_4$ 标准滴定溶液的浓度/(mol/L)			
测定时消耗 $CuSO_4$ 标准滴定溶液的体积/mL			
镍盐试样中的镍含量 w_i/%			
镍盐试样中的平均镍含量 $\overline{w}$/%			
相对平均偏差 Rd/%			

计算过程：

任务评价表

镍盐中镍含量的测定任务评价表

<table>
<tr><td colspan="5">操作者姓名：</td><td colspan="5">任务总评分：</td></tr>
<tr><td colspan="5">评价人员：</td><td colspan="5">日期：</td></tr>
<tr><td colspan="2">考核内容及配分</td><td colspan="6">考核点及评分细则</td><td>互评</td><td>师评</td></tr>
<tr><td rowspan="7">职业素养
（20 分）</td><td rowspan="3">“HSE”（健康、安全与环境）
（10 分）</td><td colspan="6">风险识别：列出实验过程中可能存在的风险，如有毒有害化学试剂的危害性及可能引发的安全事故，如化学灼伤、溶液溅出、仪器破裂等。内容正确全面得 3 分</td><td></td><td></td></tr>
<tr><td colspan="6">安全措施与应急处理：针对识别出的风险，提出相应的安全措施。佩戴适当的个人防护装备（如实验服、手套、护目镜等）；确保实验室通风良好；使用正确的仪器操作技巧等。措施正确到位得 4 分</td><td></td><td></td></tr>
<tr><td colspan="6">环境保护：描述实验过程中如何减少对环境的影响，如合理使用化学试剂、正确处理实验三废等得 3 分</td><td></td><td></td></tr>
<tr><td rowspan="4">“7S”（整理、整顿、清扫、清洁、素养、安全和节约）
（10 分）</td><td colspan="6">清点实验仪器与试剂，摆放有序，取用方便。保持工作现场的清洁整理等得 3 分</td><td></td><td></td></tr>
<tr><td colspan="6">爱护仪器，不浪费药品、试剂得 2 分</td><td></td><td></td></tr>
<tr><td colspan="6">检测完毕后按要求将仪器、药品、试剂等清理清洁复位得 3 分</td><td></td><td></td></tr>
<tr><td colspan="6">科学公正、诚信务实、热爱劳动、团结互助等得 2 分</td><td></td><td></td></tr>
<tr><td rowspan="6">操作规范
（60 分）</td><td>标准滴定液配制（5 分）</td><td colspan="6">硫酸铜固体称量正确得 2 分，溶解规范得 1 分，容量瓶稀释定容规范得 2 分</td><td></td><td></td></tr>
<tr><td>样品试液制备
（5 分）</td><td colspan="6">铝盐样品称量正确得 2 分，溶解规范得 1 分，容量瓶稀释定容规范得 2 分</td><td></td><td></td></tr>
<tr><td rowspan="2">滴定操作
（35 分）</td><td colspan="6">$CuSO_4$ 标准溶液的标定：滴定管正确洗涤与装液得 2 分，滴定时正确持握得 2 分，控制滴定速度得 3 分。酸度调节正确得 2 分，正确判断滴定终点得 3 分，终点读数准确得 3 分</td><td></td><td></td></tr>
<tr><td colspan="6">铝盐试样测定：移液管正确洗涤与使用得 2 分。滴定管正确洗涤与装液得 2 分，滴定时正确持握得 2 分，控制滴定速度得 3 分。酸度调节正确得 5 分，正确判断滴定终点得 3 分，终点读数准确得 3 分</td><td></td><td></td></tr>
<tr><td rowspan="2">记录计算
（15 分）</td><td colspan="6">规范记录得 5 分，未经允许涂改每处扣 0.5 分，扣完为止，有效数字与修约正确得 3 分</td><td></td><td></td></tr>
<tr><td colspan="6">代入公式正确得 4 分，结果计算准确得 3 分</td><td></td><td></td></tr>
<tr><td rowspan="4">结果评价
（20 分）</td><td rowspan="2">准确度
（10 分）</td><td>相对误差/%</td><td>≤0.2</td><td>≤0.4</td><td>≤0.6</td><td>≤1.0</td><td>>1.0</td><td></td><td></td></tr>
<tr><td>得分</td><td>10</td><td>8</td><td>4</td><td>2</td><td>0</td><td></td><td></td></tr>
<tr><td rowspan="2">精密度
（10 分）</td><td>相对平均偏差/%</td><td>≤0.2</td><td>≤0.4</td><td>≤0.6</td><td>≤0.8</td><td>>0.8</td><td></td><td></td></tr>
<tr><td>得分</td><td>10</td><td>8</td><td>4</td><td>2</td><td>0</td><td></td><td></td></tr>
</table>

收获与总结

今后改进、提高的情况

任务 5-1 高锰酸钾标准溶液的配制与标定

任务报告单

$KMnO_4$ 标准溶液的配制与标定任务报告单

项目	1	2	3
倾样前(称量瓶+基准 $Na_2C_2O_4$)的质量/g			
倾样后(称量瓶+基准 $Na_2C_2O_4$)的质量/g			
基准 $Na_2C_2O_4$ 的质量 m/g			
滴定时消耗 $KMnO_4$ 标准溶液的体积 V_1/mL			
滴定管校正值/mL			
温度/℃			
溶液温度补正值/(mL/L)			
溶液温度校正值/mL			
滴定时消耗 $KMnO_4$ 实际体积 V/mL			
空白试验滴定时消耗 $KMnO_4$ 实际体积 V_0/mL			
$KMnO_4$ 标准溶液的浓度 c_i/(mol/L)			
$KMnO_4$ 标准溶液浓度的平均值 $\bar{c}$/(mol/L)			
相对平均偏差/%			

计算过程：

任务评价表

$KMnO_4$ 标准溶液的配制与标定任务评价表

<table>
<tr><td colspan="2">操作者姓名：</td><td colspan="8">任务总评分：</td></tr>
<tr><td colspan="2">评价人员：</td><td colspan="8">日期：</td></tr>
<tr><td colspan="2">考核内容及配分</td><td colspan="6">考核点及评分细则</td><td>互评</td><td>师评</td></tr>
<tr><td rowspan="7">职业素养
（20 分）</td><td rowspan="3">“HSE”
（健康、安全与环境）
（10 分）</td><td colspan="6">风险识别：列出实验过程中可能存在的风险，如有毒有害化学试剂的危害性及可能引发的安全事故，如化学灼伤、溶液溅出、仪器破裂等。内容正确全面得 3 分</td><td></td><td></td></tr>
<tr><td colspan="6">安全措施与应急处理：针对识别出的风险，提出相应的安全措施。佩戴适当的个人防护装备（如实验服、手套、护目镜等）；确保实验室通风良好；使用正确的仪器操作技巧等。措施正确到位得 4 分</td><td></td><td></td></tr>
<tr><td colspan="6">环境保护：描述实验过程中如何减少对环境的影响，如合理使用化学试剂、正确处理实验三废等得 3 分</td><td></td><td></td></tr>
<tr><td rowspan="4">“7S”（整理、整顿、清扫、清洁、素养、安全和节约）
（10 分）</td><td colspan="6">清点实验仪器与试剂，摆放有序，取用方便。保持工作现场的清洁整理等得 3 分</td><td></td><td></td></tr>
<tr><td colspan="6">爱护仪器，不浪费药品、试剂得 2 分</td><td></td><td></td></tr>
<tr><td colspan="6">检测完毕后按要求将仪器、药品、试剂等清理清洁复位得 3 分</td><td></td><td></td></tr>
<tr><td colspan="6">科学公正、诚信务实、热爱劳动、团结互助等得 2 分</td><td></td><td></td></tr>
<tr><td rowspan="9">操作规范
（60 分）</td><td>溶液配制（10 分）</td><td colspan="6">高锰酸钾配制正确得 5 分，硫酸的安全取用与稀释得 5 分</td><td></td><td></td></tr>
<tr><td rowspan="2">称量操作与
样品准备（10 分）</td><td colspan="6">天平的正确使用得 2 分，减量法的规范操作得 3 分</td><td></td><td></td></tr>
<tr><td colspan="6">加热溶解试样得 5 分</td><td></td><td></td></tr>
<tr><td rowspan="3">滴定操作
（25 分）</td><td colspan="6">正确润洗滴定管得 2 分，装滴定液得 2 分，赶气泡、调零得 2 分</td><td></td><td></td></tr>
<tr><td colspan="6">滴定时左手控制滴定管阀门规范得 1 分，滴定过程中右手均匀振摇锥形瓶得 2 分，控制滴定速度得 5 分</td><td></td><td></td></tr>
<tr><td colspan="6">正确判断滴定终点得 6 分，终点读数准确得 5 分</td><td></td><td></td></tr>
<tr><td rowspan="2">记录计算
（15 分）</td><td colspan="6">规范及时记录原始数据得 5 分，未经允许涂改每处扣 0.5 分，扣完为止，有效数字与修约正确得 3 分</td><td></td><td></td></tr>
<tr><td colspan="6">代入公式正确得 4 分，结果计算准确得 3 分</td><td></td><td></td></tr>
<tr><td colspan="8" style="display:none"></td></tr>
<tr><td rowspan="4">结果评价
（20 分）</td><td rowspan="2">准确度
（10 分）</td><td>相对误差/%</td><td>≤0.2</td><td>≤0.4</td><td>≤0.6</td><td>≤1.0</td><td>>1.0</td><td></td><td></td></tr>
<tr><td>得分</td><td>10</td><td>8</td><td>4</td><td>2</td><td>0</td><td></td><td></td></tr>
<tr><td rowspan="2">精密度
（10 分）</td><td>相对平均偏差/%</td><td>≤0.2</td><td>≤0.4</td><td>≤0.6</td><td>≤0.8</td><td>>0.8</td><td></td><td></td></tr>
<tr><td>得分</td><td>10</td><td>8</td><td>4</td><td>2</td><td>0</td><td></td><td></td></tr>
<tr><td colspan="10">收获与总结</td></tr>
<tr><td colspan="10">今后改进、提高的情况</td></tr>
</table>

班级:　　　　学号:　　　　姓名:　　　　日期:

任务 5-2　碘标准溶液、硫代硫酸钠标准溶液的配制与标定

任务报告单

硫代硫酸钠标准溶液的标定任务报告单

项目	1	2	3
称量瓶和基准物重铬酸钾的质量(第一次读数)/g			
称量瓶和基准物重铬酸钾的质量(第二次读数)/g			
基准物重铬酸钾的质量 $m(K_2Cr_2O_7)$/g			
滴定时消耗硫代硫酸钠标准溶液的体积/mL			
空白试验消耗硫代硫酸钠标准溶液的体积/mL			
实际消耗硫代硫酸钠标准溶液的体积/mL			
硫代硫酸钠标准溶液的浓度 $c(Na_2S_2O_3)$/(mol/L)			
硫代硫酸钠标准溶液浓度的平均值 $\bar{c}(Na_2S_2O_3)$/(mol/L)			
相对平均偏差 Rd/%			

碘标准溶液的标定任务报告单

项目	1	2	3
硫代硫酸钠标准溶液浓度/(mol/L)			
量取碘标准溶液的体积/mL			
滴定消耗硫代硫酸钠标准滴定溶液的体积/mL			
空白试验中加入的碘标准溶液的体积/mL			
空白试验消耗硫代硫酸钠标准溶液的体积/mL			
碘标准溶液的浓度 $c(1/2I_2)$/(mol/L)			
碘标准溶液的平均浓度 $\bar{c}(1/2I_2)$/(mol/L)			
相对平均偏差/%			

计算过程：

任务评价表

碘和硫代硫酸钠标准溶液的配制与标定任务评价表

<table>
<tr><td colspan="5">操作者姓名：</td><td colspan="5">任务总评分：</td></tr>
<tr><td colspan="5">评价人员：</td><td colspan="5">日期：</td></tr>
<tr><td colspan="2">考核内容及配分</td><td colspan="6">考核点及评分细则</td><td>互评</td><td>师评</td></tr>
<tr><td rowspan="7">职业素养
（20 分）</td><td rowspan="3">“HSE”
（健康、安全与环境）
（10 分）</td><td colspan="6">风险识别：列出实验过程中可能存在的风险，如有毒有害化学试剂的危害性及可能引发的安全事故，如化学灼伤、溶液溅出、仪器破裂等。内容正确全面得 3 分</td><td></td><td></td></tr>
<tr><td colspan="6">安全措施与应急处理：针对识别出的风险，提出相应的安全措施。佩戴适当的个人防护装备（如实验服、手套、护目镜等）；确保实验室通风良好；使用正确的仪器操作技巧等。措施正确到位得 4 分</td><td></td><td></td></tr>
<tr><td colspan="6">环境保护：描述实验过程中如何减少对环境的影响，如合理使用化学试剂、正确处理实验三废等得 3 分</td><td></td><td></td></tr>
<tr><td rowspan="4">“7S”（整理、整顿、清扫、清洁、素养、安全和节约）
（10 分）</td><td colspan="6">清点实验仪器与试剂，摆放有序，取用方便。保持工作现场的清洁整理等得 3 分</td><td></td><td></td></tr>
<tr><td colspan="6">爱护仪器，不浪费药品、试剂得 2 分</td><td></td><td></td></tr>
<tr><td colspan="6">检测完毕后按要求将仪器、药品、试剂等清理清洁复位得 3 分</td><td></td><td></td></tr>
<tr><td colspan="6">科学公正、诚信务实、热爱劳动、团结互助等得 2 分</td><td></td><td></td></tr>
<tr><td rowspan="8">操作规范
（60 分）</td><td rowspan="2">标准溶液配制
（15 分）</td><td colspan="6">硫代硫酸钠标准溶液配制正确得 5 分</td><td></td><td></td></tr>
<tr><td colspan="6">碘标准溶液配制正确得 10 分</td><td></td><td></td></tr>
<tr><td>称量操作与
样品准备（5 分）</td><td colspan="6">减量法的规范操作得 2 分。移液管规范使用得 2 分，正确加入指示剂得 1 分</td><td></td><td></td></tr>
<tr><td rowspan="3">滴定操作
（25 分）</td><td colspan="6">正确润洗滴定管得 2 分，装滴定液得 2 分，赶气泡、调零得 2 分</td><td></td><td></td></tr>
<tr><td colspan="6">滴定时左手控制滴定管阀门规范得 1 分，滴定过程中右手均匀振摇锥形瓶得 2 分，控制滴定速度得 5 分</td><td></td><td></td></tr>
<tr><td colspan="6">正确判断滴定终点得 6 分，终点读数准确得 5 分</td><td></td><td></td></tr>
<tr><td rowspan="2">记录计算
（15 分）</td><td colspan="6">规范记录得 5 分，未经允许涂改每处扣 0.5 分，扣完为止，有效数字与修约正确得 3 分</td><td></td><td></td></tr>
<tr><td colspan="6">代入公式正确得 4 分，结果计算准确得 3 分</td><td></td><td></td></tr>
<tr><td rowspan="4">结果评价
（20 分）</td><td rowspan="2">准确度
（10 分）</td><td>相对误差/%</td><td>≤0.2</td><td>≤0.4</td><td>≤0.6</td><td>≤1.0</td><td>>1.0</td><td></td><td></td></tr>
<tr><td>得分</td><td>10</td><td>8</td><td>4</td><td>2</td><td>0</td><td></td><td></td></tr>
<tr><td rowspan="2">精密度
（10 分）</td><td>相对平均偏差/%</td><td>≤0.2</td><td>≤0.4</td><td>≤0.6</td><td>≤0.8</td><td>>0.8</td><td></td><td></td></tr>
<tr><td>得分</td><td>10</td><td>8</td><td>4</td><td>2</td><td>0</td><td></td><td></td></tr>
</table>

收获与总结

今后改进、提高的情况

班级:　　　　　　学号:　　　　　　姓名:　　　　　　日期:

任务 5-3　工业过氧化氢含量的测定

任务报告单

高锰酸钾标准溶液的配制与标定任务报告单

项目	1	2	3
称量瓶和基准物的质量(第一次读数)/g			
称量瓶和基准物的质量(第二次读数)/g			
基准物的质量 m/g			
滴定时消耗高锰酸钾标准溶液的体积 V_1/mL			
滴定管校正值/mL			
温度/℃			
溶液温度补正值/(mL/L)			
溶液温度校正值/mL			
滴定时消耗高锰酸钾实际体积 $V(KMnO_4)$/mL			
空白试验消耗高锰酸钾实际体积 V_0/mL			
高锰酸钾标准溶液的浓度 $c(1/5KMnO_4)$/(mol/L)			
高锰酸钾标准溶液浓度的平均值/(mol/L)			
相对平均偏差/%			

工业过氧化氢含量的测定任务报告单

项目	1	2	3
高锰酸钾标准溶液的浓度 $c(1/5KMnO_4)$/(mol/L)			
双氧水样品取用体积(质量)/mL(g)			
滴定时消耗高锰酸钾标准溶液的体积/mL			
样品中过氧化氢的含量/[g/L(%)]			
样品中过氧化氢的平均含量/[g/L(%)]			
测定结果的相对平均偏差/%			

计算过程：

任务评价表

工业过氧化氢含量的测定任务评价表

<table>
<tr><td colspan="5">操作者姓名：</td><td colspan="5">任务总评分：</td></tr>
<tr><td colspan="5">评价人员：</td><td colspan="5">日期：</td></tr>
<tr><td colspan="2">考核内容及配分</td><td colspan="6">考核点及评分细则</td><td>互评</td><td>师评</td></tr>
<tr><td rowspan="7">职业素养
（20 分）</td><td rowspan="3">“HSE”
（健康、安全与环境）
（10 分）</td><td colspan="6">风险识别：列出实验过程中可能存在的风险，如有毒有害化学试剂的危害性及可能引发的安全事故，如化学灼伤、溶液溅出、仪器破裂等。内容正确全面得 3 分</td><td></td><td></td></tr>
<tr><td colspan="6">安全措施与应急处理：针对识别出的风险，提出相应的安全措施。佩戴适当的个人防护装备（如实验服、手套、护目镜等）；确保实验室通风良好；使用正确的仪器操作技巧等。措施正确到位得 4 分</td><td></td><td></td></tr>
<tr><td colspan="6">环境保护：描述实验过程中如何减少对环境的影响，如合理使用化学试剂、正确处理实验三废等得 3 分</td><td></td><td></td></tr>
<tr><td rowspan="4">“7S”（整理、整顿、清扫、清洁、素养、安全和节约）
（10 分）</td><td colspan="6">清点实验仪器与试剂，摆放有序，取用方便。保持工作现场的清洁整理等得 3 分</td><td></td><td></td></tr>
<tr><td colspan="6">爱护仪器，不浪费药品、试剂得 2 分</td><td></td><td></td></tr>
<tr><td colspan="6">检测完毕后按要求将仪器、药品、试剂等清理清洁复位得 3 分</td><td></td><td></td></tr>
<tr><td colspan="6">科学公正、诚信务实、热爱劳动、团结互助等得 2 分</td><td></td><td></td></tr>
<tr><td rowspan="9">操作规范
（60 分）</td><td>溶液配制（10 分）</td><td colspan="6">硫酸的安全取用和稀释得 5 分，高锰酸钾标准溶液配制正确得 5 分</td><td></td><td></td></tr>
<tr><td rowspan="2">称量操作与
样品准备（10 分）</td><td colspan="6">天平的正确使用得 2 分，减量法的规范操作得 3 分</td><td></td><td></td></tr>
<tr><td colspan="6">容量瓶和移液管规范使用得 5 分</td><td></td><td></td></tr>
<tr><td rowspan="3">滴定操作
（25 分）</td><td colspan="6">正确润洗滴定管得 2 分，装滴定液得 2 分，赶气泡、调零得 2 分</td><td></td><td></td></tr>
<tr><td colspan="6">滴定时左手控制滴定管阀门规范得 1 分，滴定过程中右手均匀振摇锥形瓶得 2 分，控制滴定速度得 5 分</td><td></td><td></td></tr>
<tr><td colspan="6">正确判断滴定终点得 6 分，终点读数准确得 5 分</td><td></td><td></td></tr>
<tr><td rowspan="2">记录计算
（15 分）</td><td colspan="6">规范记录得 5 分，未经允许涂改每处扣 0.5 分，扣完为止，有效数字与修约正确得 3 分</td><td></td><td></td></tr>
<tr><td colspan="6">代入公式正确得 4 分，结果计算准确得 3 分</td><td></td><td></td></tr>
<tr><td colspan="6"></td><td></td><td></td></tr>
<tr><td rowspan="4">结果评价
（20 分）</td><td rowspan="2">准确度
（10 分）</td><td>相对误差/%</td><td>≤0.2</td><td>≤0.4</td><td>≤0.6</td><td>≤1.0</td><td>>1.0</td><td></td><td></td></tr>
<tr><td>得分</td><td>10</td><td>8</td><td>4</td><td>2</td><td>0</td><td></td><td></td></tr>
<tr><td rowspan="2">精密度
（10 分）</td><td>相对平均偏差/%</td><td>≤0.2</td><td>≤0.4</td><td>≤0.6</td><td>≤0.8</td><td>>0.8</td><td></td><td></td></tr>
<tr><td>得分</td><td>10</td><td>8</td><td>4</td><td>2</td><td>0</td><td></td><td></td></tr>
</table>

收获与总结

今后改进、提高的情况

任务 5-4　维生素 C 含量的测定

任务报告单

碘标准溶液的标定任务报告单

项目	1	2	3
硫代硫酸钠标准溶液浓度/(mol/L)			
量取碘标准溶液的体积/mL			
滴定消耗硫代硫酸钠标准滴定溶液的体积/mL			
空白试验中加入的碘标准溶液的体积/mL			
空白消耗硫代硫酸钠标准溶液的体积/mL			
实际消耗硫代硫酸钠标准溶液的体积/mL			
碘标准溶液的浓度 $c(1/2I_2)$/(mol/L)			
碘标准溶液的平均浓度 $\bar{c}(1/2I_2)$/(mol/L)			
相对平均偏差/%			

维生素 C 片含量的测定任务报告单

项目	1	2	3
碘标准滴定溶液的浓度 $c(1/2I_2)$/(mol/L)			
称量瓶＋Vc 的质量(第一次读数)/g			
称量瓶＋Vc 的质量(第二次读数)/g			
Vc 试样的质量 m/g			
滴定时消耗碘标准溶液的体积/mL			
Vc 的含量 w(Vc)/%			
Vc 的平均含量 $\bar{w}$(Vc)/%			
相对平均偏差 Rd/%			

计算过程：

任务评价表

维生素 C 片含量测定任务评价表

<table>
<tr><td colspan="4">操作者姓名：</td><td colspan="6">任务总评分：</td></tr>
<tr><td colspan="4">评价人员：</td><td colspan="6">日期：</td></tr>
<tr><td colspan="2">考核内容及配分</td><td colspan="6">考核点及评分细则</td><td>互评</td><td>师评</td></tr>
<tr><td rowspan="7">职业素养
（20 分）</td><td rowspan="3">“HSE”
（健康、安全与环境）
（10 分）</td><td colspan="6">风险识别：列出实验过程中可能存在的风险，如有毒有害化学试剂的危害性及可能引发的安全事故，如化学灼伤、溶液溅出、仪器破裂等。内容正确全面得 3 分</td><td></td><td></td></tr>
<tr><td colspan="6">安全措施与应急处理：针对识别出的风险，提出相应的安全措施。佩戴适当的个人防护装备（如实验服、手套、护目镜等）；确保实验室通风良好；使用正确的仪器操作技巧等。措施正确到位得 4 分</td><td></td><td></td></tr>
<tr><td colspan="6">环境保护：描述实验过程中如何减少对环境的影响，如合理使用化学试剂、正确处理实验三废等得 3 分</td><td></td><td></td></tr>
<tr><td rowspan="4">“7S”（整理、整顿、清扫、清洁、素养、安全和节约）
（10 分）</td><td colspan="6">清点实验仪器与试剂，摆放有序，取用方便。保持工作现场的清洁整理等得 3 分</td><td></td><td></td></tr>
<tr><td colspan="6">爱护仪器，不浪费药品、试剂得 2 分</td><td></td><td></td></tr>
<tr><td colspan="6">检测完毕后按要求将仪器、药品、试剂等清理清洁复位得 3 分</td><td></td><td></td></tr>
<tr><td colspan="6">科学公正、诚信务实、热爱劳动、团结互助等得 2 分</td><td></td><td></td></tr>
<tr><td rowspan="8">操作规范
（60 分）</td><td>溶液配制（5 分）</td><td colspan="6">碘标准溶液配制正确得 5 分</td><td></td><td></td></tr>
<tr><td rowspan="2">样品处理
（15 分）</td><td colspan="6">片剂的称量操作规范得 3 分，研磨得 2 分，溶解的正确操作得 3 分</td><td></td><td></td></tr>
<tr><td colspan="6">过滤操作正确得 3 分，移液管规范使用得 2 分，加入指示剂得 2 分</td><td></td><td></td></tr>
<tr><td rowspan="3">滴定操作
（25 分）</td><td colspan="6">正确润洗滴定管得 2 分，装滴定液得 2 分，赶气泡、调零得 2 分</td><td></td><td></td></tr>
<tr><td colspan="6">滴定时左手控制滴定管阀门规范得 1 分，滴定过程中右手均匀振摇锥形瓶得 2 分，控制滴定速度得 5 分</td><td></td><td></td></tr>
<tr><td colspan="6">正确判断滴定终点得 6 分，终点读数准确得 5 分</td><td></td><td></td></tr>
<tr><td rowspan="2">记录计算
（15 分）</td><td colspan="6">规范记录得 5 分，未经允许涂改每处扣 0.5 分，扣完为止，有效数字与修约正确得 3 分</td><td></td><td></td></tr>
<tr><td colspan="6">代入公式正确得 4 分，结果计算准确得 3 分</td><td></td><td></td></tr>
<tr><td rowspan="4">结果评价
（20 分）</td><td rowspan="2">准确度
（10 分）</td><td>相对误差/%</td><td>≤0.2</td><td>≤0.4</td><td>≤0.6</td><td>≤1.0</td><td>>1.0</td><td></td><td></td></tr>
<tr><td>得分</td><td>10</td><td>8</td><td>4</td><td>2</td><td>0</td><td></td><td></td></tr>
<tr><td rowspan="2">精密度
（10 分）</td><td>相对平均偏差/%</td><td>≤0.2</td><td>≤0.4</td><td>≤0.6</td><td>≤0.8</td><td>>0.8</td><td></td><td></td></tr>
<tr><td>得分</td><td>10</td><td>8</td><td>4</td><td>2</td><td>0</td><td></td><td></td></tr>
</table>

收获与总结

今后改进、提高的情况

任务 5-5　胆矾中硫酸铜含量的测定

任务报告单

硫代硫酸钠标准溶液的标定任务报告单

项目	1	2	3
称量瓶和基准物重铬酸钾的质量(第一次读数)/g			
称量瓶和基准物重铬酸钾的质量(第二次读数)/g			
基准物重铬酸钾的质量 $m(K_2Cr_2O_7)$/g			
滴定时消耗硫代硫酸钠标准溶液的体积/mL			
空白试验消耗硫代硫酸钠标准溶液的体积/mL			
实际消耗硫代硫酸钠标准溶液的体积/mL			
硫代硫酸钠标准溶液的浓度 $c(Na_2S_2O_3)$/(mol/L)			
硫代硫酸钠标准溶液浓度的平均值 $\overline{c}(Na_2S_2O_3)$/(mol/L)			
相对平均偏差/%			

胆矾中硫酸铜含量的测定任务报告单

项目	1	2	3
称量瓶和胆矾试样的质量(第一次读数)/g			
称量瓶和胆矾试样的质量(第二次读数)/g			
胆矾试样的质量 m/g			
硫代硫酸钠标准溶液的浓度 $c(Na_2S_2O_3)$/(mol/L)			
滴定时消耗硫代硫酸钠标准溶液的体积/mL			
空白试验消耗硫代硫酸钠标准溶液的体积/mL			
实际消耗硫代硫酸钠标准溶液的体积/mL			
硫酸铜的含量 w/%			
硫酸铜的平均含量 $\overline{w}$/%			
相对平均偏差/%			

计算过程:

任务评价表

胆矾中硫酸铜含量的测定任务评价表

<table>
<tr><td colspan="4">操作者姓名：</td><td colspan="6">任务总评分：</td></tr>
<tr><td colspan="4">评价人员：</td><td colspan="6">日期：</td></tr>
<tr><td colspan="2">考核内容及配分</td><td colspan="6">考核点及评分细则</td><td>互评</td><td>师评</td></tr>
<tr><td rowspan="7">职业素养
（20 分）</td><td rowspan="3">“HSE”（健康、安全与环境）
（10 分）</td><td colspan="6">风险识别：列出实验过程中可能存在的风险，如有毒有害化学试剂的危害性及可能引发的安全事故，如化学灼伤、溶液溅出、仪器破裂等。内容正确全面得 3 分</td><td></td><td></td></tr>
<tr><td colspan="6">安全措施与应急处理：针对识别出的风险，提出相应的安全措施。佩戴适当的个人防护装备（如实验服、手套、护目镜等）；确保实验室通风良好；使用正确的仪器操作技巧等。措施正确到位得 4 分</td><td></td><td></td></tr>
<tr><td colspan="6">环境保护：描述实验过程中如何减少对环境的影响，如合理使用化学试剂、正确处理实验三废等得 3 分</td><td></td><td></td></tr>
<tr><td rowspan="4">“7S”（整理、整顿、清扫、清洁、素养、安全和节约）（10 分）</td><td colspan="6">清点实验仪器与试剂，摆放有序，取用方便。保持工作现场的清洁整理等得 3 分</td><td></td><td></td></tr>
<tr><td colspan="6">爱护仪器，不浪费药品、试剂得 2 分</td><td></td><td></td></tr>
<tr><td colspan="6">检测完毕后按要求将仪器、药品、试剂等清理清洁复位得 3 分</td><td></td><td></td></tr>
<tr><td colspan="6">科学公正、诚信务实、热爱劳动、团结互助等得 2 分</td><td></td><td></td></tr>
<tr><td rowspan="9">操作技能
（60 分）</td><td>标准溶液配制（5 分）</td><td colspan="6">硫酸的安全取用得 2 分，硫代硫酸钠标准溶液配制正确得 3 分</td><td></td><td></td></tr>
<tr><td rowspan="2">称量操作与样品准备（10 分）</td><td colspan="6">天平的正确使用得 2 分，减量法的规范操作得 2 分</td><td></td><td></td></tr>
<tr><td colspan="6">移液管规范使用得 5 分，加入指示剂得 1 分</td><td></td><td></td></tr>
<tr><td rowspan="4">滴定操作
（30 分）</td><td colspan="6">碘量瓶的规范操作得 5 分</td><td></td><td></td></tr>
<tr><td colspan="6">正确润洗滴定管得 2 分，装滴定液得 2 分，赶气泡、调零得 2 分</td><td></td><td></td></tr>
<tr><td colspan="6">滴定时左手控制滴定管阀门规范得 1 分，滴定过程中右手均匀振摇锥形瓶得 2 分，控制滴定速度得 5 分</td><td></td><td></td></tr>
<tr><td colspan="6">正确判断滴定终点得 6 分，终点读数准确得 5 分</td><td></td><td></td></tr>
<tr><td rowspan="2">记录计算
（15 分）</td><td colspan="6">规范记录得 5 分，未经允许涂改每处扣 0.5 分，扣完为止，有效数字与修约正确得 3 分</td><td></td><td></td></tr>
<tr><td colspan="6">代入公式正确得 4 分，结果计算准确得 3 分</td><td></td><td></td></tr>
<tr><td rowspan="4">测定结果
（20 分）</td><td rowspan="2">准确度
（10 分）</td><td>相对误差/%</td><td>≤0.2</td><td>≤0.4</td><td>≤0.6</td><td>≤1.0</td><td>>1.0</td><td rowspan="2"></td><td rowspan="2"></td></tr>
<tr><td>得分</td><td>10</td><td>8</td><td>4</td><td>2</td><td>0</td></tr>
<tr><td rowspan="2">精密度
（10 分）</td><td>相对平均偏差/%</td><td>≤0.2</td><td>≤0.4</td><td>≤0.6</td><td>≤0.8</td><td>>0.8</td><td rowspan="2"></td><td rowspan="2"></td></tr>
<tr><td>得分</td><td>10</td><td>8</td><td>4</td><td>2</td><td>0</td></tr>
</table>

收获与总结

今后改进、提高的情况

班级:　　　　　　　学号:　　　　　　　姓名:　　　　　　　日期:

任务 6-1　硝酸银标准溶液的配制与标定

任务报告单

硝酸银标准溶液的配制与标定任务报告单

项目	1	2	3	4
倾样前(称量瓶+基准氯化钠)的质量 m_1/g				
倾样后(称量瓶+基准氯化钠)的质量 m_2/g				
基准氯化钠的质量 m/g				
硝酸银标准溶液的滴定体积 $V_{滴}$/mL				
滴定管校正值/mL				
温度/℃				
溶液温度补正值/(mL/L)				
溶液温度校正值/mL				
硝酸银实际消耗体积 V/mL				
空白试验硝酸银实际消耗体积 V_0/mL				
硝酸银标准溶液浓度 c_i/(mol/L)				
硝酸银标准溶液平均浓度 $\bar{c}$/(mol/L)				
相对平均偏差 Rd/%				

计算过程:

任务评价表

硝酸银标准溶液的配制与标定任务评价表

<table>
<tr><td colspan="4">操作者姓名：</td><td colspan="6">任务总评分：</td></tr>
<tr><td colspan="4">评价人员：</td><td colspan="6">日期：</td></tr>
<tr><td colspan="2">考核内容及配分</td><td colspan="6">考核点及评分细则</td><td>互评</td><td>师评</td></tr>
<tr><td rowspan="7">职业素养
（20 分）</td><td rowspan="3">“HSE”(健康、安全与环境)
（10 分）</td><td colspan="6">风险识别：列出实验过程中可能存在的风险，如有毒有害化学试剂的危害性及可能引发的安全事故，如化学灼伤、溶液溅出、仪器破裂等。内容正确全面得 3 分</td><td></td><td></td></tr>
<tr><td colspan="6">安全措施与应急处理：针对识别出的风险，提出相应的安全措施。佩戴适当的个人防护装备（如实验服、手套、护目镜等）；确保实验室通风良好；使用正确的仪器操作技巧等。措施正确到位得 4 分</td><td></td><td></td></tr>
<tr><td colspan="6">环境保护：描述实验过程中如何减少对环境的影响，如合理使用化学试剂、正确处理实验三废等得 3 分</td><td></td><td></td></tr>
<tr><td rowspan="4">“7S”(整理、整顿、清扫、清洁、素养、安全和节约)（10 分）</td><td colspan="6">清点实验仪器与试剂，摆放有序，取用方便。保持工作现场的清洁整理等得 3 分</td><td></td><td></td></tr>
<tr><td colspan="6">爱护仪器，不浪费药品、试剂得 2 分</td><td></td><td></td></tr>
<tr><td colspan="6">检测完毕后按要求将仪器、药品、试剂等清理清洁复位得 3 分</td><td></td><td></td></tr>
<tr><td colspan="6">科学公正、诚信务实、热爱劳动、团结互助等得 2 分</td><td></td><td></td></tr>
<tr><td rowspan="9">操作规范
（60 分）</td><td>标准溶液配制（5 分）</td><td colspan="6">硝酸银的称量正确得 2 分，溶解规范得 2 分，存放正确得 1 分</td><td></td><td></td></tr>
<tr><td rowspan="2">称量操作与样品准备（15 分）</td><td colspan="6">天平的正确使用得 3 分，减量法的规范操作得 5 分</td><td></td><td></td></tr>
<tr><td colspan="6">溶解试样得 5 分，加入指示剂得 2 分</td><td></td><td></td></tr>
<tr><td rowspan="3">滴定操作
（25 分）</td><td colspan="6">正确润洗滴定管得 2 分，装滴定液得 2 分，赶气泡、调零得 2 分</td><td></td><td></td></tr>
<tr><td colspan="6">滴定时左手控制滴定管阀门规范得 1 分，滴定过程中右手均匀振摇锥形瓶得 2 分，控制滴定速度得 5 分</td><td></td><td></td></tr>
<tr><td colspan="6">正确判断滴定终点得 6 分，终点读数准确得 5 分</td><td></td><td></td></tr>
<tr><td rowspan="2">记录计算
（15 分）</td><td colspan="6">规范及时记录原始数据得 5 分，未经允许涂改每处扣 0.5 分，扣完为止，有效数字与修约正确得 3 分</td><td></td><td></td></tr>
<tr><td colspan="6">代入公式正确得 4 分，结果计算准确得 3 分</td><td></td><td></td></tr>
<tr><td colspan="8" style="display:none"></td></tr>
<tr><td rowspan="4">结果评价
（20 分）</td><td rowspan="2">准确度
（10 分）</td><td>相对误差/%</td><td>≤0.2</td><td>≤0.4</td><td>≤0.6</td><td>≤1.0</td><td>>1.0</td><td></td><td></td></tr>
<tr><td>得分</td><td>10</td><td>8</td><td>4</td><td>2</td><td>0</td><td></td><td></td></tr>
<tr><td rowspan="2">精密度
（10 分）</td><td>相对平均偏差/%</td><td>≤0.2</td><td>≤0.4</td><td>≤0.6</td><td>≤0.8</td><td>>0.8</td><td></td><td></td></tr>
<tr><td>得分</td><td>10</td><td>8</td><td>4</td><td>2</td><td>0</td><td></td><td></td></tr>
<tr><td colspan="10">收获与总结

</td></tr>
<tr><td colspan="10">今后改进、提高的情况

</td></tr>
</table>

任务 6-2　锅炉用水中氯离子的测定

任务报告单

硝酸银标准溶液的配制与标定任务报告单

项目	1	2	3
倾样前(称量瓶+基准氯化钠)质量 m_1/g			
倾样后(称量瓶+基准氯化钠)质量 m_2/g			
基准氯化钠的质量 m/g			
硝酸银标准溶液的滴定体积 $V_{滴}$/mL			
滴定管校正值/mL			
温度/℃			
溶液温度补正值/(mL/L)			
溶液温度校正值/mL			
硝酸银实际消耗体积 V_1/mL			
空白试验硝酸银消耗体积 V_2/mL			
硝酸银标准溶液浓度/(mol/L)			
硝酸银标准溶液平均浓度/(mol/L)			
相对平均偏差 Rd/%			

锅炉用水中氯离子的测定任务报告单

项目	1	2	3
移取锅炉水样的体积 V/mL			
滴定时消耗硝酸银标准溶液的体积 V_0/mL			
滴定管校正值/mL			
温度/℃			
溶液温度补正值/(mL/L)			
溶液温度校正值/mL			
滴定时实际消耗硝酸银标准溶液的体积 V_4/mL			
空白试验消耗硝酸银标准溶液的体积 V_3/mL			
硝酸银标准溶液浓度/(mol/L)			
水样中氯离子含量/(mg/L)			
水样中氯离子平均含量/(mg/L)			
相对平均偏差 Rd/%			

计算过程：

任务评价表

锅炉水中氯离子的测定任务评价表

<table>
<tr><td colspan="3">操作者姓名：</td><td colspan="7">任务总评分：</td></tr>
<tr><td colspan="3">评价人员：</td><td colspan="7">日期：</td></tr>
<tr><td colspan="2">考核内容及配分</td><td colspan="6">考核点及评分细则</td><td>互评</td><td>师评</td></tr>
<tr><td rowspan="7">职业素养
（20 分）</td><td rowspan="3">“HSE”（健康、安全与环境）
（10 分）</td><td colspan="6">风险识别：列出实验过程中可能存在的风险，如有毒有害化学试剂的危害性及可能引发的安全事故，如化学灼伤、溶液溅出、仪器破裂等。内容正确全面得 3 分</td><td></td><td></td></tr>
<tr><td colspan="6">安全措施与应急处理：针对识别出的风险，提出相应的安全措施。佩戴适当的个人防护装备（如实验服、手套、护目镜等）；确保实验室通风良好；使用正确的仪器操作技巧等。措施正确到位得 4 分</td><td></td><td></td></tr>
<tr><td colspan="6">环境保护：描述实验过程中如何减少对环境的影响，如合理使用化学试剂、正确处理实验三废等得 3 分</td><td></td><td></td></tr>
<tr><td rowspan="4">“7S”（整理、整顿、清扫、清洁、素养、安全和节约）（10 分）</td><td colspan="6">清点实验仪器与试剂，摆放有序，取用方便。保持工作现场的清洁整理等得 3 分</td><td></td><td></td></tr>
<tr><td colspan="6">爱护仪器，不浪费药品、试剂得 2 分</td><td></td><td></td></tr>
<tr><td colspan="6">检测完毕后按要求将仪器、药品、试剂等清理清洁复位得 3 分</td><td></td><td></td></tr>
<tr><td colspan="6">科学公正、诚信务实、热爱劳动、团结互助等得 2 分</td><td></td><td></td></tr>
<tr><td rowspan="9">操作规范
（60 分）</td><td>标准溶液配制（5 分）</td><td colspan="6">硝酸银标准配制得 3 分，氯化钠标准配制得 2 分</td><td></td><td></td></tr>
<tr><td rowspan="2">称量操作与样品准备（15 分）</td><td colspan="6">水样采集得 5 分，水样处理得 5 分</td><td></td><td></td></tr>
<tr><td colspan="6">移液管取样操作规范得 3 分，加入指示剂得 2 分</td><td></td><td></td></tr>
<tr><td rowspan="3">滴定操作
（25 分）</td><td colspan="6">正确润洗滴定管得 2 分，装滴定液得 2 分，赶气泡、调零得 2 分</td><td></td><td></td></tr>
<tr><td colspan="6">滴定时左手控制滴定管阀门规范得 1 分，滴定过程中右手均匀振摇锥形瓶得 2 分，控制滴定速度得 5 分</td><td></td><td></td></tr>
<tr><td colspan="6">正确判断滴定终点得 6 分，终点读数准确得 5 分</td><td></td><td></td></tr>
<tr><td rowspan="2">记录计算
（15 分）</td><td colspan="6">规范及时记录原始数据得 5 分，未经允许涂改每处扣 0.5 分，扣完为止，有效数字与修约正确得 3 分</td><td></td><td></td></tr>
<tr><td colspan="6">代入公式正确得 4 分，结果计算准确得 3 分</td><td></td><td></td></tr>
<tr><td colspan="6" style="display:none"></td></tr>
<tr><td rowspan="4">结果评价
（20 分）</td><td rowspan="2">准确度
（10 分）</td><td>相对误差/%</td><td>≤0.2</td><td>≤0.4</td><td>≤0.6</td><td>≤1.0</td><td>>1.0</td><td></td><td></td></tr>
<tr><td>得分</td><td>10</td><td>8</td><td>4</td><td>2</td><td>0</td><td></td><td></td></tr>
<tr><td rowspan="2">精密度
（10 分）</td><td>相对平均偏差/%</td><td>≤0.2</td><td>≤0.4</td><td>≤0.6</td><td>≤0.8</td><td>>0.8</td><td></td><td></td></tr>
<tr><td>得分</td><td>10</td><td>8</td><td>4</td><td>2</td><td>0</td><td></td><td></td></tr>
</table>

收获与总结

今后改进、提高的情况

班级:　　　　学号:　　　　姓名:　　　　日期:

任务 6-3　生理盐水中氯化钠含量的测定

任务报告单

福尔哈德法标定 $AgNO_3$ 溶液任务报告单

项目	1	2	3
加入硝酸银标准溶液的体积 V_1/mL			
测定体积比时滴定消耗 NH_4SCN 的体积 V_2/mL			
K			
$\overline{K}$			
倾出前 NaCl 的质量/g			
倾出后 NaCl 的质量/g			
m (NaCl)/g			
加入硝酸银标准溶液的体积 V_3/mL			
测定氯化钠样品前滴定消耗 NH_4SCN 的体积 V_4/mL			
$c(AgNO_3)$/(mol/L)			
$\overline{c(AgNO_3)}$/(mol/L)			
相对平均偏差/%			

生理盐水中氯化钠含量的测定任务报告单

项目	1	2	3
称取生理盐水的质量/g			
移取生理盐水溶液的体积/mL			
加入 $AgNO_3$ 标准溶液的体积/mL			
滴定消耗 NH_4SCN 标准溶液的体积/mL			
空白试验消耗 NH_4SCN 标准溶液的体积/mL			
溶液温度补正值/(mL/L)			
滴定管校正值/mL			
实际消耗 NH_4SCN 标准溶液的体积/mL			
空白试验消耗 $AgNO_3$ 的体积 V_0			
生理盐水中 NaCl 的含量/%			
生理盐水中 NaCl 含量的平均值/%			
相对平均偏差/%			

计算过程：

任务评价表

生理盐水中氯化钠含量的测定任务评价表

操作者姓名：								任务总评分：	
评价人员：								日期：	
考核内容及配分		考核点及评分细则						互评	师评
职业素养（20分）	"HSE"（健康、安全与环境）（10分）	风险识别：列出实验过程中可能存在的风险，如有毒有害化学试剂的危害性及可能引发的安全事故，如化学灼伤、溶液溅出、仪器破裂等。内容正确全面得3分							
		安全措施与应急处理：针对识别出的风险，提出相应的安全措施。佩戴适当的个人防护装备（如实验服、手套、护目镜等）；确保实验室通风良好；使用正确的仪器操作技巧等。措施正确到位得4分							
		环境保护：描述实验过程中如何减少对环境的影响，如合理使用化学试剂、正确处理实验三废等得3分							
	"7S"（整理、整顿、清扫、清洁、素养、安全和节约）（10分）	清点实验仪器与试剂，摆放有序，取用方便。保持工作现场的清洁整理等得3分							
		爱护仪器，不浪费药品、试剂得2分							
		检测完毕后按要求将仪器、药品、试剂等清理清洁复位得3分							
		科学公正、诚信务实、热爱劳动、团结互助等得2分							
操作规范（60分）	标准溶液配制（5分）	$AgNO_3$标准溶液配制得3分，NH_4SCN标准溶液配制得2分							
	称量操作与样品准备（10分）	水样稀释定容处理规范得5分							
		移液管取样操作规范得3分，加入指示剂得2分							
	滴定操作（30分）	正确润洗滴定管得2分，装滴定液得1分，赶气泡、调零得2分							
		滴定时左手控制滴定管阀门规范得2分，滴定过程中右手均匀振摇锥形瓶得3分，控制滴定速度得5分							
		正确判断滴定终点得5分，终点读数准确得5分							
		返滴定法滴定操作正确，得5分							
	记录计算（15分）	规范及时记录原始数据得5分，未经允许涂改每处扣0.5分，扣完为止，有效数字与修约正确得3分							
		代入公式正确得4分，结果计算准确得3分							
结果评价（20分）	准确度（10分）	相对误差/%	≤0.2	≤0.4	≤0.6	≤1.0	>1.0		
		得分	10	8	4	2	0		
	精密度（10分）	相对平均偏差/%	≤0.2	≤0.4	≤0.6	≤0.8	>0.8		
		得分	10	8	4	2	0		

收获与总结

今后改进、提高的情况

班级: 学号: 姓名 : 日期:

任务 7-1 磺基水杨酸含量的测定

任务报告单

吸收曲线的绘制任务报告单

波长/nm							
吸光度							
波长/nm							
吸光度							
最大吸收波长/nm							

磺基水杨酸标准溶液的测定任务报告单

项目	1	2
磺基水杨酸标准溶液体积/mL		
磺基水杨酸含量 c_i/(μg/mL)		
吸光度 A_i'		
空白值 A_0		
校正后吸光度 A_i		

未知溶液中磺基水杨酸含量的测定任务报告单

项目	1	2
试样吸光度 A_x'		
空白值 A_0		
校正后吸光度 A_x		
磺基水杨酸含量 c_x/(μg/mL)		
测定结果 $\bar{c}_x$/(μg/mL)		
测定结果的相对平均偏差 Rd/%		

计算过程：

任务评价表

磺基水杨酸含量的测定任务评价表

<table>
<tr><td colspan="3">操作者姓名：</td><td colspan="7">任务总评分：</td></tr>
<tr><td colspan="3">评价人员：</td><td colspan="7">日期：</td></tr>
<tr><td colspan="2">考核内容及配分</td><td colspan="6">考核点及评分细则</td><td>互评</td><td>师评</td></tr>
<tr><td rowspan="7">职业素养
(20 分)</td><td rowspan="3">“HSE”(健康、安全与环境)
(10 分)</td><td colspan="6">风险识别：列出实验过程中可能存在的风险，如有毒有害化学试剂的危害性及可能引发的安全事故，如化学灼伤、溶液溅出、仪器破裂等。内容正确全面得 3 分</td><td></td><td></td></tr>
<tr><td colspan="6">安全措施与应急处理：针对识别出的风险，提出相应的安全措施。佩戴适当的个人防护装备(如实验服、手套、护目镜等)；确保实验室通风良好；使用正确的仪器操作技巧等。措施正确到位得 4 分</td><td></td><td></td></tr>
<tr><td colspan="6">环境保护：描述实验过程中如何减少对环境的影响，如合理使用化学试剂、正确处理实验三废等得 3 分</td><td></td><td></td></tr>
<tr><td rowspan="4">“7S”(整理、整顿、清扫、清洁、素养、安全和节约)(10 分)</td><td colspan="6">清点实验仪器与试剂，摆放有序，取用方便。保持工作现场的清洁整理等得 3 分</td><td></td><td></td></tr>
<tr><td colspan="6">爱护仪器，不浪费药品、试剂得 2 分</td><td></td><td></td></tr>
<tr><td colspan="6">检测完毕后按要求将仪器、药品、试剂等清理清洁复位得 3 分</td><td></td><td></td></tr>
<tr><td colspan="6">科学公正、诚信务实、热爱劳动、团结互助等得 2 分</td><td></td><td></td></tr>
<tr><td rowspan="12">操作规范
(60 分)</td><td rowspan="5">样品准备
(20 分)</td><td colspan="6">天平的正确使用得 3 分。样品量在有效范围(90～110mg)得 2 分</td><td></td><td></td></tr>
<tr><td colspan="6">溶解样品正确得 1 分</td><td></td><td></td></tr>
<tr><td colspan="6">样品正确转移至容量瓶得 2 分，用水润洗烧杯转移至容量瓶得 2 分</td><td></td><td></td></tr>
<tr><td colspan="6">移液得 5 分，其中用待测液润洗得 1 分，刻度吸管调零准确得 2 分，放液体积正确得 2 分</td><td></td><td></td></tr>
<tr><td colspan="6">定容得 5 分，其中用滴管正确滴加水至刻度线得 3 分，摇匀得 2 分</td><td></td><td></td></tr>
<tr><td rowspan="5">上机操作
(25 分)</td><td colspan="6">吸收曲线绘制正确得 5 分，最大吸收波长选择正确得 4 分</td><td></td><td></td></tr>
<tr><td colspan="6">正确使用比色皿：手握毛玻璃面得 1 分，装样量正确得 2 分，擦净表面液体得 2 分</td><td></td><td></td></tr>
<tr><td colspan="6">废纸放入废纸杯得 1 分，废液倒入废液杯得 1 分</td><td></td><td></td></tr>
<tr><td colspan="6">空白校正：比色皿放入仪器正确，将光面置于光路中得 1 分；校零得 2 分，其余 1 分</td><td></td><td></td></tr>
<tr><td colspan="6">正确测定标准溶液和待测溶液的吸光度得 5 分</td><td></td><td></td></tr>
<tr><td rowspan="2">记录计算
(15 分)</td><td colspan="6">规范及时记录原始数据得 5 分，未经允许涂改每处扣 0.5 分，扣完为止。有效数字位数及修约正确得 3 分</td><td></td><td></td></tr>
<tr><td colspan="6">代入公式正确得 2 分，结果计算准确得 5 分</td><td></td><td></td></tr>
<tr><td rowspan="4">结果评价
(20 分)</td><td rowspan="2">准确度
(10 分)</td><td>相对误差/%</td><td>≤1.0</td><td>≤3.0</td><td>≤5.0</td><td>≤7.0</td><td>>7.0</td><td></td><td></td></tr>
<tr><td>得分</td><td>10</td><td>8</td><td>4</td><td>2</td><td>0</td><td></td><td></td></tr>
<tr><td rowspan="2">精密度
(10 分)</td><td>相对平均偏差/%</td><td>≤0.5</td><td>≤1.0</td><td>≤1.5</td><td>≤2.0</td><td>>2.0</td><td></td><td></td></tr>
<tr><td>得分</td><td>10</td><td>8</td><td>4</td><td>2</td><td>0</td><td></td><td></td></tr>
</table>

收获与总结

今后改进、提高的情况

任务 7-2　工业循环冷却水中铁含量的测定

任务报告单

吸收曲线的绘制任务报告单

波长/nm							
吸光度							
波长/nm							
吸光度							
最大吸收波长/nm							

工作曲线的绘制任务报告单

项目	1	2	3	4	5	6	7
铁标准溶液体积/mL							
铁质量 m/mg							
吸光度 A_1							
空白值 A_0							
校正后吸光度 A_2							

水样中铁含量的测定任务报告单

项目	1	2
试样吸光度 A_3		
比色皿校正值 A_4		
空白值 A_0		
水样中铁的质量 m/mg		
铁含量 ρ_i/(mg/L)		
铁含量的平均值 $\bar{\rho}$/(mg/L)		
测定结果的相对平均偏差 Rd/%		

绘制 c-A 工作曲线：

计算过程：

任务评价表

工业循环冷却水中铁含量的测定任务评价表

<table>
<tr><td colspan="3">操作者姓名：</td><td colspan="7">任务总评分：</td></tr>
<tr><td colspan="3">评价人员：</td><td colspan="7">日期：</td></tr>
<tr><td colspan="2">考核内容及配分</td><td colspan="6">考核点及评分细则</td><td>互评</td><td>师评</td></tr>
<tr><td rowspan="7">职业素养
（20分）</td><td rowspan="3">"HSE"（健康、安全与环境）
（10分）</td><td colspan="6">风险识别：列出实验过程中可能存在的风险，如有毒有害化学试剂的危害性及可能引发的安全事故，如化学灼伤、溶液溅出、仪器破裂等。内容正确全面得3分</td><td></td><td></td></tr>
<tr><td colspan="6">安全措施与应急处理：针对识别出的风险，提出相应的安全措施。佩戴适当的个人防护装备（如实验服、手套、护目镜等）；确保实验室通风良好；使用正确的仪器操作技巧等。措施正确到位得4分</td><td></td><td></td></tr>
<tr><td colspan="6">环境保护：描述实验过程中如何减少对环境的影响，如合理使用化学试剂、正确处理实验三废等得3分</td><td></td><td></td></tr>
<tr><td rowspan="4">"7S"（整理、整顿、清扫、清洁、素养、安全和节约）（10分）</td><td colspan="6">清点实验仪器与试剂，摆放有序，取用方便。保持工作现场的清洁整理等得3分</td><td></td><td></td></tr>
<tr><td colspan="6">爱护仪器，不浪费药品、试剂得2分</td><td></td><td></td></tr>
<tr><td colspan="6">检测完毕后按要求将仪器、药品、试剂等清理清洁复位得3分</td><td></td><td></td></tr>
<tr><td colspan="6">科学公正、诚信务实、热爱劳动、团结互助等得2分</td><td></td><td></td></tr>
<tr><td rowspan="9">操作规范
（60分）</td><td rowspan="2">标准系列溶液配制与显色（15分）</td><td colspan="6">标准系列溶液配制正确得10分</td><td></td><td></td></tr>
<tr><td colspan="6">正确显色得5分</td><td></td><td></td></tr>
<tr><td rowspan="5">仪器操作
（30分）</td><td colspan="6">吸收曲线绘制正确得10分，最大吸收波长选择正确得4分</td><td></td><td></td></tr>
<tr><td colspan="6">正确使用比色皿：手握毛玻璃面得1分，装样量正确得2分，擦净表面液体得2分</td><td></td><td></td></tr>
<tr><td colspan="6">废纸放入废纸杯得1分，废液倒入废液杯得1分</td><td></td><td></td></tr>
<tr><td colspan="6">空白校正：比色皿放入仪器正确，将光面置于光路中得1分；校零得2分，其余1分</td><td></td><td></td></tr>
<tr><td colspan="6">正确测定标准溶液和未知水样的吸光度得5分</td><td></td><td></td></tr>
<tr><td rowspan="2">记录计算
（15分）</td><td colspan="6">规范及时记录原始数据得5分，未经允许涂改每处扣0.5分，扣完为止。有效数字位数及修约正确得3分</td><td></td><td></td></tr>
<tr><td colspan="6">代入公式正确得3分，结果计算准确得4分</td><td></td><td></td></tr>
<tr><td rowspan="4">结果评价
（20分）</td><td rowspan="2">准确度
（10分）</td><td>相对误差/%</td><td>≤1.0</td><td>≤3.0</td><td>≤5.0</td><td>≤7.0</td><td>>7.0</td><td></td><td></td></tr>
<tr><td>得分</td><td>10</td><td>8</td><td>4</td><td>2</td><td>0</td><td></td><td></td></tr>
<tr><td rowspan="2">精密度
（10分）</td><td>相对平均偏差/%</td><td>≤0.5</td><td>≤1.0</td><td>≤1.5</td><td>≤2.0</td><td>>2.0</td><td></td><td></td></tr>
<tr><td>得分</td><td>10</td><td>8</td><td>4</td><td>2</td><td>0</td><td></td><td></td></tr>
</table>

收获与总结

今后改进、提高的情况

班级:　　　　　　　　学号:　　　　　　　　姓名：　　　　　　　　日期:

任务 7-3　对乙酰氨基酚含量的测定

任务报告单

对乙酰氨基酚的含量测定任务报告单

测定样品			
仪器型号			
测定波长/nm			
吸收池厚度 L/cm			
测定次数	第一次	第二次	第三次
倾样前质量/g			
倾样后质量/g			
样品质量 m/g			
稀释倍数 D			
吸光度空白值 A_0			
吸光度 A			
样品含量/%			
样品平均含量/%			
相对平均偏差/%			
结果判定			

计算过程：

任务评价表

对乙酰氨基酚含量的测定任务评价表

操作者姓名：		任务总评分：		
评价人员：		日期：		
考核内容及配分		考核点及评分细则	互评	师评
职业素养（20 分）	“HSE”（健康、安全与环境）（10 分）	风险识别：列出实验过程中可能存在的风险，如有毒有害化学试剂的危害性及可能引发的安全事故，如化学灼伤、溶液溅出、仪器破裂等。内容正确全面得 3 分		
		安全措施与应急处理：针对识别出的风险，提出相应的安全措施。佩戴适当的个人防护装备（如实验服、手套、护目镜等）；确保实验室通风良好；使用正确的仪器操作技巧等。措施正确到位得 4 分		
		环境保护：描述实验过程中如何减少对环境的影响，如合理使用化学试剂、正确处理实验三废等得 3 分		
	“7S”（整理、整顿、清扫、清洁、素养、安全和节约）（10 分）	清点实验仪器与试剂，摆放有序，取用方便。保持工作现场的清洁整理等得 3 分		
		爱护仪器，不浪费药品、试剂得 2 分		
		检测完毕后按要求将仪器、药品、试剂等清理清洁复位得 3 分		
		科学公正、诚信务实、热爱劳动、团结互助等得 2 分		
操作技能（60 分）	样品准备（20 分）	天平的正确使用得 3 分。样品量在有效范围（90～110mg）得 2 分		
		用量筒量取 0.4%氢氧化钠溶液 50mL 溶解样品，得 1 分		
		样品正确转移至容量瓶得 2 分，用水润洗烧杯转移至容量瓶得 2 分		
		正确定容得 2 分，其中用滴管正确加水至刻度线得 1 分，摇匀得 1 分		
		移液得 5 分，其中用待测液润洗得 1 分，刻度吸管调零准确得 2 分，放液体积正确得 2 分		
		稀释定容得 3 分：其中加 0.4%氢氧化钠溶液 10mL 得 1 分，用滴管正确滴加水至刻度线得 1 分，摇匀得 1 分		
	试样吸光度测定（25 分）	波长设置正确得 4 分		
		正确使用比色皿：手握毛玻璃面得 1 分，装样量正确得 2 分，擦净表面液体得 2 分		
		废纸放入废纸杯得 1 分，废液倒入废液杯得 1 分		
		空白校正：比色皿放入仪器正确，将光面置于光路中得 1 分；校零得 2 分，其余 1 分		
		正确测定供试品溶液的吸光度得 5 分		
		操作连贯得 5 分		
	记录计算（15 分）	规范及时记录原始数据得 5 分，未经允许涂改每处扣 0.5 分，扣完为止。有效数字位数及修约正确得 3 分		
		代入公式正确得 2 分，结果计算准确得 3 分。测定结果与 2025 年版《中国药典》标准比较，结论正确得 2 分		

测定结果（20 分）								互评	师评
	准确度（10 分）	相对误差/%	≤1.0	≤3.0	≤5.0	≤7.0	>7.0		
		得分	10	8	4	2	0		
	精密度（10 分）	相对平均偏差/%	≤0.5	≤1.0	≤1.5	≤2.0	>2.0		
		得分	10	8	4	2	0		

收获与总结

今后改进、提高的情况

班级:　　　　　　　　学号:　　　　　　　　姓名:　　　　　　　　日期:

任务 8-1　工业循环冷却水 pH 值的测定

任务报告单

工业循环冷却水 pH 值的测定任务报告单

样品编码	pH 值	两次 pH 平均值	备注
1			
2			

说明酸度计测定 pH 的工作原理：

陈述酸度计校准的具体步骤：

任务评价表

工业循环冷却水 pH 值的测定任务评价表

<table>
<tr><td colspan="4">操作者姓名：</td><td colspan="6">任务总评分：</td></tr>
<tr><td colspan="4">评价人员：</td><td colspan="6">日期：</td></tr>
<tr><td colspan="2">考核内容及配分</td><td colspan="6">考核点及评分细则</td><td>互评</td><td>师评</td></tr>
<tr><td rowspan="7">职业素养
（20 分）</td><td rowspan="3">“HSE”（健康、安全与环境）
（10 分）</td><td colspan="6">风险识别：列出实验过程中可能存在的风险，如有毒有害化学试剂的危害性及可能引发的安全事故，如化学灼伤、溶液溅出、仪器破裂等。内容正确全面得 3 分</td><td></td><td></td></tr>
<tr><td colspan="6">安全措施与应急处理：针对识别出的风险，提出相应的安全措施。佩戴适当的个人防护装备（如实验服、手套、护目镜等）；确保实验室通风良好；使用正确的仪器操作技巧等。措施正确到位得 4 分</td><td></td><td></td></tr>
<tr><td colspan="6">环境保护：描述实验过程中如何减少对环境的影响，如合理使用化学试剂、正确处理实验三废等得 3 分</td><td></td><td></td></tr>
<tr><td rowspan="4">“7S”（整理、整顿、清扫、清洁、素养、安全和节约）（10 分）</td><td colspan="6">清点实验仪器与试剂，摆放有序，取用方便。保持工作现场的清洁整理等得 3 分</td><td></td><td></td></tr>
<tr><td colspan="6">爱护仪器，不浪费药品、试剂得 2 分</td><td></td><td></td></tr>
<tr><td colspan="6">检测完毕后按要求将仪器、药品、试剂等清理清洁复位得 3 分</td><td></td><td></td></tr>
<tr><td colspan="6">科学公正、诚信务实、热爱劳动、团结互助等得 2 分</td><td></td><td></td></tr>
<tr><td rowspan="6">操作规范
（60 分）</td><td>溶液配制（15 分）</td><td colspan="6">标准缓冲溶液的正确选择得 5 分，正确配制溶液得 10 分</td><td></td><td></td></tr>
<tr><td>称量操作与样品准备（5 分）</td><td colspan="6">天平的正确使用得 2 分，取样与样品制备正确得 3 分</td><td></td><td></td></tr>
<tr><td rowspan="3">酸度计操作
（30 分）</td><td colspan="6">正确使用电极得 5 分</td><td></td><td></td></tr>
<tr><td colspan="6">正确使用标准缓冲溶液校准仪器得 15 分（其中温度补偿得 5 分，定位正确得 5 分，调斜率正确得 5 分）</td><td></td><td></td></tr>
<tr><td colspan="6">正确完成两个样品 pH 值测定得 10 分</td><td></td><td></td></tr>
<tr><td>记录计算
（10 分）</td><td colspan="6">规范记录得 5 分，未经允许涂改每处扣 0.5 分，扣完为止，有效数字记录与修约正确得 2 分。结果计算准确得 3 分</td><td></td><td></td></tr>
<tr><td rowspan="4">结果评价
（20 分）</td><td rowspan="2">准确度
（10 分）</td><td>相对误差/%</td><td>≤1.0</td><td>≤3.0</td><td>≤5.0</td><td>≤7.0</td><td>>7.0</td><td></td><td></td></tr>
<tr><td>得分</td><td>10</td><td>8</td><td>4</td><td>2</td><td>0</td><td></td><td></td></tr>
<tr><td rowspan="2">精密度
（10 分）</td><td>相对平均偏差/%</td><td>≤0.5</td><td>≤1.0</td><td>≤1.5</td><td>≤2.0</td><td>>2.0</td><td></td><td></td></tr>
<tr><td>得分</td><td>10</td><td>8</td><td>4</td><td>2</td><td>0</td><td></td><td></td></tr>
<tr><td colspan="10">收获与总结

</td></tr>
<tr><td colspan="10">今后改进、提高的情况

</td></tr>
</table>

班级:　　　　　　学号:　　　　　　姓名:　　　　　　日期:

任务 8-2　电位滴定法测定盐酸溶液的浓度

任务报告单

HCl 标准溶液滴定测定任务报告单

滴定剂体积 V/mL	电位计读数(pH)	滴定剂体积 V/mL	电位计读数(pH)

一阶微分表

一阶微分 $\Delta pH/\Delta V$	平均体积 $\overline{V}$[即$(V_n+V_{n+1})/2$]	一阶微分 $\Delta pH/\Delta V$	平均体积 $\overline{V}$[即$(V_n+V_{n+1})/2$]

电位滴定法测定盐酸溶液的浓度任务报告单

碳酸钠质量 $m(Na_2CO_3)$/g	碳酸钠摩尔质量 $M(Na_2CO_3)$/(g/moL)	V_{ep}/mL	盐酸浓度 $c(HCl)$/(mol/L)

绘制一阶微分图:

计算过程:

任务评价表

电位滴定法测定盐酸溶液的浓度任务评价表

<table>
<tr><td colspan="4">操作者姓名：</td><td colspan="6">任务总评分：</td></tr>
<tr><td colspan="4">评价人员：</td><td colspan="6">日期：</td></tr>
<tr><td colspan="2">考核内容及配分</td><td colspan="6">考核点及评分细则</td><td>互评</td><td>师评</td></tr>
<tr><td rowspan="7">职业素养
（20 分）</td><td rowspan="3">“HSE”（健康、安全与环境）
（10 分）</td><td colspan="6">风险识别：列出实验过程中可能存在的风险，如有毒有害化学试剂的危害性及可能引发的安全事故，如化学灼伤、溶液溅出、仪器破裂等。内容正确全面得 3 分</td><td></td><td></td></tr>
<tr><td colspan="6">安全措施与应急处理：针对识别出的风险，提出相应的安全措施。佩戴适当的个人防护装备（如实验服、手套、护目镜等）；确保实验室通风良好；使用正确的仪器操作技巧等。措施正确到位得 4 分</td><td></td><td></td></tr>
<tr><td colspan="6">环境保护：描述实验过程中如何减少对环境的影响，如合理使用化学试剂、正确处理实验三废等得 3 分</td><td></td><td></td></tr>
<tr><td rowspan="4">“7S”（整理、整顿、清扫、清洁、素养、安全和节约）（10 分）</td><td colspan="6">清点实验仪器与试剂，摆放有序，取用方便。保持工作现场的清洁整理等得 3 分</td><td></td><td></td></tr>
<tr><td colspan="6">爱护仪器，不浪费药品、试剂得 2 分</td><td></td><td></td></tr>
<tr><td colspan="6">检测完毕后按要求将仪器、药品、试剂等清理清洁复位得 3 分</td><td></td><td></td></tr>
<tr><td colspan="6">科学公正、诚信务实、热爱劳动、团结互助等得 2 分</td><td></td><td></td></tr>
<tr><td rowspan="8">操作规范
（60 分）</td><td>搭建仪器
（10 分）</td><td colspan="6">正确清洗电极得 2 分，正确安装电位计得 3 分，正确并熟练搭建仪器得 5 分</td><td></td><td></td></tr>
<tr><td rowspan="2">称量操作与装样品（10 分）</td><td colspan="6">天平的正确使用得 2 分，减量法的规范操作得 3 分</td><td></td><td></td></tr>
<tr><td colspan="6">滴定管规范清洗得 2 分，正确装样品、排气泡、调零得 3 分</td><td></td><td></td></tr>
<tr><td>电位滴定
（15 分）</td><td colspan="6">准确进行盐酸标液体积滴定得 5 分，每次错误扣 1 分，扣完为止。正确规范使用电位计读数得 5 分，每次错误扣 1 分，扣完为止。选择合适的体积进行滴定测定，得 5 分</td><td></td><td></td></tr>
<tr><td>绘制一阶微分图（15 分）</td><td colspan="6">正确绘制一阶微分图 $\Delta pH/\Delta V$-$\overline{V}$，得 10 分，每缺一项扣 1 分，扣完为止。通过一阶微分图找到 V_{ep}，得 5 分</td><td></td><td></td></tr>
<tr><td rowspan="2">记录计算
（10 分）</td><td colspan="6">规范记录得 5 分，未经允许涂改每处扣 0.5 分，有效数字修约错误每处扣 1 分，扣完为止</td><td></td><td></td></tr>
<tr><td colspan="6">代入公式正确得 2 分，结果计算准确得 3 分</td><td></td><td></td></tr>
<tr style="display:none"></tr>
<tr><td rowspan="2">结果评价
（20 分）</td><td rowspan="2">准确度
（20 分）</td><td>相对误差/%</td><td>≤1.0</td><td>≤3.0</td><td>≤5.0</td><td>≤7.0</td><td>>7.0</td><td></td><td></td></tr>
<tr><td>得分</td><td>10</td><td>8</td><td>4</td><td>2</td><td>0</td><td></td><td></td></tr>
</table>

收获与总结

今后改进、提高的情况

班级:　　　　　　　　学号:　　　　　　　　姓名:　　　　　　　　日期:

任务 8-3　牙膏中氟化物含量的测定

任务报告单

电位测定数据记录表

项目	含 100mg/kg 氟化钠的标准溶液					样品溶液	
样品编号	1	2	3	4	5	6	7
所取体积/mL							
lg$c$							
电位/mV							

牙膏中氟化物含量结果报告单

项目	1	2
牙膏中的氟含量/(mg/kg)		
测定结果平均值/(mg/kg)		
平行测定结果之差/(mg/kg)		
百分浓度/%		
结果判定		

绘制 E-lg$c$ 工作曲线图：

计算过程：

任务评价表

牙膏中氟化物含量的测定任务评价表

<table>
<tr><td colspan="3">操作者姓名：</td><td colspan="6">任务总评分：</td></tr>
<tr><td colspan="3">评价人员：</td><td colspan="6">日期：</td></tr>
<tr><td colspan="2">考核内容及配分</td><td colspan="5">考核点及评分细则</td><td>互评</td><td>师评</td></tr>
<tr><td rowspan="7">职业素养
（20 分）</td><td rowspan="3">“HSE”（健康、安全与环境）
（10 分）</td><td colspan="5">风险识别：列出实验过程中可能存在的风险，如有毒有害化学试剂的危害性及可能引发的安全事故，如化学灼伤、溶液溅出、仪器破裂等。内容正确全面得 3 分</td><td></td><td></td></tr>
<tr><td colspan="5">安全措施与应急处理：针对识别出的风险，提出相应的安全措施。佩戴适当的个人防护装备（如实验服、手套、护目镜等）；确保实验室通风良好；使用正确的仪器操作技巧等。措施正确到位得 4 分</td><td></td><td></td></tr>
<tr><td colspan="5">环境保护：描述实验过程中如何减少对环境的影响，如合理使用化学试剂、正确处理实验三废等得 3 分</td><td></td><td></td></tr>
<tr><td rowspan="4">“7S”（整理、整顿、清扫、清洁、素养、安全和节约）（10 分）</td><td colspan="5">清点实验仪器与试剂，摆放有序，取用方便。保持工作现场的清洁整理等得 3 分</td><td></td><td></td></tr>
<tr><td colspan="5">爱护仪器，不浪费药品、试剂得 2 分</td><td></td><td></td></tr>
<tr><td colspan="5">检测完毕后按要求将仪器、药品、试剂等清理清洁复位得 3 分</td><td></td><td></td></tr>
<tr><td colspan="5">科学公正、诚信务实、热爱劳动、团结互助等得 2 分</td><td></td><td></td></tr>
<tr><td rowspan="8">操作规范
（60 分）</td><td>溶液配制
（10 分）</td><td colspan="5">氟标准储备液及氟标准系列溶液配制正确得 7 分，柠檬酸盐缓冲溶液等其他溶液配制正确得 3 分</td><td></td><td></td></tr>
<tr><td rowspan="2">称量操作与样品准备（10 分）</td><td colspan="5">天平的正确使用得 2 分，减量法的规范操作得 2 分</td><td></td><td></td></tr>
<tr><td colspan="5">牙膏样品制备正确得 3 分。离心机规范使用得 3 分</td><td></td><td></td></tr>
<tr><td>电位测定操作（15 分）</td><td colspan="5">正确使用电极得 5 分，正确使用电位计得 5 分，完成电位测定得 5 分</td><td></td><td></td></tr>
<tr><td>工作曲线绘制（10 分）</td><td colspan="5">正确绘制 E-lg$c$（c 为浓度）标准曲线得 10 分</td><td></td><td></td></tr>
<tr><td rowspan="2">记录计算
（15 分）</td><td colspan="5">规范记录得 5 分，未经允许涂改每处扣 0.5 分，扣完为止，有效数字记录与修约正确得 3 分</td><td></td><td></td></tr>
<tr><td colspan="5">代入公式正确得 4 分，结果计算准确得 3 分</td><td></td><td></td></tr>
<tr><td colspan="7"></td></tr>
<tr><td rowspan="4">结果评价
（20 分）</td><td rowspan="2">准确度
（10 分）</td><td>相对误差/%</td><td>≤1.0</td><td>≤3.0</td><td>≤5.0</td><td>≤7.0 | >7.0</td><td></td><td></td></tr>
<tr><td>得分</td><td>10</td><td>8</td><td>4</td><td>2 | 0</td><td></td><td></td></tr>
<tr><td rowspan="2">精密度
（10 分）</td><td>相对平均偏差/%</td><td>≤0.5</td><td>≤1.0</td><td>≤1.5</td><td>≤2.0 | >2.0</td><td></td><td></td></tr>
<tr><td>得分</td><td>10</td><td>8</td><td>4</td><td>2 | 0</td><td></td><td></td></tr>
</table>

收获与总结

今后改进、提高的情况

班级:　　　　　　　　学号:　　　　　　　　姓名:　　　　　　　　日期:

任务 9-1　混合物中水、甲醇、乙醇含量的测定

任务报告单

混合物中水、甲醇、乙醇测定任务报告单

仪器条件		
样品名称:		样品编号:
仪器名称:	仪器型号:	仪器编号:
色谱柱型号:	柱温:	载气种类与流量:
检测器类型:	检测器温度:	检测器灵敏度挡:
汽化温度:	H_2 流量:	空气流量:

试样测定

组分	保留时间 t_R	f	$A_i/(\mu V/s)$			$w/\%$	$\bar{w}/\%$
			1	2	3		
水							
甲醇							
乙醇							

陈述气相色谱仪的工作流程:

认知色谱图,理解色谱术语:

任务评价表

混合物中水、甲醇、乙醇的测定任务评价表

<table>
<tr><td colspan="4">操作者姓名：</td><td colspan="6">任务总评分：</td></tr>
<tr><td colspan="4">评价人员：</td><td colspan="6">日期：</td></tr>
<tr><td colspan="2">考核内容及配分</td><td colspan="6">考核点及评分细则</td><td>互评</td><td>师评</td></tr>
<tr><td rowspan="7">职业素养
（20 分）</td><td rowspan="3">“HSE”（健康、安全与环境）
（10 分）</td><td colspan="6">风险识别：列出实验过程中可能存在的风险，如有毒有害化学试剂的危害性及可能引发的安全事故，如化学灼伤、溶液溅出、仪器破裂等。内容正确全面得 3 分</td><td></td><td></td></tr>
<tr><td colspan="6">安全措施与应急处理：针对识别出的风险，提出相应的安全措施。佩戴适当的个人防护装备（如实验服、手套、护目镜等）；确保实验室通风良好；使用正确的仪器操作技巧等。措施正确到位得 4 分</td><td></td><td></td></tr>
<tr><td colspan="6">环境保护：描述实验过程中如何减少对环境的影响，如合理使用化学试剂、正确处理实验三废等得 3 分</td><td></td><td></td></tr>
<tr><td rowspan="4">“7S”（整理、整顿、清扫、清洁、素养、安全和节约）（10 分）</td><td colspan="6">清点实验仪器与试剂，摆放有序，取用方便。保持工作现场的清洁整理等得 3 分</td><td></td><td></td></tr>
<tr><td colspan="6">爱护仪器，不浪费药品、试剂得 2 分</td><td></td><td></td></tr>
<tr><td colspan="6">检测完毕后按要求将仪器、药品、试剂等清理清洁复位得 3 分</td><td></td><td></td></tr>
<tr><td colspan="6">科学公正、诚信务实、热爱劳动、团结互助等得 2 分</td><td></td><td></td></tr>
<tr><td rowspan="9">操作规范
（60 分）</td><td>实验前准备（5 分）</td><td colspan="6">准备氢气，检查仪器和色谱柱，得 5 分</td><td></td><td></td></tr>
<tr><td rowspan="2">色谱仪调试准备（15 分）</td><td colspan="6">正确开启载气流量和压力，得 5 分</td><td></td><td></td></tr>
<tr><td colspan="6">正确开启色谱仪主机电源，开启电脑，打开色谱工作站，设置好各项温度，得 10 分</td><td></td><td></td></tr>
<tr><td>样品称量（5 分）</td><td colspan="6">正确称量样品，得 5 分</td><td></td><td></td></tr>
<tr><td rowspan="2">进样操作
（20 分）</td><td colspan="6">正确润洗微量进样器得 2 分，吸取溶液得 2 分，赶气泡、调刻度得 2 分。正确选择进样口进样，得 6 分</td><td></td><td></td></tr>
<tr><td colspan="6">快速连贯准确进样，得 8 分</td><td></td><td></td></tr>
<tr><td rowspan="2">记录计算
（15 分）</td><td colspan="6">规范及时记录原始数据得 5 分，未经允许涂改每处扣 0.5 分，扣完为止，有效数字与修约正确得 3 分</td><td></td><td></td></tr>
<tr><td colspan="6">代入公式正确得 4 分，结果计算准确得 3 分</td><td></td><td></td></tr>
<tr><td colspan="8"></td></tr>
<tr><td rowspan="4">结果评价
（20 分）</td><td rowspan="2">准确度
（10 分）</td><td>相对误差/%</td><td>≤1.0</td><td>≤3.0</td><td>≤5.0</td><td>≤7.0</td><td>>7.0</td><td></td><td></td></tr>
<tr><td>得分</td><td>10</td><td>8</td><td>4</td><td>2</td><td>0</td><td></td><td></td></tr>
<tr><td rowspan="2">精密度
（10 分）</td><td>相对平均偏差/%</td><td>≤0.5</td><td>≤1.0</td><td>≤1.5</td><td>≤2.0</td><td>>2.0</td><td></td><td></td></tr>
<tr><td>得分</td><td>10</td><td>8</td><td>4</td><td>2</td><td>0</td><td></td><td></td></tr>
</table>

收获与总结

今后改进、提高的情况

班级：　　　　　　学号：　　　　　　姓名：　　　　　　日期：

任务 9-2　乙醇中水分含量的测定

任务报告单

乙醇中水分含量测定任务报告单

仪器条件		
样品名称：		样品编号：
仪器名称：	仪器型号：	仪器编号：
色谱柱型号：	柱温：	载气种类与流量：
检测器类型：	检测器温度：	检测器灵敏度挡：
汽化温度：	H_2 流量：	空气流量：

标样测定（$f'_{水}$，可直接查色谱手册）

测定次数	组分	质量/g	峰面积 A	$f_{水/甲醇}$（以甲醇为基准）	$f_{水/甲醇}$的平均值	相对平均偏差/%
第 1 次	水					
	甲醇					
第 2 次	水					
	甲醇					
第 3 次	水					
	甲醇					

试样测定

测定次数	组分	质量/g	峰面积 A	样品中水的质量分数/%	质量分数平均值/%	相对平均偏差/%
第 1 次	试样		（水）			
	甲醇					
第 2 次	试样		（水）			
	甲醇					
第 3 次	试样		（水）			
	甲醇					

计算过程：

任务评价表

乙醇中水分含量测定任务评价表

<table>
<tr><td colspan="7">操作者姓名：</td><td colspan="3">任务总评分：</td></tr>
<tr><td colspan="7">评价人员：</td><td colspan="3">日期：</td></tr>
<tr><td colspan="2">考核内容及配分</td><td colspan="6">考核点及评分细则</td><td>互评</td><td>师评</td></tr>
<tr><td rowspan="7">职业素养
（20 分）</td><td rowspan="3">“HSE”（健康、安全与环境）
（10 分）</td><td colspan="6">风险识别：列出实验过程中可能存在的风险，如有毒有害化学试剂的危害性及可能引发的安全事故，如化学灼伤、溶液溅出、仪器破裂等。内容正确全面得 3 分</td><td></td><td></td></tr>
<tr><td colspan="6">安全措施与应急处理：针对识别出的风险，提出相应的安全措施。佩戴适当的个人防护装备（如实验服、手套、护目镜等）；确保实验室通风良好；使用正确的仪器操作技巧等。措施正确到位得 4 分</td><td></td><td></td></tr>
<tr><td colspan="6">环境保护：描述实验过程中如何减少对环境的影响，如合理使用化学试剂、正确处理实验三废等得 3 分</td><td></td><td></td></tr>
<tr><td rowspan="4">“7S”（整理、整顿、清扫、清洁、素养、安全和节约）（10 分）</td><td colspan="6">清点实验仪器与试剂，摆放有序，取用方便。保持工作现场的清洁整理等得 3 分</td><td></td><td></td></tr>
<tr><td colspan="6">爱护仪器，不浪费药品、试剂得 2 分</td><td></td><td></td></tr>
<tr><td colspan="6">检测完毕后按要求将仪器、药品、试剂等清理清洁复位得 3 分</td><td></td><td></td></tr>
<tr><td colspan="6">科学公正、诚信务实、热爱劳动、团结互助等得 2 分</td><td></td><td></td></tr>
<tr><td rowspan="8">操作规范
（60 分）</td><td>实验前准备（5 分）</td><td colspan="6">准备氢气，检查仪器和色谱柱，得 5 分</td><td></td><td></td></tr>
<tr><td rowspan="2">色谱仪调试准备（15 分）</td><td colspan="6">正确开启载气流量和压力，得 5 分</td><td></td><td></td></tr>
<tr><td colspan="6">正确开启色谱仪主机电源，开启电脑，打开色谱工作站，设置好各项温度，得 10 分</td><td></td><td></td></tr>
<tr><td>样品称量（5 分）</td><td colspan="6">正确称量样品和内标物，得 5 分</td><td></td><td></td></tr>
<tr><td rowspan="2">进样操作（20 分）</td><td colspan="6">正确润洗微量进样器得 2 分，吸取溶液得 2 分，赶气泡、调刻度得 2 分。正确选择进样口进样，得 6 分</td><td></td><td></td></tr>
<tr><td colspan="6">快速连贯准确进样，得 8 分</td><td></td><td></td></tr>
<tr><td rowspan="2">记录计算（15 分）</td><td colspan="6">规范及时记录原始数据得 5 分，未经允许涂改每处扣 0.5 分，扣完为止，有效数字与修约正确得 3 分</td><td></td><td></td></tr>
<tr><td colspan="6">代入公式正确得 4 分，结果计算准确得 3 分</td><td></td><td></td></tr>
<tr><td rowspan="4">结果评价
（20 分）</td><td rowspan="2">准确度
（10 分）</td><td>相对误差/%</td><td>≤1.0</td><td>≤3.0</td><td>≤5.0</td><td>≤7.0</td><td>>7.0</td><td></td><td></td></tr>
<tr><td>得分</td><td>10</td><td>8</td><td>4</td><td>2</td><td>0</td><td></td><td></td></tr>
<tr><td rowspan="2">精密度
（10 分）</td><td>相对平均偏差/%</td><td>≤0.5</td><td>≤1.0</td><td>≤1.5</td><td>≤2.0</td><td>>2.0</td><td></td><td></td></tr>
<tr><td>得分</td><td>10</td><td>8</td><td>4</td><td>2</td><td>0</td><td></td><td></td></tr>
</table>

收获与总结

今后改进、提高的情况

班级：　　　　　　　　学号：　　　　　　　　姓名：　　　　　　　　日期：

任务 9-3　乙酸乙酯的含量测定

任务报告单

乙酸乙酯的含量测定任务报告单

测定样品名称		
仪器型号		
色谱柱型号		
色谱条件		
标准溶液中乙酸乙酯质量浓度/(mg/L)		
试样的体积/L		
试样质量/mg		
标准溶液乙酸乙酯的峰面积		
试样乙酸乙酯的峰面积		
乙酸乙酯的质量分数/%		
乙酸乙酯的质量分数平均值/%		
结果判断		

计算过程：

简述外标法和内标法的适用范围：

任务评价表

乙酸乙酯的含量测定任务评价表

<table>
<tr><td colspan="4">操作者姓名：</td><td colspan="6">任务总评分：</td></tr>
<tr><td colspan="4">评价人员：</td><td colspan="6">日期：</td></tr>
<tr><td colspan="2">考核内容及配分</td><td colspan="6">考核点及评分细则</td><td>互评</td><td>师评</td></tr>
<tr><td rowspan="7">职业素养
（20 分）</td><td rowspan="3">“HSE”（健康、安全与环境）（10 分）</td><td colspan="6">风险识别：列出实验过程中可能存在的风险，如有毒有害化学试剂的危害性及可能引发的安全事故，如化学灼伤、溶液溅出、仪器破裂等。内容正确全面得 3 分</td><td></td><td></td></tr>
<tr><td colspan="6">安全措施与应急处理：针对识别出的风险，提出相应的安全措施。佩戴适当的个人防护装备（如实验服、手套、护目镜等）；确保实验室通风良好；使用正确的仪器操作技巧等。措施正确到位得 4 分</td><td></td><td></td></tr>
<tr><td colspan="6">环境保护：描述实验过程中如何减少对环境的影响，如合理使用化学试剂、正确处理实验三废等得 3 分</td><td></td><td></td></tr>
<tr><td rowspan="4">“7S”（整理、整顿、清扫、清洁、素养、安全和节约）（10 分）</td><td colspan="6">清点实验仪器与试剂，摆放有序，取用方便。保持工作现场的清洁整理等得 3 分</td><td></td><td></td></tr>
<tr><td colspan="6">爱护仪器，不浪费药品、试剂得 2 分</td><td></td><td></td></tr>
<tr><td colspan="6">检测完毕后按要求将仪器、药品、试剂等清理清洁复位得 3 分</td><td></td><td></td></tr>
<tr><td colspan="6">科学公正、诚信务实、热爱劳动、团结互助等得 2 分</td><td></td><td></td></tr>
<tr><td rowspan="9">操作规范
（60 分）</td><td>实验前准备（5 分）</td><td colspan="6">准备氢气，检查仪器和色谱柱，得 5 分</td><td></td><td></td></tr>
<tr><td rowspan="2">色谱仪调试准备（15 分）</td><td colspan="6">正确开启载气流量和压力，得 5 分</td><td></td><td></td></tr>
<tr><td colspan="6">正确开启色谱仪主机电源，开启电脑，打开色谱工作站，设置好各项温度，得 10 分</td><td></td><td></td></tr>
<tr><td>样品称量（5 分）</td><td colspan="6">正确称量标准样和待测试样，得 5 分</td><td></td><td></td></tr>
<tr><td rowspan="2">进样操作（20 分）</td><td colspan="6">正确润洗微量进样器得 2 分，吸取溶液得 2 分，赶气泡、调刻度得 2 分。正确选择进样口进样，得 6 分</td><td></td><td></td></tr>
<tr><td colspan="6">快速连贯准确进样，得 8 分</td><td></td><td></td></tr>
<tr><td rowspan="2">记录计算（15 分）</td><td colspan="6">规范及时记录原始数据得 5 分，未经允许涂改每处扣 0.5 分，扣完为止，有效数字与修约正确得 3 分</td><td></td><td></td></tr>
<tr><td colspan="6">代入公式正确得 4 分，结果计算准确得 3 分</td><td></td><td></td></tr>
<tr style="display:none"><td colspan="8"></td></tr>
<tr><td rowspan="4">结果评价
（20 分）</td><td rowspan="2">准确度（10 分）</td><td>相对误差/%</td><td>≤1.0</td><td>≤3.0</td><td>≤5.0</td><td>≤7.0</td><td>>7.0</td><td rowspan="2"></td><td rowspan="2"></td></tr>
<tr><td>得分</td><td>10</td><td>8</td><td>4</td><td>2</td><td>0</td></tr>
<tr><td rowspan="2">精密度（10 分）</td><td>相对平均偏差/%</td><td>≤0.5</td><td>≤1.0</td><td>≤1.5</td><td>≤2.0</td><td>>2.0</td><td rowspan="2"></td><td rowspan="2"></td></tr>
<tr><td>得分</td><td>10</td><td>8</td><td>4</td><td>2</td><td>0</td></tr>
</table>

收获与总结

今后改进、提高的情况

班级:　　　　　　　学号:　　　　　　　姓名:　　　　　　　日期:

任务 9-4　甲硝唑片的含量测定

任务报告单

甲硝唑片含量的测定任务报告单

测定样品名称		
仪器型号		
色谱柱型号规格		
流动相		
20 片样品量/g		
平均片重/g		
标示量/g		
对照品取样量/g		
对照品浓度/(μg/mL)		
参数	保留时间 t_R/min	峰面积/mm^2
对照品		
供试品 1		
供试品 2		
样品标示量/%		
样品平均标示量/%		
结果判定		

计算过程：

简述高效液相色谱仪的操作流程：

任务评价表

甲硝唑片含量的测定任务评价表

<table>
<tr><td colspan="4">操作者姓名：</td><td colspan="5">任务总评分：</td></tr>
<tr><td colspan="4">评价人员：</td><td colspan="5">日期：</td></tr>
<tr><td colspan="2">考核内容及配分</td><td colspan="5">考核点及评分细则</td><td>互评</td><td>师评</td></tr>
<tr><td rowspan="7">职业素养
（20 分）</td><td rowspan="3">“HSE”（健康、安全与环境）
（10 分）</td><td colspan="5">风险识别：列出实验过程中可能存在的风险，如有毒有害化学试剂的危害性及可能引发的安全事故，如化学灼伤、溶液溅出、仪器破裂等。内容正确全面得 3 分</td><td></td><td></td></tr>
<tr><td colspan="5">安全措施与应急处理：针对识别出的风险，提出相应的安全措施。佩戴适当的个人防护装备（如实验服、手套、护目镜等）；确保实验室通风良好；使用正确的仪器操作技巧等。措施正确到位得 4 分</td><td></td><td></td></tr>
<tr><td colspan="5">环境保护：描述实验过程中如何减少对环境的影响，如合理使用化学试剂、正确处理实验三废等得 3 分</td><td></td><td></td></tr>
<tr><td rowspan="4">“7S”（整理、整顿、清扫、清洁、素养、安全和节约）（10 分）</td><td colspan="5">清点实验仪器与试剂，摆放有序，取用方便。保持工作现场的清洁整理等得 3 分</td><td></td><td></td></tr>
<tr><td colspan="5">爱护仪器，不浪费药品、试剂得 2 分</td><td></td><td></td></tr>
<tr><td colspan="5">检测完毕后按要求将仪器、药品、试剂等清理清洁复位得 3 分</td><td></td><td></td></tr>
<tr><td colspan="5">科学公正、诚信务实、热爱劳动、团结互助等得 2 分</td><td></td><td></td></tr>
<tr><td rowspan="10">操作规范
（60 分）</td><td>实验前准备（5 分）</td><td colspan="5">准备流动相，检查仪器和色谱柱型号，得 5 分</td><td></td><td></td></tr>
<tr><td rowspan="3">色谱仪操作（15 分）</td><td colspan="5">正确开启色谱仪，打开色谱工作站，冲洗色谱柱得 5 分</td><td></td><td></td></tr>
<tr><td colspan="5">正确设置好色谱条件参数，平衡基线，得 5 分</td><td></td><td></td></tr>
<tr><td colspan="5">关机前正确冲洗色谱柱，正确关机，得 5 分</td><td></td><td></td></tr>
<tr><td>对照品制备（5 分）</td><td colspan="5">正确称量对照品，正确配制对照品溶液，得 5 分</td><td></td><td></td></tr>
<tr><td>供试品制备（10 分）</td><td colspan="5">正确称量供试品，正确配制供试品溶液，得 10 分</td><td></td><td></td></tr>
<tr><td>进样操作（10 分）</td><td colspan="5">正确使用进样瓶和一次性针式过滤器，正确选择方法文件，正确进样、认识色谱图各参数得 10 分</td><td></td><td></td></tr>
<tr><td rowspan="2">记录计算
（15 分）</td><td colspan="5">规范及时记录原始数据得 5 分，未经允许涂改每处扣 0.5 分，扣完为止，有效数字与修约正确得 3 分</td><td></td><td></td></tr>
<tr><td colspan="5">代入直接比较法公式正确得 4 分，结果计算准确得 3 分</td><td></td><td></td></tr>
<tr style="display:none"></tr>
<tr><td rowspan="4">结果评价
（20 分）</td><td rowspan="2">准确度
（10 分）</td><td>相对误差/%</td><td>≤1.0</td><td>≤3.0</td><td>≤5.0</td><td>≤7.0</td><td>>7.0</td><td></td><td></td></tr>
<tr><td>得分</td><td>10</td><td>8</td><td>4</td><td>2</td><td>0</td><td></td><td></td></tr>
<tr><td rowspan="2">精密度
（10 分）</td><td>相对平均偏差/%</td><td>≤0.5</td><td>≤1.0</td><td>≤1.5</td><td>≤2.0</td><td>>2.0</td><td></td><td></td></tr>
<tr><td>得分</td><td>10</td><td>8</td><td>4</td><td>2</td><td>0</td><td></td><td></td></tr>
</table>

收获与总结

今后改进、提高的情况

班级:　　　　学号:　　　　姓名:　　　　日期:

任务 10-1　工业碳酸钠的质量分析

任务报告单

工业碳酸钠产品质量检验单

生产单位		编号	
产品商标		规格编号	
产品名称		产品批号	
生产日期		执行标准编号	

分析项目	质量指标	实测结果	备注
定性鉴定			
总碱量质量分数/%			
烧失量质量分数/%			
氯化物含量/%			
铁含量/%			
硫酸盐含量/%			
水不溶物含量/%			

判断结论：

复核人：　　　　检验人：

收获与总结

今后改进、提高的情况

课堂
笔记

班级:　　　　　　　学号:　　　　　　　姓名:　　　　　　　日期:

任务 10-2　硫酸亚铁铵的质量分析

任务报告单

硫酸亚铁铵质量检验单

产品名称		编号	
送检日期	年　月　日	检验人	

分析项目	测定结果	仲裁结果	备注
等级分析			
纯度分析			

判断结论：

复核人：　　　　　　　　检验人：

收获与总结：

今后改进、提高的情况：

课堂
笔记

班级：　　　　学号：　　　　姓名：　　　　日期：

任务 10-3　液体洗涤剂的质量分析

任务报告单

液体洗涤剂产品质量检验单

生产单位		编号	
产品商标		规格编号	
产品名称		产品批号	
生产日期		执行标准编号	

分析项目	质量指标	实测结果	备注
总活性物含量/%			
去污力			
甲醇/(mg/g)			

判断结论：

复核人：　　　　检验人：

收获与总结

今后改进、提高的情况

课堂笔记